国家示范（骨干）高职院校重点建设专业优质核心课程系列教材

综合布线工程项目教程

主　编　胡　云　童　均

副主编　邓　晶　郎登何　王　可

中国水利水电出版社
www.waterpub.com.cn

内 容 提 要

本教材以现行国家标准《综合布线系统工程设计规范》（GB50311-2007）和《综合布线系统工程验收规范》（GB50312-2007）的要求为主线，系统介绍了综合布线系统工程的基本概念、设备器材、设计规范、施工技术、测试技术、工程管理和验收规范。本教材通过实际工程项目引导，配合实训操作，融入了综合布线系统工程的新理念、新技术、新工艺、新设备、新材料，概念简洁、层次分明、叙述清楚、图文并茂，是一本实用性很强的书籍。

本教材可作为高职高专院校计算机网络技术、楼宇智能化工程技术和通信工程技术等专业的综合布线教学用书，也可以作为综合布线技术的培训教材。

图书在版编目（C I P）数据

综合布线工程项目教程 / 胡云，童均主编. -- 北京
: 中国水利水电出版社，2013.6（2016.7 重印）
国家示范（骨干）高职院校重点建设专业优质核心课
程系列教材
ISBN 978-7-5170-0977-1

Ⅰ. ①综… Ⅱ. ①胡… ②童… Ⅲ. ①计算机网络－
布线－高等职业教育－教材 Ⅳ. ①TP393.03

中国版本图书馆CIP数据核字(2013)第136342号

策划编辑：寇文杰　责任编辑：张玉玲　加工编辑：程　蕊　封面设计：李　佳

书　　名	国家示范（骨干）高职院校重点建设专业优质核心课程系列教材 **综合布线工程项目教程**
作　　者	主　编　胡　云　童　均 副主编　邓　晶　郎登何　王　可
出版发行	中国水利水电出版社 （北京市海淀区玉渊潭南路 1 号 D 座　100038） 网址：www.waterpub.com.cn E-mail：mchannel@263.net（万水） 　　　　sales@waterpub.com.cn 电话：（010）68367658（发行部）、82562819（万水）
经　　售	北京科水图书销售中心（零售） 电话：（010）88383994、63202643、68545874 全国各地新华书店和相关出版物销售网点
排　　版	北京万水电子信息有限公司
印　　刷	北京泽宇印刷有限公司
规　　格	184mm×260mm　16 开本　18 印张　470 千字
版　　次	2013 年 6 月第 1 版　2016 年 7 月第 2 次印刷
印　　数	2001—4000 册
定　　价	36.00 元

前　言

随着现代化城镇信息通信网向数字化方向发展，综合布线系统与信息设施系统、信息化应用系统、公共安全系统、建筑设备管理系统越来越密切相关。

综合布线系统是按标准的结构化方式设计和建设的建筑物（或建筑群）的语音、数据、图像及多媒体业务等综合应用的通信线路。综合布线系统的应用在我国已有二十多年的发展历史，经历了由采用国外标准到逐步形成符合我国实际的行业标准和国家标准的过程。在不断总结这二十多年的工程实践后，目前执行的标准是《综合布线系统工程设计规范》（GB50311-2007）和《综合布线系统工程验收规范》（GB50312-2007）。

与智能建筑相辅相成的综合布线由于其特定的应用地位和迅速的发展，已成为高校计算机网络技术、楼宇智能化工程技术和通信工程技术等专业的必修课程。应该说，综合布线是一门正在成熟的学科，对不同的专业来说，有不同的侧重点。本教材力图以现行国家标准为主线，突出综合布线系统工程中基础性的、共性的知识和技术，把握其内在联系。

本书共分 7 章：第 1 章介绍智能建筑的概念、构成和主要功能；第 2 章介绍综合布线系统的概念、特点、构成和现阶段执行标准的情况；第 3 章介绍综合布线系统常用的传输介质和各种连接器件；第 4 章以 GB50311-2007 为主线介绍综合布线系统工程设计的工作过程及具体技术要求；第 5 章从施工准备、施工工具的认识和使用、管槽桥架的认识和安装、铜缆和光缆的敷设与端接的方法等方面具体、详细地介绍综合布线系统工程的施工技术；第 6 章介绍综合布线系统的主要测试工具和测试技术；第 7 章首先介绍综合布线系统工程的招投标管理、项目管理和工程监理的一些基本概念和方法，然后以 GB50312-2007 为主线介绍了综合布线系统工程验收的要点和方法。

本教材建议学时为 64 学时：第 1 章 2 学时、第 2 章 4 学时、第 3 章 10 学时、第 4 章 14 学时、第 5 章 16 学时、第 6 章 10 学时、第 7 章 8 学时。

综合布线是系统工程，校内实训总是受实际条件的制约和影响。在适量地安排校内实训的同时，有条件的学校在教学安排中要注意结合教学内容适时安排和布置学生实际参观智能建筑及综合布线系统工程。教师要引导学生对综合布线的缆线、器材、工具等多从网上查阅相关资料，并深入综合布线器材、设备、工具市场和施工现场进行实际认识。

本教材由重庆电子工程职业学院的胡云编写。在本书编写过程中，作者参考了国内外有关综合布线工程的大量文献资料和产品技术资料，并结合了自身多年的教学体会、工程实践经验。在此向相关书籍和资料的作者、有关综合布线产品的厂商以及配合课程教学的师生表示衷心的感谢。

由于编者水平有限，教材内容难免有疏漏和不当之处，恳请各位专家、学校师生及广大读者批评指正。

编　者

2013 年 2 月

目　录

前言

第1章　智能建筑概述 ………………………… 1

1.1　项目导引 …………………………………… 1

1.2　项目分析 …………………………………… 2

1.3　技术准备 …………………………………… 2

1.3.1　智能建筑的产生与发展 ………… 2

1.3.2　智能建筑概念与设计标准 ……… 3

1.3.3　智能化系统构成要素 …………… 4

1.3.4　智能化系统的主要功能 ………… 5

1.4　项目实施 …………………………………… 7

1.4.1　视频监控子系统 ………………… 7

1.4.2　楼宇对讲子系统 ………………… 8

1.4.3　停车场管理子系统 ……………… 8

1.5　项目实训 …………………………………… 9

实训1：参观考察智能建筑 …………… 9

1.6　本章小结 …………………………………… 9

1.7　强化练习 …………………………………… 10

第2章　综合布线概述 ………………………… 11

2.1　项目导引 …………………………………… 11

2.2　项目分析 …………………………………… 12

2.3　技术准备 …………………………………… 12

2.3.1　综合布线系统概念 ……………… 12

2.3.2　综合布线系统的特点 …………… 13

2.3.3　综合布线系统的构成 …………… 13

2.3.4　综合布线术语 …………………… 14

2.3.5　综合布线系统标准 ……………… 16

2.3.6　综合布线产品生产厂商 ………… 17

2.4　项目实施 …………………………………… 20

2.4.1　信息点布点原则 ………………… 20

2.4.2　水平子系统 ……………………… 20

2.4.3　干线子系统 ……………………… 20

2.4.4　电信间和设备间子系统 ………… 20

2.5　项目实训 …………………………………… 21

实训2：参观考察校园综合布线系统 …… 21

2.6　本章小结 …………………………………… 21

2.7　强化练习 …………………………………… 22

第3章　传输介质与连接器件 ………………… 24

3.1　项目导引 …………………………………… 24

3.2　项目分析 …………………………………… 25

3.3　技术准备 …………………………………… 25

3.3.1　对绞电缆的结构 ………………… 25

3.3.2　对绞电缆的类型 ………………… 27

3.3.3　对绞电缆产品标识信息 ………… 30

3.3.4　对绞电缆的连接器件 …………… 31

3.3.5　同轴电缆及连接器件简介 ……… 36

3.3.6　光纤 ……………………………… 38

3.3.7　光缆 ……………………………… 41

3.3.8　光纤通信系统 …………………… 46

3.3.9　光纤连接器件 …………………… 48

3.4　项目实施 …………………………………… 56

3.4.1　系统基本设计 …………………… 56

3.4.2　子系统的设计 …………………… 56

3.5　项目实训 …………………………………… 57

实训3：认识对绞电缆及连接器件 …… 57

实训4：认识光缆及连接器件 ………… 58

3.6　本章小结 …………………………………… 58

3.7　强化练习 …………………………………… 58

第4章　综合布线系统工程设计 ……………… 61

4.1　项目导引 …………………………………… 61

4.2 项目分析 ································ 62

4.3 技术准备 ································ 62

  4.3.1 设计前的准备 ············ 62

  4.3.2 系统设计原则与步骤 ···· 65

  4.3.3 综合布线系统构成设计 ·· 66

  4.3.4 系统配置设计 ············ 76

  4.3.5 系统设计指标值 ·········· 82

  4.3.6 电气防护及接地 ·········· 92

  4.3.7 防火 ························ 97

  4.3.8 产品选型 ·················· 98

  4.3.9 进线间的设计 ············ 100

  4.3.10 设备间的设计 ··········· 100

  4.3.11 电信间设计 ·············· 101

  4.3.12 缆线通道设计 ··········· 102

  4.3.13 综合布线设计图纸的绘制 ·· 104

4.4 项目实施 ······························ 110

  4.4.1 系统设计 ·················· 110

  4.4.2 子系统设计 ··············· 110

4.5 项目实训 ······························ 115

  实训 5：综合布线系统方案设计 ··· 115

4.6 本章小结 ······························ 117

4.7 强化练习 ······························ 117

第 5 章　综合布线工程施工技术 ··· 121

5.1 项目导引 ······························ 121

5.2 项目分析 ······························ 122

5.3 技术准备 ······························ 122

  5.3.1 施工准备 ·················· 123

  5.3.2 管槽及桥架的安装 ······ 125

  5.3.3 机柜安装技术 ············ 140

  5.3.4 缆线安装工具 ············ 145

  5.3.5 对绞电缆敷设技术 ······ 151

  5.3.6 对绞电缆端接技术 ······ 156

  5.3.7 光缆施工技术 ············ 158

5.4 项目实施 ······························ 166

  5.4.1 用户需求 ·················· 166

  5.4.2 设计依据原则 ············ 166

  5.4.3 产品选型和产品的特点 ·· 166

  5.4.4 系统设计 ·················· 167

  5.4.5 子系统设计 ··············· 167

  5.4.6 工程施工 ·················· 171

  5.4.7 工程造价清单 ············ 173

5.5 项目实训 ······························ 174

  实训 6：对绞电缆接入 RJ-45 水晶头 ·· 174

  实训 7：打线训练 ·················· 175

  实训 8：对绞电缆与信息模块连接 ·· 177

  实训 9：对绞电缆与数据配线架端接 ·· 179

  实训 10：对绞电缆与 110A 配线架的端接 ·· 181

  实训 11：光纤连接器的互连 ······ 183

  实训 12：光纤熔接 ················· 184

5.6 本章小结 ······························ 186

5.7 强化练习 ······························ 187

第 6 章　综合布线系统测试技术 ··· 190

6.1 项目导引 ······························ 190

6.2 项目分析 ······························ 191

6.3 技术准备 ······························ 191

  6.3.1 测试类型与测试标准 ···· 192

  6.3.2 电缆系统电气性能测试模型 ·· 192

  6.3.3 电缆系统测试项目与指标 ·· 193

  6.3.4 光纤链路测试 ············ 202

  6.3.5 验证测试仪表 ············ 204

  6.3.6 认证测试仪表 ············ 210

  6.3.7 现场测试 ·················· 230

6.4 项目实施 ······························ 232

  6.4.1 系统总体设计 ············ 232

  6.4.2 AMPTRAC 结构化布线智能
        管理系统 ·················· 233

  6.4.3 AMPTRAC 管理软件 ··· 234

6.5 项目实训 ······························ 235

  实训 13：认证测试 ················· 235

6.6 本章小结 ······························ 240

6.7 强化练习 ················ 240

第 7 章 综合布线工程管理与验收 ·········· 242

7.1 项目导引 ················ 242

7.2 项目分析 ················ 243

7.3 技术准备 ················ 244

    7.3.1 工程施工招投标管理 ········ 244

    7.3.2 项目管理 ············· 248

    7.3.3 工程监理 ············· 251

    7.3.4 综合布线工程验收标准与验收程序 ···· 255

    7.3.5 验收内容 ············· 256

    7.3.6 竣工技术文档 ·········· 265

7.4 项目实施 ················ 266

    7.4.1 用户需求 ············· 266

7.4.2 设计与验收依据 ·········· 267

7.4.3 设计原则 ············· 267

7.4.4 布线的产品选型和产品的特点 ··· 267

7.4.5 系统设计 ············· 267

7.4.6 各子系统设计 ·········· 269

7.4.7 综合布线系统工程实施 ······ 273

7.4.8 工程测试验收及维护 ······· 274

7.5 项目实训 ················ 275

    实训 14：工程项目验收 ·········· 275

7.6 本章小结 ················ 276

7.7 强化练习 ················ 277

参考文献 ···················· 280

参考资料 ···················· 280

1

智能建筑概述

通过本章的学习，学生应达到如下目标：

（1）了解智能建筑的产生与发展。

（2）了解我国智能建筑设计标准。

（3）掌握智能化系统构成要素。

（4）了解智能化系统的主要功能。

（5）能够识别智能建筑中的智能元素。

（6）了解综合布线在智能建筑中的作用。

1.1　项目导引

随着智能建筑技术与产品的不断成熟，智能建筑应用也从原来的工业、政府、高端商业应用走向更多的公共建筑和住宅，也更走近千家万户，智能建筑正以前所未有的速度融入我们的生活。

丽景花园位于重庆高新开发区，小区设计为纯个人别墅住宅区（如图 1-1 所示）。为给小区业主提供一个完善、精雅、有序、安全的生活环境，提高业主们的生活居住质量，小区将通过实施包含视频监控系统在内的智能小区系统来实现本目标。

图 1-1　个人别墅住宅区

1.2 项目分析

丽景花园智能小区智能化系统主要由三大部分组成：智能小区安全防范系统、物业管理系统、信息化网络系统。而在本项目中，我们将智能小区安全防范系统细分为以下几个子系统：视频监控子系统、红外周界报警子系统、可视对讲子系统、停车场管理子系统、巡更子系统、门禁控制子系统。

为了进一步满足社会经济发展与人们文明生活的高标准要求，创造一个安全、舒适、温馨、高效的办公与生活环境，并根据各种不同建筑类别的需要，从项目的具体实际出发，做到配置合理、留有扩展余地、技术先进、性能价格比高，确保系统性能的高质量和高可靠性。

1.3 技术准备

1.3.1 智能建筑的产生与发展

智能建筑是信息时代的产物，它是建筑系统自动化更高级的发展形式。智能建筑将建筑、通信、计算机网络和监控等先进技术融合、集成为最优化的整体。如图 1-2 所示是现代智能建筑的外观。智能建筑的"智能化"，主要是指在建筑物内进行信息管理和对信息综合利用的能力，这个能力涵盖了对信息的收集与利用、对信息的分析与处理，以及信息之间的交换与共享。

图 1-2 现代智能建筑外观

世界上第一座智能建筑是美国 UTBS 公司于 1984 年 1 月在康涅狄格州建成的"城市广场"大厦（City Plaza）。该大厦以当时最先进的技术控制空调设备、照明设备、防灾和防盗系统、电梯设备、通信和办公自动化等。通过计算机网络通信技术、计算机控制技术以及自动化的综合管理，该大厦实现了方便、舒适及安全的办公环境,并具有高效运转和经济节能的特点。此后,智能大厦在世界各地蓬勃发展。

我国在 20 世纪 80 年代末开始引进智能建筑,首先出现于北京、上海,随后在广州、深圳、杭州等地的新建筑中也部分或全部考虑实现智能化。

在原国家建设部编制的《民用建筑电气设计规范》中就已经提出了楼宇自动化和办公自动化,对智能建筑理念和各种系统有了比较全面的涉及。当时人们对建筑智能化的理解主要是将电话、有线电视系统接到建筑物中,同时利用计算机对建筑物中的机电设备进行控制和管理。各个系统是独立的、没有联系的,与建筑结合也不密切,如图 1-3 所示。

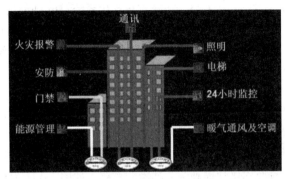

图 1-3　独立监控系统

随着综合布线技术的引入,在建筑物内部为语音和数据的传输提供了一个开放的平台,加强了信息技术与建筑功能的结合,对智能建筑的发展和普及产生了巨大的作用。现在我国的智能建筑已经非常普遍,新建筑也基本要求具有智能化。

1.3.2　智能建筑概念与设计标准

1. 智能建筑概念

根据第一座智能大厦设计目标和智能建筑业数年来的发展和实践,对智能建筑的含义和构成已有了公认的标准和规范。

美国智能大厦研究机构认为,智能大厦是指通过将建筑物的结构、系统、服务和管理四项基本要求以及它们之间的内在关系进行最优化,能提供高效、舒适、便利环境的建筑物。

自 2007 年 7 月 1 日起实施的最新国家标准《智能建筑设计标准》(GB/T50314-2006)中对智能建筑(Intelligent Building,IB)的定义是:以建筑物为平台,兼备信息设施系统、信息化应用系统、建筑设备管理系统、公共安全系统等,集结构、系统、服务、管理及其优化组合为一体,向人们提供安全、高效、便捷、节能、环保、健康的建筑环境。

2. 智能建筑设计标准

《智能建筑设计标准》(GB/T50314-2006)是我国规范建筑智能化工程设计的准则。

标准适用于新建、扩建和改建的办公、商业、文化、媒体、体育、医院、学校、交通和住宅等民用建筑及通用工业建筑等智能化系统工程设计。

标准共分为 13 章,主要内容是:总则、术语、设计要素(智能化集成系统、信息设施系统、信息化应用系统、建筑设备管理系统、公共安全系统、机房工程、建筑环境)、办公建筑、商业建筑、文化建筑、媒体建筑、体育建筑、医院建筑、学校建筑、交通建筑、住宅建筑、通用工业建筑。

智能建筑工程设计的要求是，应贯彻国家关于节能、环保等方针政策，应做到技术先进、经济合理、实用可靠。

智能建筑的智能化系统设计的要求是，应以增强建筑物的科技功能和提升建筑物的应用价值为目标，以建筑物的功能类别、管理需求及建设投资为依据，具有可扩性、开放性和灵活性。

1.3.3 智能化系统构成要素

1. 3A 建筑与 5A 建筑

智能建筑一般包括办公自动化系统（Office Automation System，OAS）、通信自动化系统（Communication Automation System，CAS）和建筑自动化系统（Building Automation System，BAS）三项基本内容，传统上所说的 3A 建筑即是上述的 CAS、OAS、BAS 的简称，如将建筑自动化系统中的防火自动化系统（Fire Automation System，FAS）和保安自动化系统（Security Automation System，SAS）独立出来，也将智能建筑称为 5A 建筑。

2. 智能建筑的智能化系统构成要素

智能建筑的智能化系统由智能化集成系统、信息设施系统、信息化应用系统、建筑设备管理系统、公共安全系统、机房工程和建筑环境等要素构成。

（1）智能化集成系统。将不同功能的建筑智能化系统，通过统一的信息平台实现集成，以形成具有信息汇集、资源共享及优化管理等综合功能的系统，如图 1-4 所示。

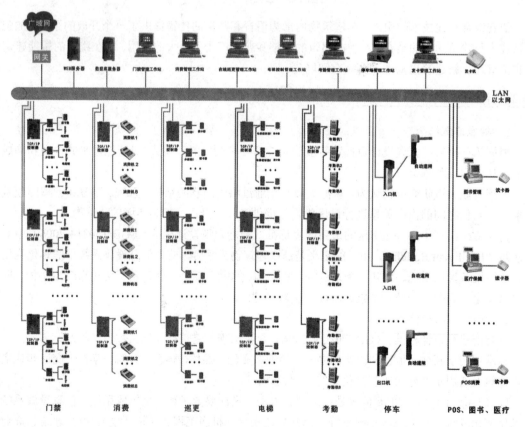

图 1-4　一卡通系统

（2）信息设施系统。为确保建筑物与外部信息通信网的互联及信息畅通，对语音、数据、图像和多媒体等各类信息予以接收、交换、传输、存储、检索和显示等进行综合处理的多种类信息设备系统加以组合，提供实现建筑物业务及管理等应用功能的信息通信基础设施。

（3）建筑设备管理系统。对建筑设备监控系统和公共安全系统等实施综合管理的系统。

（4）信息化应用系统。以建筑物信息设施系统和建筑设备管理系统等为基础，为满足建筑物各类业务和管理功能的多种类信息设备与应用软件而组合的系统。

（5）公共安全系统。为维护公共安全，综合运用现代科学技术，以应对危害社会安全的各类突发事件而构建的技术防范系统或保障体系。

（6）机房工程。为提供智能化系统的设备和装置等安装条件，以确保各系统安全、稳定和可靠地运行与维护的建筑环境而实施的综合工程。

1.3.4　智能化系统的主要功能

1. 通信网络系统

通信网络系统是楼内的语音、数据、图像传输的基础，同时与外部通信网络互联，确保信息相通。主要包括：

（1）电话通信系统。建筑的固定电话通信系统应根据建筑物的用途、规模、使用属性以及公用网的具体情况选择接入远端模块或采用虚拟交换、自设独立的数字程控用户交换机或综合业务程控用户交换机，并应与公用电话交换网连接。

（2）计算机网络系统。计算机网络系统应为管理与维护提供相应的网络管理系统，并应提供高密度的网络端口，满足用户容量分批增加的需求。为确保智能建筑本地网络的安全，应根据实际需要分别在通信子网和高层或应用系统中采取措施。

（3）卫星通信系统。可设置多个端站和设备机房或预留天线安装位置和设备机房位置，供用户传输数据和语音业务。

（4）有线电视系统。提供当地多套开路电视和多套自制电视节目，并与卫星系统联通。

（5）无线通信系统。建筑物由于屏蔽效应出现移动通信盲区时，设置移动通信中继收发通信设备。

（6）公共广播系统。公共广播系统的类别应根据建筑规模、使用性质和功能要求确定。公共广播系统一般可分为：业务性广播系统、服务性广播系统、火灾应急广播系统。

（7）会议系统。会议系统应是音频系统、视频系统等多系统的综合设计，所选用的音频和视频设备、计算机等的网络传输、语音与数字设备接口、终端等应符合相应的国家标准、规范。会议系统应实现计算机语音、文字、图形、图像、自动监管、多媒体实时同步网络传输、系统控制一体化功能。

（8）同声传译系统。同声传译一般可设有一种或多种语种。同声传译传输方式可采用有线同声传译和无线同声传译。会议室译员间的位置应设置在主席台对面或主席台的两侧，应使译员能观察到发言者的口型。

2. 办公自动化系统

办公自动化系统是应用计算机技术、通信技术、多媒体技术和行为科学等先进技术，使人们的部分办公业务借助于各种办公设备，并由这些办公设备与办公人员构成服务于某种办公目标的人机信息系统。主要包括：

（1）物业管理运营系统。物业管理运营子系统应以高效便捷的方式来协调用户、物业管理人员、物业服务人员三者之间的关系，应能实现对投入使用的建筑物、附属配套设施、设备生产及场地、用户、服务、各类资料及各项费用以经营目标方式进行管理，同时对建筑的环境、清洁绿化、安全保卫、租赁业务、建筑物内各类机电设备运行与维护实行一体化的专业管理。

（2）办公管理系统。办公管理子系统应能在日常办公中通过办公自动化系统协助管理人员对办公事务过程中大量的信息进行分析、整理、统计，协助领导对各项工作的分析、决策提供公文管理、会务管理、档案管理、电子账号、人员管理、领导活动安排、突发事件处理、书面意见处理等功能，应能实现电子公告、公用电话等公共服务功能。

（3）信息采集发布系统。信息采集发布子系统应具有物业信息服务、新闻、科技、金融信息服务、用户个体服务、文化娱乐业务、生活保障服务等功能以及电子显示屏信息发布和查询功能。

（4）网络管理系统。网络管理子系统应配置适宜、使用方便，为计算机网络的日常运行维护和监控提供有力的保障。

（5）智能卡管理系统。智能卡管理子系统应能对各种功能的智能卡实现统一的管理，如身份识别、员工考勤、车辆停泊、持卡消费、门禁等，并进行各类计费管理。

3. 建筑设备自动化系统

将建筑物或建筑群内的电力、照明、空调、给排水、防灾、保安、车库等设备或系统，以集中监视、控制和管理为目的，构成综合系统。根据功能的不同，可分为多个子系统。

4. 防火自动化系统

火灾报警与消防联动控制系统按消防部门要求独立运行。可将火灾报警器输出的报警信号传送给建筑物设备监控系统或智能化集成系统的监控中心，但楼宇自控系统对消防系统只可监视不应进行控制。对于空调、风机、配电等平时由建筑物设备监控系统控制的设备，火警时应受消防系统控制，应确保火警控制的优先功能。

5. 保安自动化系统

设计应根据被保护对象的风险等级确定相应的防范级别，满足整体纵深防护和局部纵深防护的设计要求，以达到所要求的安全防范水平。

（1）入侵报警系统。根据各类建筑安全防范部位的具体要求和环境条件，应分别或综合设置周界防护、建筑物内区域或空间防护、重点实物目标防护系统。

（2）配电视监控系统。根据各类建筑物安全技术防范管理的需要，电视监控系统应对现场情况进行有效的监视和记录，并可提供对各类警告信号及时、迅速和可靠的复核手段。

（3）出入口控制系统。智能建筑的主要出入口、通道、财务室、金库、重要的办公室、设备室等处要设置出入口控制装置。出入口控制系统由出入口对象识别装置、出入口信息处理/控制/通信装置和出入口控制执行机构三部分组成。

（4）巡更系统。巡更点应设在主要出入口、主要通道、紧急出入口和各主要部门。安防人员的巡查通告方式可以采用离线方式。对实时性要求高的项目应采用在线方式。

（5）汽车库管理系统。在汽车库的入口区应设置出票机或读卡器，并应在汽车库的出口区设置验票机或读卡器。

由上述可知，智能化系统内容丰富、种类繁多，每个智能建筑要把所有系统都包罗进去是不可能的，因此设计时应根据建筑物的使用功能、建设总投资、管理要求等综合考虑，确定与建筑物功能相适应的建筑智能化系统中各子系统的设计标准，应侧重各子系统的有机结合，注重智能化系统集成，强调综合性、统一性和各子系统的关联性，利用计算机网络技术使传统的智能化子系统互联、互通、互操作，达到资源共享、提升功能和降低成本的目的。

1.4 项目实施

1.4.1 视频监控子系统

1. 概述

视频监控系统作为最有效的安保系统，能实时对监控区域和目标进行高效的监控，在必要的时候可以通过录像进行取证备案，以最大限度地保护业主利益和防范各类事故、事件的发生和控制。

2. 系统组成设计

闭路电视监控系统应该说是跨学科、跨行业的系统工程，以功能要求的不同可分为以下几个：

- 前端摄像系统
- 防盗报警及入侵探测报警系统
- 灯光联动系统
- 视频传输系统
- 视频控制系统
- 视频显示和记录系统

如图1-5所示是视频监控子系统。视频监控前端安装在监视现场，它包括摄像机、镜头、防护罩、支架、云台、解码器等。摄像机及镜头是对监视区域进行摄像并将视频信号转换成电信号，带有云台和解码器的前端采集设备则是为了给前端摄像机提供改变监控区域的能力。

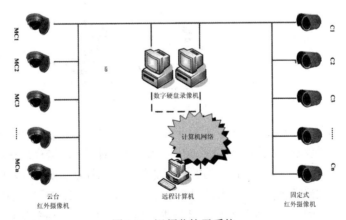

图1-5 视频监控子系统

传输部分是系统的图像信号通道，我们采用抗干扰高屏蔽国标电缆和电源、信号线路分开布置的方法，以此来降低图像信号及其他信号在传输过程中的损耗及干扰。

控制部分是整个系统的"心脏"和"大脑"，是实现整个系统功能的指挥中心，我们使用嵌入式硬盘录像机作为本系统的核心，以硬盘录像机来控制和管理前端视频采集设备，可以通过键盘或遥控器来对前端装有解码器和云台的摄像机改变监控区域。

显示部分一般是由一台或多台监视器组成，它的功能是将传送过来的图像显示出来。

1.4.2 楼宇对讲子系统

1. 概述

随着居民住宅的不断增加，小区的物业管理就显得日趋重要。其中访客登记及值班看门的管理方法已不适合现代管理快捷、方便、安全的需求。而楼宇对讲系统作为智能建筑小区的基本配置，具有管理及控制来访、进入人员的能力，有效地改善小区、楼盘的生活环境，弥补了传统门禁管理方式的不足，从而在新建楼盘中被广泛应用。

2. 系统组成设计

楼宇对讲子系统由系统管理软件、管理主机、门口主机、住户室内分机，以及系统电源、视频电源等部分组成，如图1-6所示。

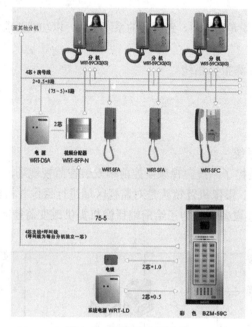

图1-6　楼宇对讲子系统

本小区有120栋别墅总户数120户，采用非可视安保联网型系统。结合小区的实际情况，在中央控制室设置一台对讲管理主机作为对讲系统中心，对整个对讲系统进行集中管理和控制。小区大门行人入口处设置围墙机一台，用户确认访客后可通过室内机打开小区行人入口。业主也可以通过在别墅大门处加装二次确认机，同时将大门门锁改为电控锁，就可以实现二次确认，打开别墅大门。

小区监控中心的保安人员可通过对讲主机与住宅楼内的每一住户进行通话，能接收住户分机的紧急呼叫信号，并指示出相应的房号。访客进入住宅前需要通过门口主机或控制中心。住户可在室内与住宅楼入口处的访客以及和管理中心实行多方通话，并通过室内分机的紧急按钮呼叫管理中心的保安人员。住户进入住宅楼可通过门禁的密码或呼叫的方式开锁。

1.4.3 停车场管理子系统

1. 概述

通过提供包括车辆人员身份识别、车辆资料管理、车辆的出入情况、位置跟踪和收费管理，使其相对人工管理方式更加方便快捷，提高了工作效率，降低了管理运营成本，并使得整个管理系统安全可靠。

2．系统组成设计

停车场管理子系统的网络拓扑如图1-7所示，它可以联网使用，也可以独立使用。

● 入口控制部分：电动挡车器、车辆检测器、入口控制机。
● 出口控制部分：电动挡车器、车辆检测器、出口控制机。
● 管理中心：电脑、485卡、停车场管理软件、时租卡读写器等。
● 图像对比系统：摄像机、视频捕捉卡等。

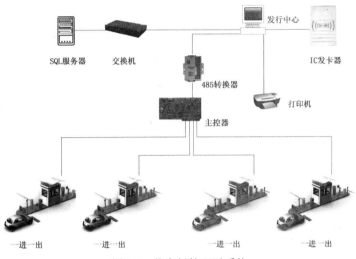

SQL服务器 交换机 发行中心 IC发卡器

485转换器 打印机

主控器

一进一出 一进一出 一进一出 一进一出

图1-7 停车场管理子系统

1.5 项目实训

实训1：参观考察智能建筑

1．实训目的

（1）了解智能建筑的功能。

（2）了解智能建筑集成的信息系统的数量与种类。

（3）了解智能建筑的发展方向。

（4）了解综合布线在智能建筑中的作用。

2．实训环境

校园及附近的智能化大厦或智能化小区。

1.6 本章小结

本章主要介绍了智能建筑的产生与发展、智能建筑概念、智能建筑设计标准、智能建筑的智能化系统构成要素。

（1）智能建筑将建筑、通信、计算机网络和监控等先进技术融合、集成为最优化的整体。

（2）智能建筑的"智能化"主要是指在建筑物内进行信息管理和对信息综合利用的能力，这个能力涵盖了对信息的收集与利用、对信息的分析与处理，以及信息之间的交换与共享。

（3）智能建筑概念。美国智能大厦研究机构认为，智能大厦是指通过将建筑物的结构、系统、服务和管理四项基本要求以及它们之间的内在关系进行最优化，能提供高效、舒适、便利环境的建筑物。

我国的定义是：以建筑物为平台，兼备信息设施系统、信息化应用系统、建筑设备管理系统、公共安全系统等，集结构、系统、服务、管理及其优化组合为一体，向人们提供安全、高效、便捷、节能、环保、健康的建筑环境。

（4）智能建筑设计标准。《智能建筑设计标准》（GB/T50314-2006）是我国规范建筑智能化工程设计的准则。

智能建筑的智能化系统设计的要求是，应以增强建筑物的科技功能和提升建筑物的应用价值为目标，以建筑物的功能类别、管理需求及建设投资为依据，具有可扩性、开放性和灵活性。

（5）智能建筑的智能化系统构成要素。智能建筑的智能化系统由智能化集成系统、信息设施系统、信息化应用系统、建筑设备管理系统、公共安全系统、机房工程和建筑环境等要素构成。

1.7 强化练习

一、判断题

1. 世界上第一座智能建筑于 1984 年 1 月在美国建成。（　　）
2. 我国在 20 世纪 80 年代末开始引进智能建筑，首先出现于北京、上海。（　　）
3. 有漂亮外观的建筑就是智能建筑。（　　）
4. 智能建筑将建筑、通信、计算机网络和监控等先进技术融合、集成为最优化的整体。（　　）
5. 《智能建筑设计标准》（GB/T50314-2006）是我国规范建筑智能化工程设计的准则。（　　）
6. 停车场管理子系统是智能建筑的智能化元素。（　　）
7. 每幢智能建筑的智能化元素要求必须是相同的。（　　）

二、简答题

1. 什么是智能建筑？
2. 智能建筑的智能化系统设计的要求是什么？
3. 试述人们通常所说的 3A 建筑和 5A 建筑的含义。
4. 试述智能建筑的智能化系统构成要素有哪些。
5. 试列举出你所知道的智能建筑的智能化元素。

2

综合布线概述

 学习目标

通过本章的学习，学生应达到如下目标：
（1）掌握综合布线系统的定义。
（2）理解综合布线的特点。
（3）了解北美标准将综合布线系统划分为的 6 个子系统。
（4）知道综合布线的国家规范。
（5）掌握国家规范对综合布线系统构成的划分。
（6）熟悉综合布线的术语。
（7）了解综合布线产品的生产厂商。

2.1 项目导引

重庆市地方铁路指挥调度管理中心是集办公、酒店等于一体的建筑，地下 2 层，地上 25 层。其中，6～16 层作酒店使用，其他楼层用作办公场所，如图 2-1 所示。

重庆铁路调度中心的建设目的是以智能建筑大楼为基础平台，建立一个高效、舒适、便捷的办公环境，为交通运输机关提供稳定、高速、安全的多媒体交换平台，主要功能包括：语音通信、数据传输、图像和视频应用及数据共享等；同时，中间楼层的酒店设施服务方便了客户的移动办公，使娱乐、工作两不误。综合布线系统将重庆铁路调度中心的各个相互独立的子系统有机地联系在一起，把原来相对独立的资源、功能等集合到一个相互关联、协调和统一的完整系统之中，灵活地通过电信运营商提供的接口以多种方式与 Internet 互联。

图 2-1　铁路调度中心大楼

2.2　项目分析

重庆铁路调度中心的办公楼层提供将近 3500 个信息点。语音通信采用超 5 类非屏蔽系统，主干部分采用 3 类大对数，并考虑适当冗余；数据网络通信包括了外网和内网，采用 6 类非屏蔽系统，主干部分采用增强千兆 12 芯 OM2 多模光缆，物理层隔离管理。外网建设包括 Internet 的网上办公、公务资料收集等；内网建设包括部门间的办公自动化和各级运输机构的信息共享、资源整合等。重庆铁路调度中心的酒店楼层每层预留增强千兆 4 芯 OM2 多模光缆主干，以便酒店客人的网络通信服务。

工程使用西蒙（SIMON）电气布线产品来构建一套高效、安全、稳定的布线系统，其设计注重：

- 实用性：从重庆铁路调度中心的实际需要出发，注重性价比，适应现在和将来的技术发展。
- 先进性：系统设计采用技术成熟、性能先进的产品结构，保证大楼的智能化应用在未来 10～15 年内不落伍。
- 开放性：各子系统的设计应围绕重庆铁路调度中心智能化综合管理平台，开放通讯协议和接口，高度集成。而且，只要具备相同以太网协议的设备均可接入大厦内部网络，扩展功能和端口。
- 模块性：系统设计中，所有的接插件都应是模块化的标准件，以便管理和使用。
- 安全性和可靠性：设计应考虑系统长期运行的稳定性，在网络主干线的传输介质上提供容错功能，保证未来现代化系统的可靠运行。
- 兼容性和扩展性：系统设计除规划近期的应用外，还考虑中远期的扩容和发展规划。不同类型的产品均容易集成，使重庆铁路调度中心智能化系统随着技术的发展和进步不断得到充实和提高。
- 专业性和规范性：系统设计及技术选择均符合国际、国内通用标准。综合布线系统由工作区子系统、水平子系统、垂直子系统、电信间子系统和设备间子系统等组成。

2.3　技术准备

2.3.1　综合布线系统概念

随着城市建设及信息通信事业的发展，各机关、企业、事业单位的现代化建筑及建筑群（商住楼、办公楼、综合楼及各类园区等）的语音、数据、图像及多媒体业务综合网络建设都要求按照国家标准进行综合布线，并通过验收。智能建筑智能化的建设需要综合布线系统作为基础，综合布线系统有着广阔的使用前景。

综合布线系统的定义是：用通信电缆、光缆及有关连接硬件构成的通用布线系统，它能支持多种应用系统。

综合布线系统综合通信网络、信息网络及控制网络，为建筑或建筑群内部语音信号、数据信号、图像信号与监控信号提供传输通道，支持多种应用系统的使用，并能实现与外部信号传输通道的连接。

综合布线系统由不同系列和规格的部件组成，包括：线缆传输介质、相关连接硬件（如配线架、连接器、插座、插头、适配器）、线缆保护管槽、电气保护设备等。

2.3.2 综合布线系统的特点

综合布线系统的特点主要表现在它具有兼容性、开放性、灵活性、可靠性、先进性和经济性，而且在设计、施工和维护方面带来方便。

（1）可靠性。

综合布线系统对建筑或建筑群的通信网络、信息网络及控制网络按照国际、国家标准要求设计、施工和验收，把这些性质不同的网络综合到一套标准的布线系统中，使布线工程具有规范性，布线质量具有可靠性。

（2）兼容性。

综合布线系统使用由共用配件所组成的配线系统，将不同厂家的各类设备综合在一起同时工作，均可相互兼容。

（3）开放性。

综合布线系统对现有著名综合布线设备、部件、材料厂商的产品均是开放的。采用的冗余布线和星形结构布线方式既提高了设备的工作能力又便于用户扩充。

（4）灵活性。

综合布线系统具有充分的灵活性，便于集中管理和维护。可以通过其管理子系统方便地调整各类信号的路由，灵活地改变子系统设备和移动设备位置，而布线系统无需改变。

（5）先进性。

综合布线系统的设计均采用现行最新标准，充分应用铜缆通信和光纤通信的最新技术。在今后的若干年内不增加新的投资情况下，也能保持先进性。

（6）经济性。

在确定建筑物或建筑群的功能与需求以后，规划能适应智能化发展要求的综合布线系统设施和预埋管线，可以防止今后增设或改造时造成工程的复杂性和费用的浪费。综合布线综合各种应用统一布线，有效提高全系统的性能价格比。

2.3.3 综合布线系统的构成

综合布线系统采用开放式星型拓扑结构，该结构下的每个分子系统都是相对独立的单元，对每个分支单元系统改动不会影响其他子系统。

北美标准将综合布线系统分为工作区子系统、水平子系统、垂直干线子系统、设备间子系统、管理间子系统和建筑群子系统 6 部分，如图 2-2 所示。按国际标准化组织 ISO/IEC11801 定义，综合布线系统包含三个子系统：建筑群干线布线子系统、建筑物干线布线子系统和水平布线子系统。我国最新综合布线系统设计规范把综合布线系统划分成 7 个部分：工作区、配线子系统、干线子系统、建筑群子系统、设备间、进线间和管理，简记为三子（系统）、两间、一区一管理。

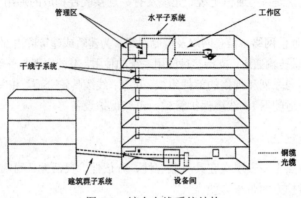

图 2-2　综合布线系统结构

（1）工作区。

一个独立的需要设置终端设备（TE）的区域划分为一个工作区。工作区由配线子系统的信息插座模块（TO）延伸到终端设备处的连接缆线及适配器组成。

（2）配线子系统。

配线子系统由位于工作区的信息插座模块、信息插座模块至电信间配线设备（FD）的配线电缆或光缆、电信间的配线设备及设备缆线和跳线等组成。

（3）干线子系统。

干线子系统由设备间至电信间的干线电缆和光缆、安装在设备间的建筑物配线设备（BD）及设备缆线和跳线组成。

（4）建筑群子系统。

建筑群子系统由连接多个建筑物之间的主干电缆和光缆、建筑群配线设备（CD）及设备缆线和跳线组成。

（5）设备间。

设备间是在每幢建筑物的适当地点进行网络管理和信息交换的场地。对于综合布线系统，设备间主要安装建筑物配线设备。电话交换机、计算机主机设备及入口设施也可与配线设备安装在一起。

（6）进线间。

进线间是建筑物外部通信和信息管线的入口部位，并可作为入口设施和建筑群配线设备的安装场地。

（7）管理。

管理是对工作区、电信间、设备间、进线间的配线设备、缆线、信息插座模块等设施按一定的模式进行标识和记录。如图 2-3 所示是对接入电信间配线设备的网线做标识。

2.3.4　综合布线术语

综合布线术语主要包括：

（1）布线（Cabling）。能够支持信息电子设备相连的各种缆线、跳线、接插软线和连接器件组成的系统。

（2）建筑群子系统（Buildings Subsystem）。由建筑物之间的干线电缆或光缆、配线设备、设备缆线、跳线等组成的系统。

图 2-3 对接入电信间配线设备的网线做标识

（3）电信间（Telecommunications Room）。放置网络和电信通信设备、电缆和光缆终端配线设备并进行缆线交接的专用空间。

（4）工作区（Work Area）。需要设置终端设备的独立区域。

（5）信道（Channel）。连接两个应用设备的端到端的传输通道。信道包括设备电缆、设备光缆和工作区电缆、工作区光缆。

（6）集合点（Consolidation Point，CP）。楼层配线设备与工作区信息点之间水平缆线路由中的连接点。

（7）CP 链路（CP Link）。楼层配线设备与集合点（CP）之间，包括各端的连接器件在内的永久性的链路。

（8）永久链路（Permanent Link）。信息点与楼层配线设备之间的传输线路。它不包括工作区缆线和连接楼层配线设备的设备缆线、跳线，但可以包括一个 CP 链路。

（9）链路（Link）。一个 CP 链路或是一个永久链路。

（10）建筑群配线设备（Campus Distributor）。终接建筑群主干缆线的配线设备。

（11）建筑物配线设备（Building Distributor）。为建筑物主干缆线或建筑群主干缆线终接的配线设备。

（12）楼层配线设备（Floor Distributor）。终接水平电缆、水平光缆和其他布线子系统缆线的配线设备。

（13）建筑物入口设施（Building Entrance Facility）。提供符合相关规范机械与电气特性的连接器件，使得外部网络电缆和光缆引入建筑物内。

（14）连接器件（Connecting Hardware）。用于连接电缆线对和光纤的一个器件或一组器件。

（15）光纤适配器（Optical Fibre Connector）。连接光纤连接器的器件。

（16）建筑群主干缆线（Campus Backbone Cable）。建筑群之间的电缆、光缆。

（17）建筑物主干缆线（Building Backbone Cable）。连接建筑物配线设备至楼层配线设备的缆线。有建筑物主干电缆和主干光缆。

（18）水平缆线（Horizontal Cable）。楼层配线设备到信息点之间的连接缆线。

（19）永久水平缆线（Fixed Horizontal Cable）。楼层配线设备到 CP 的连接缆线，如果链路中不存在 CP 点，为直接连至信息点的连接缆线。

（20）CP 缆线（CP Cable）。连接集合点（CP）至工作区信息点的缆线。

（21）信息点（Telecommunications Outlet，TO）。各类电缆或光缆终接的信息插座模块。

（22）设备电缆、设备光缆（Equipment Cable）。通信设备连接到配线设备的电缆、光缆。

（23）跳线（Jumper）。不带连接器件或带连接器件的电缆线对与带连接器件的光纤，用于配线设备之间进行连接。

（24）缆线（Cable）。在一个总的护套里，由一个或多个同类型的缆线线对组成，并可包括一个总的屏蔽物。

（25）光缆（Optical Cable）。由单芯或多芯光纤构成的缆线。

（26）电缆、光缆单元（Cable Unit）。型号和类别相同的电缆线对或光纤的组合。电缆线对可有屏蔽物。

（27）线对（Pair）。一个平衡传输线路的两个导体，一般指一个对绞线对。

（28）平衡电缆（Balanced Cable）。由一个或多个金属导体线对组成的对称电缆。

（29）屏蔽平衡电缆（Screened Balanced Cable）。带有总屏蔽或每线对均有屏蔽物的平衡电缆。

（30）非屏蔽平衡电缆（Unscreened Balanced Cable）。不带有任何屏蔽物的平衡电缆。

（31）接插软线（Patch Cord）。端或两端带有连接器件的软电缆或软光缆。

（32）多用户信息插座（Multi-User Telecommunications Outlet）。在某一地点，若干信息插座模块的组合。

（33）交接（交叉连接）（Cross-Connect）。配线设备和信息通信设备之间采用接插软线或跳线上的连接器件相连的一种连接方式。

（34）互连（Interconnect）。不用接插软线或跳线，使用连接器件把一端的电缆、光缆与另一端的电缆、光缆直接相连的一种连接方式。

2.3.5 综合布线系统标准

在我国，技术标准和工程规范可划分为国际标准、国家标准、行业标准等层次。综合布线系统的技术标准和工程规范是涉及布线系统工程定位、功能指标、设计技术、施工工艺、验收标准等具体技术的要求与体现，也是从事各类布线系统工程建设活动的技术依据和准则。

1. 综合布线常用标准的制定组织

综合布线系统涉及的标准以国际标准、国家标准、美洲标准、欧洲标准为主要区分形式。这些标准的制定组织有：

- GB（中华人民共和国标准）
- ISO（国际标准化组织）
- IEC（国际电工委员会）
- ITU（国际电信联盟）
- TIA（美国通信工业协会）
- EIA（美国电子工业协会）
- ANSI（美国国家标准委员会）

- IEEE（美国电气与电子工程师协会）
- CENELEC（欧洲电工标准化委员会）
- EN（欧洲标准）

2. 综合布线的最新标准

综合布线技术在国外率先形成与发展，其规范也逐渐修改完善，形成综合布线的国际标准。综合布线的绝大多数产品都先后符合这些标准。ANSI（美国国家标准委员会）认可的标准使用年限为 5 年。一般来讲，经过几年的积累，通信应用领域的技术进步使得原先的布线标准将出现大量的增补内容（附录）。通过重新修订，可以将增补内容融入到一个新的标准文件中去，同时在新的标准中也可提出其他值得考虑的先进技术。

目前，用于综合布线的国外标准是：

（1）ISO/IEC 11801-2002 系列标准。

（2）新一代北美布线系列标准 TIA-568-C。在 2008 年 8 月 29 日的临时会议上，TIA（电信工业协会）的 TR-42.1 商业建筑布线小组委员会同意发布 TIA-568-C.0 以及 TIA-568-C.1 标准文件。这两个标准于 2009 年 2 月实施，逐步替代 TIA-568-B 系列标准。

新的 TIA-568-C 版本系列标准分为 4 个部分：

- TIA-568-C.0 用户建筑物通用布线标准。
- TIA-568-C.1 商业楼宇电信布线标准。
- TIA-568-C.2 布线标准第 2 部分，平衡对绞电缆电信布线和连接硬件标准。
- TIA-568-C.3 光纤布线和连接硬件标准。

（3）CENELEC 欧洲电工标准化委员会，EN 50173-2007 系列标准如下：

- EN 50173-1:2007 信息技术-总电缆铺设系统-第 1 部分：总要求。
- EN 50173-2:2007 信息技术-总电缆铺设系统-第 2 部分：办公设施。
- EN 50173-4:2007 信息技术-总电缆铺设系统-第 4 部分：家用。
- EN 50173-5:2007 信息技术-总电缆铺设系统-第 5 部分：数据中心。

我国对建筑物综合布线系统也相应制定和颁布了有关国家标准，最新国家标准是：

（1）《综合布线系统工程设计规范》（GB50311-2007）。

（2）《综合布线系统工程验收规范》（GB50312-2007）。

ISO/IEC 11801 的技术标准比较注重于布线系统的应用特性，TIA 568 的技术标准比较注重于布线系统组成元件的传输特性，而 IEEE 国际电子与电气工程师协会则制定以太网网络物理层技术标准。

为了形成符合以太网应用的相应等级，在布线系统的技术标准中，ISO、GB、CENELEC 标准是用分级（Class）来定义布线系统由永久链路或信道所组成的整个系统的性能等级（有 A、B、C、D、E、F 六级）。以 Category（类）定义铜缆布线系统中由各个部件（电缆与连接硬件）组合实现最大带宽的传输性能（有 1～7 类）。而 TIA 标准均是以 Category（类）定义永久链路或信道的性能特性和各个部件的传输性能。

2.3.6 综合布线产品生产厂商

综合布线产品有众多的生产厂商，它们按照相关的标准生产出综合布线所需的产品，供综合布线工程选用。这里只简单介绍几家在国内综合布线领域应用较多、影响较大的品牌产品的厂商。

1. 美国泰科电子公司（Tyco Electronics）

在综合布线领域所说的 AMP 则是指 AMP NETCONNECT，是世界著名结构化布线系统提供商。AMP 以前是全球电气、电子和光纤连接器以及互连系统的首要供货商。被泰科电子公司收购后，AMP Tyco Electronics（安普泰科）就是美国泰科电子公司的一个著名品牌。

安普泰科生产全系列、多类别的综合布线产品，生产超过 10 万种端子、连接器、电缆组件、开关、荧光接触感应数据输入系统和种类有关应用工具。

2. 美国西蒙（SIMON）公司

美国西蒙公司 1903 年创立于美国康州水城，是全球著名的通信布线领导厂商之一，拥有 300 多项技术专利和 8000 余种布线产品。自 1996 年进入中国以来，西蒙一直重视品牌价值的宣传和服务质量的承诺，在中国树立了良好的市场形象，在政府、通信、金融、电力、医疗和教育等各行各业赢得了众多大型工程，如铁道部 12 万点联网工程、财政部 5 万点信息化工程、"神舟"载人航天项目 3 万点工程等。

西蒙公司拥有符合国际标准的全系列产品，包括绿色环保的屏蔽、非屏蔽对绞线电缆以及光缆等。该公司生产建筑物通用布线平台系统（TBIC）、智能住宅布线系统（HOMESYS）、开放办公室系统（OOSYS）、迷你型办公布线系统（MINISYS）及 S210 六类配线系统产品。

TBIC 系统可支持多媒体、语音、数据、图像及监控传感等信息传输，为智能建筑创建平台。

3. 美国朗讯（Lucent）科技公司

朗讯科技公司致力于为全球最大的通信服务提供商设计和提供网络。以贝尔实验室为后盾，朗讯科技充分借助其在移动、光、数据和语音技术以及软件和服务领域的实力发展下一代网络。公司提供的系统、服务和软件旨在帮助客户快速部署和更好地管理其网络，同时面向企业和消费者提供新的创收服务。

该公司生产的结构化布线系统用于建筑物内或建筑群体的传输网络，是较早引入我国的综合布线系统产品。该布线系统采用的缆线、接续设备和布线部件品种较多，知名的品牌标志为 AVAYA。

4. 德特威勒电缆系统（上海）有限公司

德特威勒电缆系统（上海）有限公司是由瑞士德特威勒电缆公司 1998 年投资的外商独资企业。主营业务是生产和销售综合布线系统的全系列产品。拥有先进的生产设施和管理模式，采用从法国、德国和瑞士引进的世界领先的对绞电缆生产设备。不仅保证了产品质量，提高了生产能力，而且确保了能够完全满足客户的要求。

现在德特威勒电缆系统（上海）有限公司能生产和提供 Unilan 系列超 5 类、6 类非屏蔽、屏蔽及 7 类和光纤系统解决方案。德特威勒电缆系统（上海）有限公司的生产过程获得 ISO9001-2000 质量体系认证，所生产的产品通过 UL、3P 等国际著名认证机构的认证，也通过了信息产业部数据通信质量监督检验中心的产品检测。同时德特威勒电缆系统（上海）有限公司是所有综合布线厂商中唯一一家取得过中国人民解放军总参谋部颁发的国防通信入网许可证的企业。

5. 南京普天通信股份有限公司

南京普天通信股份有限公司是国家数据通信设备和配线连接设备的大型研发和生产基地，所生产的普天牌结构化综合布线系统是根据国际标准和我国通信行业标准，结合我国国情制造的，各项性能指标均高于国际标准，有些性能优于国外产品，产品提供质量保证 15 年。

该公司大批产品获得国家新产品奖、科技进步奖，其中卡接式总配线架被评为"中国公认名牌产品"、"全国用户满意产品"等荣誉，公司其他配线设备、综合布线设备、接入类设备、视频会议、工业及民用电器接插件等产品多年来在全国市场名列前茅，深受社会广大用户好评。

6. 广州唯康通信技术有限公司

广州唯康通信技术有限公司拥有自主知识产权的 Vcom 品牌。经过多年的不断发展和创新，Vcom 已经成为综合布线行业公认的品牌。

Vcom 缆线系统及综合布线系列产品包含：5 类、超 5 类以及 6 类电缆；UTP、FTP、S-FTP 室内外光缆和光纤等系列产品；布线系统配线架；5 类、超 5 类、通用 RG-45 插座、110 插座、RG-45 水晶头等；5 类、超 5 类通用跳线和各式安装盒的系列产品；布线所用剥线器、压线工具和打线系列工具。如图 2-4 所示是部分唯康布线产品。

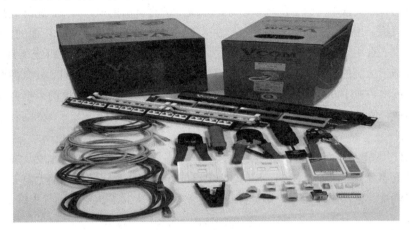

图 2-4　部分唯康布线产品

7. 北京万泰光电有限公司（Wonderful Beijing）

北京万泰光电有限公司成立于 1996 年 12 月，是台湾万泰企业集团（Wonderful Wire Cable Co., Ltd.）在大陆的全资子公司，负责万泰布线系统在大陆地区的推广、行销、服务、支持等工作，经过公司近三年的不断拓展，产品分销商、代理商以及系统集成商的努力，并有万泰产品高性能、中低价位的优势，万泰（Wonderful）品牌在国内布线市场上已经深得用户的青睐，成为布线领域中的中坚力量。

提供的产品线缆类包括 5 类对绞电缆、超 5 类对绞电缆、6 类对绞电缆、同轴线、光纤等；连接件包括 19 机架式 12 口、16 口、24 口、32 口、48 口配线架；45 度、90 度、180 度 RJ45 模块等连接部件；符合国际标准的工作区、管理间的各种长度的彩色成型跳接线；更有 110 系列 50 对、100 对、200 对配线架产品和端接、保护、管理、测试、施工工具等。

8. 北京鼎志（DINTEK）电子股份有限公司

DINTEK 总部设在台湾，1995 年进入大陆市场，成立北京鼎志公司。通信器材边缘产品制造商，其主要业务是连接器的开发设计和制造生产，经营范围扩大至电信、电脑网络配线系统领域。

目前，DINTEK 在全球全面提供布线系统、光纤网络产品，及各种布线工具和测试仪。UTP 类品种齐全，包括跳接线、对绞电缆、面板、信息模块、配线架、埋线槽、机柜等全线产品；光纤类以收发器、耦合器、接线箱、光纤接头等产品为主；还生产工具产品套装组合、测试仪系列产品等。

2.4 项目实施

2.4.1 信息点布点原则

重庆铁路调度中心办公楼层每个工作区提供一个语音信息点和两个数据信息（外网和内网各一个信息点），其中高楼层的部分信息点需要提供高宽带和远途传输，采用光纤到桌面应用。

SIMON 电气的面板采用进口的 PC 材料，具有耐高温、抗氧化、无污染等特点。旋转式的透明标识门提供语音、数据不同组合的标识，方便系统维护时自由更换。其中，光纤到桌面的面板使用外凸形斜口面板，增大了底盒的安装空间，并实现在不用拆卸螺丝就可以正面的快速维护管理。

信息插座统一选用 SIMON 电气的非屏蔽模块，同时支持打线方式和免打线工具的快速端接，更加方便现场施工人员的安装。正面端口的 8 根接触插针采用整体镀金设计，具有良好的弹性和耐磨损性能，插拔次数在 1000 次以上；IDC 端子采用铜合金整体镀金，45 度的卡接方式大大降低了线对之间的串扰，使得信息传输更加稳定。提供的不同模块颜色以便语音网、外网和内网的端口信息管理。

数据网络使用 SIMON 电气 6 类非屏蔽跳线，采用多股软线缆技术，可承受反复弯曲。布线系统中，跳线是最容易裸露于空气中的，SIMON 电气的 6 类跳线全部使用低烟无卤 LSZH 的外皮护套，具有高阻燃性、耐高温、无毒少烟等优点，避免了成为大楼着火蔓延的导火线。

2.4.2 水平子系统

水平子系统由各层电信间至各个工作区之间的电缆构成。语音通信水平线缆采用超 5 类 4 对对绞电缆，为确保千兆的高速数据传输，数据网络水平线缆全部采用 6 类 4 对对绞电缆。SIMON 电气的 6 类对绞电缆采用"中心十字骨架"技术，23AWG 的无氧化铜线芯规格，在系统应用中，提供至少 250MHz 的信道带宽，最高可以支持传输速率高达 2.4Gbps 的局域网协议。

2.4.3 干线子系统

干线子系统由设备间和电信间之间的楼层垂直主干线缆组成。语音主干部分采用 3 类大对数电缆，光缆主干采用增强千兆 OM2 型多模光缆，两端分别端接在主机房和楼层电信间的配线架上。垂直主干的光缆和电缆大对数的容量在现有实际需求的基础上充分考虑了预留作为后期的扩展和备份。

SIMON 电气的 3 类大对数电缆，紧小的外径尺寸使其具有稳定的电缆结构，防止安装中电缆扭曲和打结，在系统应用提供至少 16MHz 带宽，可提供 25、50、100 对等规格的线对产品，以适应不同的应用场合。

SIMON 电气的增强千兆 OM2 室内多模光缆，紧缓冲层，低烟无卤 LSZH 护套，高阻燃性，全非电介质构造，无需屏蔽和接地。

2.4.4 电信间和设备间子系统

综合布线系统采用星型结构，电信间的机柜上安装若干个 SIMON 电气的数据配线架、语音配线架、光纤配线架等，以方便线路的跳接，并留有足够的空间，可以安装用户网络设备。设备间主要集中了对数据光纤主干和语音铜缆主干的连接,设备间内的网络和通信设备是整个建筑物的核心设备。

语音网和外网使用同一个数据配线架统一管理水平线缆,内网独立配线架管理水平线缆,并且使用不同的模块颜色进行信息端口管理。外网和内网物理层隔离。

SIMON 电气的 24 口模块化铜缆配线架同时支持超 5 类、6 类模块的安装,灵活方便。外壳采用优质冷轧钢板材料,磨砂喷塑处理,防冲撞、耐磨损,避免配线架表面的刮花,避免了配线架受到外界灰尘的影响。外观非常高档大方。独特的设计允许模块从前端独立地装卸,也可以将模块托架整体向前抽出,使得所有的管理和维护工作都能在配线架前端完成。任何改变系统的操作(如增减用户端口)都不影响整个系统的运行,为系统故障检修提供了极大的方便。不同颜色的固定座,更加立体鲜明,更加便于信息端口的分类管理。

SIMON 电气的光纤配线架同样采用 24 口模块化设计,支持光缆和铜缆混合安装,同时支持各种光纤适配器(ST、SC、LC)和铜缆模块(超 5 类、6 类)的安装。在 1U 空间内可容纳 48 芯光缆或 24 个铜缆模块。端口应用上的兼容性和灵活性大大节省了机柜的宝贵空间,提高了工程的性价比。

主干语音配线架采用 SIMON 电气的 100 对 110 型机架式配线架,外壳采用 PC 阻燃材料,自带背板、标签和胶条,具有非常高的经济实用性,便于快捷的安装。

重庆市地方铁路指挥调度管理中心综合布线系统基本施工完毕。测试完成后将获得 SIMON 电气公司提供的 25 年产品质量保证体系的认证,享受 SIMON 电气公司 25 年的产品质量、产品性能及链路应用的全球质保。

2.5 项目实训

实训2:参观考察校园综合布线系统

1. 实训目的
(1)了解校园网络结构。
(2)了解综合布线系统结构。
(3)熟悉网络结构与综合布线系统结构的关系。
(4)熟悉综合布线的子系统。
(5)了解综合布线系统的设备和材料。
2. 实训环境
本校校园网络综合布线系统工程。

2.6 本章小结

本章主要介绍了综合布线的概念、特点、术语、综合布线系统的构成、综合布线的标准与规范、综合布线产品的生产厂商。

(1)综合布线系统的定义是:用通信电缆、光缆及有关连接硬件构成的通用布线系统,它能支持多种应用系统。综合布线系统综合通信网络、信息网络及控制网络,为建筑物或建筑群内部语音信号、数据信号、图像信号与监控信号提供传输通道，支持多种应用系统的使用，并能实现与外部信号传输通道的连接。

（2）综合布线的特点主要表现在它具有兼容性、开放性、灵活性、可靠性、先进性和经济性。

（3）综合布线系统由 7 个部分构成：工作区、配线子系统、干线子系统、建筑群子系统、设备间、进线间和管理，简记为三子（系统）、两间、一区一管理。

（4）熟悉综合布线的标准与规范，逐渐应用综合布线的术语。

2.7　强化练习

一、判断题

1．综合布线系统由工作区、配线子系统、干线子系统、建筑群子系统、设备间、进线间和管理 7 个部分构成。（　　）

2．干线子系统由设备间至电信间的干线电缆和光缆、安装在设备间的建筑物配线设备（BD）及设备缆线和跳线组成。（　　）

3．信息点是指各类电缆或光缆终接的信息插座模块。（　　）

4．建筑群子系统由连接多个建筑物之间的主干电缆和光缆、建筑群配线设备（CD）及设备缆线和跳线组成。（　　）

5．对于综合布线系统，设备间主要安装建筑物配线设备。（　　）

6．电话交换机、计算机主机设备及入口设施也可与配线设备一起安装在设备间。（　　）

7．进线间是建筑物外部通信和信息管线的入口部位。（　　）

8．进线间可作为入口设施和建筑群配线设备的安装场地。（　　）

9．管理是对工作区、电信间、设备间、进线间的配线设备、缆线、信息插座模块等设施按一定的模式进行标识和记录。（　　）

10．跳线用于配线设备之间的连接。（　　）

11．设备缆线是指连接了网络设备或通信设备的缆线。（　　）

二、选择题

1．下列关于综合布线系统的说法正确的是（　　）。

A．综合布线系统为建筑或建筑群内部的语音信号、数据信号、图像信号与监控信号提供传输通道

B．综合布线系统是使用通信电缆、光缆及有关连接硬件构成的通用布线系统

C．综合布线系统只需要通信电缆、光缆

D．综合布线系统能支持多种应用系统

2．综合布线系统的特点是它具有（　　）。

A．兼容性　　　　　B．开放性　　　　　C．灵活性

D．先进性　　　　　E．经济性

3．我国现行综合布线系统设计和验收规范发布的年代是（　　）。

A．2000 年　　　　　B．2003 年　　　　　C．2007 年　　　　　D．2012 年

4．下列关于综合布线系统工作区的说法正确的是（　　）。

    A．一个独立的需要设置终端设备（TE）的区域为一个工作区

    B．工作区的信息插座模块（TO）划分给工作区

    C．工作区有终端设备及适配器

    D．工作区有连接缆线

5．下列属于配线子系统的有（　　）。

    A．位于工作区的信息插座模块

    B．从信息插座模块至电信间配线设备（FD）的配线电缆和光缆

    C．电信间的配线设备

    D．电信间的设备缆线和跳线

三、简答题

1．试述综合布线系统的定义。

2．综合布线系统有什么特点？

3．北美标准将综合布线系统分为哪 6 个子系统？国际标准化组织定义综合布线系统包含哪几个子系统？

4．我国现行综合布线系统设计规范把综合布线系统划分成哪 7 个部分？试述你对这 7 个部分的理解。

5．我国综合布线设计、验收的现行国家标准的名称是什么？

6．说出你知道的综合布线产品品牌。

7．上网查看你所知道的综合布线产品的价格、型号和参数。

3

传输介质与连接器件

学习目标

通过本章的学习，学生应达到如下目标：

（1）知道对绞电缆的结构、类型。

（2）掌握对绞电缆连接器件的结构、功能、特点。

（3）知道同轴电缆的结构、类型。

（4）掌握光纤的构成与分类。

（5）知道光缆的结构、类型。

（6）掌握光缆连接器件的结构、作用、特点。

（7）了解光纤通信系统。

3.1 项目导引

上海紫竹科学园区一期工程总占地面积约 13 平方千米。作为一期工程的核心项目，科学广场已建设完成，部分楼层已经投入使用。它占地约 167 亩，总建筑面积达 12 万平方米，是整个园区的信息数码港，由 7 幢建筑组成。如图 3-1 所示是上海紫竹科学园区一角。

图 3-1　紫竹科学园区一角

ADC 公司和其金牌集成商上海智信世创智能系统集成有限公司共同打造紫竹园科学广场 7 幢建筑群的"信息传输公路"——综合布线系统。该工程共设计近 2 万个 6 类非屏蔽信息点。

3.2 项目分析

根据把紫竹园区建设为国际一流的智能园区的要求，其综合布线系统不仅应能满足目前的应用，还必须面向未来设计，支持下一代的网络应用。园区综合布线的核心要求包括：满足相关的国际标准和国家标准；能够支持各种计算机网络设备和电话系统；具有模块化、开放性、灵活性和可扩展性；垂直数据主干采用多模光纤；垂直语音主干采用三类大对数电缆；建筑群主干采用单模光缆；数据通信光端机及光纤配线架、语音总配线架连接 PABX 及电话局（或总机进线）远端模块都设置于中心机房内。

整个园区的综合布线系统通过延伸到每个区域和房间的信息点将电话、电脑、网络设备、通信设备与管理设备连接为一个整体，高速传输语音、数据、图像，从而为内部管理者和使用者提供综合性资讯服务。

ADC 公司向业主提供完整的 ADC KRONE TrueNET 六类非屏蔽系统解决方案。推荐使用 6 类的原因有以下 3 点：

（1）6 类系统不仅可以支持目前所有现有的应用，而且 6 类系统在信道上拥有超 5 类所无法比拟的参数指标。其带宽和传输速率远远高于超 5 类电缆，能支持 1.2G/2.4Gbps ATM 以及 1.0Gbps 千兆位以太网的应用，数据传输速率比 5 类电缆快 6 倍。

（2）6 类布线与基于光纤媒介的垂直干线一起使用，为高带宽应用程序提供完全的端到端布线解决方案，具有很强的超前性，特别适用于未来网络的扩展及升级，减少维护费用。

（3）相比超 5 类系统，6 类系统可以更好地支持宽带视频应用。

整个综合布线系统在安装完毕后，能满足 7×24 小时无休息的正常传输语音、数据和图像的要求。

3.3 技术准备

3.3.1 对绞电缆的结构

1. 对绞电缆

对绞电缆（Twisted Pair Cable，TPC）是综合布线系统中最常用的通信传输介质，可用于语音、数据、音频、呼叫系统以及楼宇自动控制系统。市场上的对绞电缆都是成箱包装的，每箱长度为 1000foot（英尺）=305m。如图 3-2 所示是对绞电缆及其外包装。

（1）对绞电缆的结构。

典型的对绞电缆把 4 个对绞线对和 1 根撕裂绳放在一个绝缘保护套管里，其线对识别颜色是白绿、绿线对，白橙、橙线对，白蓝、蓝线对，白棕、棕线对。线对是由两根带有绝缘层的 AWG22-26 号铜导线（22 号绝缘铜线的线径为 0.4mm）按一定密度扭绞而形成的。不同的线对具有不同的扭绞长度，一般来说，扭绞长度在 14cm～38.1cm 以内，按逆时针方向扭绞。相邻线对的扭绞长度在 12.7cm 以上，一般扭绞越密集其抗干扰的能力就越强。人们习惯称对绞电缆为双绞线电缆。

对绞电缆适用于较短距离的信息传输，既可以传输模拟信号，又能传输数字信号。

图 3-2　对绞电缆及其外包装

（2）非屏蔽对绞电缆和屏蔽对绞电缆。

对绞电缆有非屏蔽对绞电缆（Unshielded Twisted Pair，UTP）和屏蔽对绞电缆之分。屏蔽对绞电缆又分为 STP（Shielded Twisted Pair）和 FTP（Foil Twisted Pair）两类。STP 是每线对分别屏蔽的对绞电缆，而 FTP 是在全部线对外面进行整体屏蔽的对绞电缆。另外还有的是每组对绞线对单独屏蔽后再整体加裹金属屏蔽层/网的屏蔽。

如图 3-3 所示是非屏蔽对绞电缆。非屏蔽对绞电缆没有金属屏蔽层。它不能防止电缆周围的电磁干扰。在对绞电缆中增加屏蔽层是为了提高电缆的物理性能和电气性能，减少电缆信号传输中的电磁干扰。该屏蔽层能将噪声转变成直流电。屏蔽层上的噪声电流与对绞电缆上的噪声电流方向相反，因而两者可相互抵消。

屏蔽对绞电缆的屏蔽层有金属箔、金属丝、金属网几种形式。如图 3-4 所示是屏蔽线对的屏蔽对绞电缆，图 3-5 所示是屏蔽全部线对的单屏蔽对绞电缆。

图 3-3　非屏蔽对绞电缆　　　　　　　　图 3-4　线对屏蔽对绞电缆（STP）

在某些安装环境中，如果电磁干扰过强，则不能使用非屏蔽对绞电缆，而要使用屏蔽对绞电缆，这样可以屏蔽强电场、磁场的干扰，保证电缆传输信号的完整性。

屏蔽对绞电缆价格相对较高，连接时要比非屏蔽对绞电缆复杂一些。

2．大对数电缆

大对数电缆通常用于语音通信布线系统的干线子系统中。

大对数电缆有 5 对、10 对、25 对、50 对、100 对、200 对、300 对等对数的电缆。从外观上看，大对数电缆为直径较大的单根电缆，如图 3-6 和图 3-7 所示。

图 3-5　单屏蔽对绞电缆（FTP）

图 3-6　3 类 25 对非屏蔽对绞电缆

图 3-7　3 类 100 对非屏蔽对绞电缆

国际布线标准色谱：

- 主色：白－红－黑－黄－紫。
- 副色：蓝－橙－绿－棕－灰。

主副色按顺序两两搭配即可，如白蓝、白橙、白绿、白棕、白灰、红蓝…，依此类推。如 25 对电缆色标排列是：白蓝、白橙、白绿、白棕、白灰、红蓝、红橙、红绿、红棕、红灰、黑蓝、黑橙、黑绿、黑棕、黑灰、黄蓝、黄橙、黄绿、黄棕、黄灰、紫蓝、紫橙、紫绿、紫棕、紫灰。

大对数电缆采用颜色编码进行管理。先将 25 个全色谱线对先绞合成 10 对或 25 对基本单位，再将若干个基本单位（或子单位）绞合成 50 对或 100 对的超单位，然后由若干个超单位总绞合成缆芯，构成大对数电缆。大对数电缆端接采用的模块为 25 对也是基于以上原则。

3.3.2　对绞电缆的类型

国际电气工业协会（EIA）为对绞电缆先后定义了不同质量的类型标准（EIA/TIA-568B）。按电气性能划分，对绞电缆可以分为：1 类、2 类、3 类、4 类、5 类、超 5 类、6 类、超 6 类、7 类共 9 种类型。类型数字越大，性能越好，支持的带宽也越宽，当然价格也越贵。

- 1 类线（Category 1）。是 ANSI/EIA/TIA-568A 标准中最原始的非屏蔽双绞铜线电缆，开发它的目的是用于电话语音通信的。
- 2 类线（Category 2）。是 ANSI/EIA/TIA-568A 和 ISO 2 类/A 级标准中第一个可用于计算机网络数据传输的非屏蔽对绞电缆，传输频率为 1MHz，传输速率达 4Mb/s，主要用于旧的令牌网。
- 3 类线（Category 3）。是 ANSI/EIA/TIA-568A 和 ISO 3 类/B 级标准中专用于 10BASE-T 以太网络的非屏蔽对绞电缆，传输频率为 16MHz，传输速率可达 10Mb/s。

- 4 类线（Category 4）。是 ANSI/EIA/TIA-568A 和 ISO 4 类/C 级标准中用于令牌环网络的非屏蔽对绞电缆，传输频率为 20MHz，传输速率达 16Mb/s，主要用于基于令牌的局域网和 10BASE-T/100BASE-T。

- 5 类线（Category 5）。是 ANSI/EIA/TIA-568A 和 ISO 5 类/D 级标准中用于运行 CDDI（CDDI 是基于双绞铜线的 FDDI 网络）和快速以太网的非屏蔽对绞电缆，传输频率为 100MHz，传输速率达 100Mb/s。

- 超 5 类线（Category excess 5）。是 ANSI/EIA/TIA-568B.1 和 ISO 5 类/D 级标准中用于运行快速以太网的非屏蔽对绞电缆，传输频率也为 100MHz，传输速率也可达到 100Mb/s。与 5 类缆线相比，超 5 类在近端串扰、串扰总和、衰减和信噪比 4 个主要指标上都有较大的改进。

- 6 类线（Category 6）。如图 3-8 所示是 6 类对绞电缆。它是 ANSI/EIA/TIA-568B.2 和 ISO 6 类/E 级标准中规定的一种对绞电缆，主要应用于百兆位快速以太网和千兆位以太网中。因为它的传输频率可达 200～250MHz，是超 5 类线带宽的 2 倍，最大速率可达到 1000Mb/s，满足千兆位以太网需求。6 类与超 5 类的一个重要的不同点在于：改善了在串扰以及回波损耗方面的性能，对于全双工的高速网络而言，优良的回波损耗性能是极为重要的。6 类对绞电缆在结构上有绝缘的一字骨架或十字骨架，一字骨架将对绞电缆的 4 对线每两对分别置于一字骨架两侧，而十字骨架将对绞电缆的 4 对线分别置于十字骨架的 4 个凹槽内，并且电缆的直径也更大。6 类线既有非屏蔽对绞电缆，也有屏蔽对绞电缆。如图 3-9 所示是 6 类非屏蔽对绞电缆，图 3-10 所示是 6 类屏蔽对绞电缆。

图 3-8　6 类对绞电缆

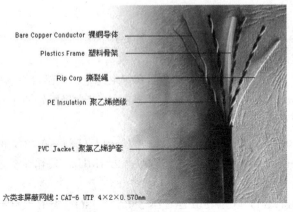

Bare Copper Conductor 裸铜导体

Plastics Frame 塑料骨架

Rip Corp 撕裂绳

PE Insulation 聚乙烯绝缘

PVC Jacket 聚氯乙烯护套

六类非屏蔽网线：CAT-6 UTP 4×2×0.570mm

图 3-9　6 类非屏蔽对绞电缆

图 3-10　6 类屏蔽对绞电缆

- 超 6 类线（Category excess 6）。6A 类（增强 6 类）：TIA/EIA-568-B.2-10 是 6 类布线标准的一个增编附录，全称是《4 对 100 米增强 6 类布线系统传输性能规范》，规定了支持 10GBASE-T 的 100m 信道所需满足的规格指标和测试程序，测试带宽 500MHz，是 6 类（250MHz）的 2 倍，但并未超过 ISO 标准体系中 F 级（600MHz）的测试带宽。
- 7 类线（Category 7）。7 类/F 级标准定义的传输媒质是全屏蔽缆线，它在传统护套内加裹金属屏蔽层/网的基础上又增加了每个对绞对的单独屏蔽。传输频率可达 600MHz，传输速率可达 10Gb/s。主要为了适应万兆位以太网技术的应用和发展，所以它只有屏蔽对绞电缆。额外的屏蔽层使得 7 类线外观线径较大。如图 3-11 所示是 CAT 7 对绞电缆。

今日的网络正走向集中化。数据、语音和视频可在单个媒质上传输，节省巨大经费。基于 7 类/F 级标准开发的 STP 布线系统可以在一个连接器和单根电缆中同时传送独立的视频、语音和数据信号。可以支持在单对电缆上传送全带宽的模拟视频（一般为 870MHz），并且在同一护套内的其他对绞对上同时进行语音和数据的实时传送。

7 类/F 级 STP 布线系统有两种模块化接口方式：一种是传统的 RJ 类接口，其优点是机械上能够兼容低级别的设备，但是由于受其结构的制约很难达到标准要求的 600MHz 带宽；另一种是非-RJ 型接口，如图 3-12 所示。它的现场装配也很简单，能够提供高带宽的服务，并且被 ISO/IEC 11801 认可被批准为 7 类/F 级标准接口。非-RJ 型 7 类标准的出现打破了传统的 RJ 型接口设计，成为布线历史上一次有意义的革新。

图 3-11　CAT 7 对绞电缆

图 3-12　CAT 7 非-RJ 型接口

注意：电缆的频率带宽（MHz）与电缆的数据传输速率（Mb/s）是有区别的，MHz 是衡量单位时间内线路中电信号的振荡次数，而 Mb/s 是衡量单位时间内线路传输的二进制位的数量。

在我国的综合布线设计标准中，铜缆布线系统使用类别是 3 类、5/5e 类（超 5 类）、6 类、7 类布线系统并应能支持向下兼容的应用。3 类与 5 类的布线系统只应用于语音主干布线的大对数电缆及相关配线设备。使用铜缆的计算机网络综合布线基本上都采用超 5 类及以上的对绞电缆类型。

3.3.3 对绞电缆产品标识信息

在实际应用中，对绞电缆有很多产品，我们可以通过产品标识信息了解其性能。在对绞电缆的外层护套上每隔 2 英尺印刷有一些产品标识信息，如图 3-13 所示。不同生产商的产品标识信息可能不同，但一般包括以下一些信息：

- 对绞电缆类型
- NEC/UL 防火测试和级别
- CSA 防火测试
- 长度标志
- 生产日期
- 对绞电缆的生产商和产品号码

图 3-13　对绞电缆外层护套上的产品标识信息

由于对绞电缆标识没有统一标准，因此并不是所有的对绞电缆都会有相同的产品标识信息。下面是一条对绞电缆的标识，我们以此为例说明标识信息的含义：

（1）AVAYA-C SYSTEIMAX 1061C+ 4/24AWG CM VERIFIED UL CAT5e 31086FEET 09745.0 METERS，这些标识提供了这条对绞电缆的以下信息：

- AVAYA-C SYSTEMIMAX：指的是该对绞电缆的生产商。Avaya（亚美亚）公司总部位于美国新泽西州的 Basking Ridge，是全球领先的语音和数据网络及通信解决方案和服务供应商。
- 1061C+：指的是该对绞电缆的产品号。
- 4/24AWG：说明这条对绞电缆是由 4 对 24AWG 电线的线对所构成。铜电缆的直径通常用美国缆线规格（American Wire Gauge，AWG）来衡量。常用的有 22AWG，直径为 0.643mm；23AWG，直径为 0.574mm；24AWG，直径为 0.511mm；26AWG，直径为 0.404mm。粗导线具有更好的物理强度和更低的电阻，但是导线越粗，制作电缆需要的材料就越多，这将导致电缆更沉、更难以安装，价格也更贵。
- CM：CM 是 NEC（美国国家电气规程）中防火耐烟等级中的一种。
- VERIFIED UL：说明对绞电缆满足 UL（Underwriters Laboratories Inc.保险业者实验室）的标准要求。UL 成立于 1984 年，是一家非营利的独立组织，致力于产品的安全性测试和认证。

- CAT 5e：说明达到超 5 类标准。
- 31086FEET 09745.0 METERS：表示生产这条对绞电缆时的英尺长度点。1 英尺=0.3048 米，有的对绞电缆以米作为单位。这样的标记能帮助使用者不用其他测量工具就可知道对绞电缆的长度。如果想知道一条对绞电缆的长度，可以找到对绞电缆的头部和尾部的长度标记相减后得出。

（2）再看另一条对绞电缆的标志：AMP NETCONNECT ENHANCED CATEGORY 5 CABLE E138034 1300 24AWGUL CMR/MPR OR CUL CMG/MPG VERIFIEDUL CAT 5 1347204FT 200853，除了和第一条相同的标志外，还有：

- AMP NETCONNECT ENHANCED CATEGORY 5 CABLE：也表示该对绞电缆属于安普公司超 5 类电缆。
- E138034 1300：代表其产品号。
- CMR/MPR、CMG/MPG：表示该对绞电缆的类型。
- CUL：表示对绞电缆同时还符合加拿大的标准。
- 1347204FT：表示对绞电缆的长度点，FT 为英尺缩写。
- 201045：指的是制造厂的生产日期，这里是 2010 年第 45 周的意思。

3.3.4 对绞电缆的连接器件

在综合布线系统中，对绞电缆的主要连接件有 RJ-45 连接器、信息插座、配线架、接插跳接等。

1. RJ 连接器与信息模块

（1）RJ-45 连接器。

RJ（Registered Jack）是 FCC（美国联邦通信委员会标准和规章）中定义的公用电信网络的接口。常用的有 RJ-11 和 RJ-45 接口，相应的有 RJ-11 和 RJ-45 连接器，RJ-45 连接器是标准 8 位模块化连接器。

RJ-45 连接器俗称"水晶头"。之所把它称为"水晶头"，是因为它的外表晶莹透亮。对绞电缆的两端通过安装 RJ-45 连接器便可以插接到网卡（NIC）、交换机（Switch）、路由器（Router）等网络设备和模块化配线架的 RJ-45 接口上，进行连接通信。

RJ-45 连接器只能沿固定方向插入并自动防止脱落。常用的 RJ-45 连接器有 4 位、8 位、超 5 类、6 类、屏蔽、非屏蔽之分。如图 3-14 所示是超 5 类非屏蔽水晶头，图 3-15 所示是 6 类屏蔽水晶头。

图 3-14 超 5 类非屏蔽水晶头

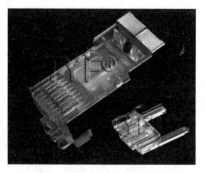

图 3-15 6 类屏蔽水晶头

（2）T568A/B 线序。

综合布线中，4 对 8 芯对绞电缆可以与 RJ-45 连接器、8 位信息模块端接，端接有 T568A 或 T568B 两种线序标准。RJ-45 连接器从引针 1 至引针 8 对应的线序是：

T568A：1 白绿、2 绿、3 白橙、4 蓝、5 白蓝、6 橙、7 白棕、8 棕。

T568B：1 白橙、2 橙、3 白绿、4 蓝、5 白蓝、6 绿、7 白棕、8 棕。

T568B 配线图被认为是首选的配线图，T568A 配线图被标注为可选。如图 3-16 所示是 RJ-45 连接器和信息模块接口的 T568A/B 标准线序示意图。

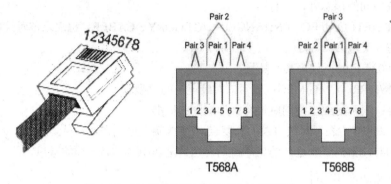

图 3-16　RJ-45 连接器的 T568A/B 配线图

（3）信息模块。

信息模块是端接对绞电缆并提供连接接口的器件。从卡接线的方式上分类，信息模块有打线式和免打线式；从传输性能上分类，信息模块有类、屏蔽、非屏蔽之分。信息模块外面都印有符合 EIA/TIA 568A/B 的打线色标，用以指示正确接线安装。端接非屏蔽对绞电缆应使用非屏蔽信息模块。端接屏蔽对绞电缆应使用屏蔽信息模块。如图 3-17 所示是 RJ-45 六类非屏蔽信息模块。图 3-18 所示是 RJ-45 六类屏蔽信息模块。

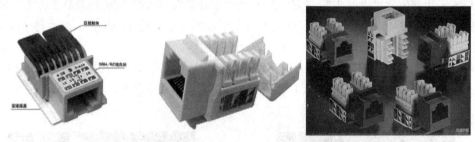

图 3-17　RJ-45 六类非屏蔽信息模块

图 3-18　RJ-45 六类屏蔽信息模块

打线式信息模块需要使用打线工具把对绞电缆的 8 根导线逐一打入对应的齿槽中。免打线式信息模块不用专门的打线工具，只要将对绞电缆的 8 根导线按色标指示放进相应的槽位，再压下压盖即可，如图 3-19 所示。免打线式信息模块在安装中更方便、更节省时间，现在这种产品已成为主流。

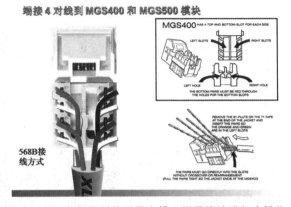

图 3-19　按色标指示将对绞电缆 8 根导线放进相应槽位

（4）信息面板。

信息面板的正面上有信息模块的接口，信息模块安装在信息面板的背面上。信息面板是底盒的盖板，用螺丝固定在底盒上。如图 3-20（a）所示是有一个数据（网络）信息接口和一个语音（电话）信息接口的双口信息面板；（b）图是是语音信息模块安装在信息面板的背面上。

（a）西蒙双口信息面板　　　　　　　（b）语音信息模块安装在信息面板的背面上

图 3-20　信息面板

2. 配线架

配线架是综合布线系统中最主要的缆线端接设备。建筑群子系统、主干子系统、配线子系统的缆线端接都要使用配线架。配线架安装在电信间、设备间、进线间。这里介绍的都是铜缆配线架，光纤配线架在后面单独介绍。

铜缆配线架有模块化配线架和 110 型配线架之分。在市场上最常见的有 VCOM、AMP、AVAYA 和 IBDN 等品牌。

（1）模块化配线架。

如图 3-21 所示是 RJ-45 模块化配线架。一根对绞电缆的 8 根导线卡接于一个模块上。模块的接口在配线架的前面板上，方便进行连接跳线或连接网络设备。

由于铜缆配线架用于端接铜缆，因而从电气性能上分类有屏蔽与非屏蔽之分。如图 3-22 所示是 48 口超 5 类卡接式非屏蔽模块配线架的前面和后面，图 3-23 所示是屏蔽模块化配线架。

图 3-21　唯康 RJ-45 模块化配线架

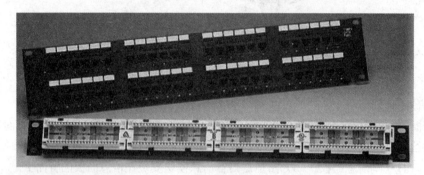

图 3-22　48 口超 5 类卡接式非屏蔽模块配线架

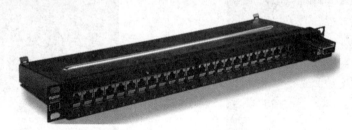

图 3-23　屏蔽配线架

　　数据铜缆配线架的作用是端接对绞电缆，提供 RJ-45 接口，通过跳线能方便与数据通信设备连接，便于维护管理。

　　配线架的正面端口数有 24 口和 48 口，每个端口均有号码显示，与交换机的端口数目相符，把配线架和交换机之间用跳线连接且一一对应号码更有利于辨认端口与缆线之间的位置和编号。在配线架的端口上面还有一条可以放标签的槽位，也可以直接标识与对绞电缆相应的编号。

　　在配线架后面有卡接线位，每 8 位一组，对应对绞电缆的 8 根导线，从左至右可以分别按 T568A/B 线序卡接导线，如图 3-24 所示。把对绞电缆的 8 根铜导线压进卡接线位需要使用专业的打线工具。

　　注意：卡接式模块配线架的印刷电路连接着卡接线位与前面板的接口，工程中一定要注意保护，不得损伤。

　　（2）110 型配线架。

　　110 型连接管理系统由 AT&T 公司于 1988 年首先推出，该系统后来成为工业标准的蓝本。110

型连接管理系统基本部件有配线架、连接块、跳线和标签。110 型配线系统中都要用到连接块，称为 110C，有 3 对线（110C-3）、4 对线（110C-4）和 5 对线（110C-5）三种规格的连接块。如图 3-25 所示是 110 型配线架和连接块。

图 3-24　模块化配线架后面的卡接线位

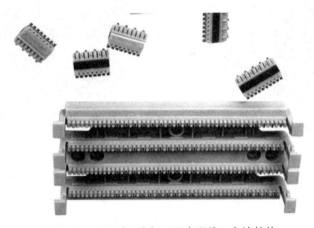

图 3-25　110 型配线架（语音配线）和连接块

110 型配线架采用阻燃、注模塑料做基座，其上装有若干齿槽，电缆导线就卡接于齿槽中。齿槽上有色标，以区别接入线对。110 系列配线架的接线方式主要有夹接式（110A 型）和接插式（110P 型）两种类型。110 型配线架主要用于语音配线。

110 型配线架有 25 对、50 对、100 对、300 对等多种规格，它的套件包括 4 对连接块或 5 对连接块、空白标签和标签夹、基座。110 型配线系统使用方便的插拔式跳接，可以简单地进行线路重新排列，这样就为技术人员管理交叉连接系统提供了方便。110 型配线架主要有以下类型：

- 110AW2：100 对和 300 对连接块，带腿。
- 110DW2：25 对、50 对、100 对和 300 对接线块，不带腿。
- 110AB：100 对和 300 对带连接器的终端块，带腿。
- 110PB-C：150 对和 450 对带连接器的终端块，不带腿。
- 110AB：100 对和 300 对接线块，带腿。
- 110BB：100 对连接块，不带腿。

（3）配线架连接的结构。

配线架连接的结构有互连结构和交叉连接结构两种。

互连结构的配线系统、水平子系统和干线子系统分别连接在不同的配线架上。这种连接主要用于计算机网络通信的布线系统。

交叉连接是水平子系统和干线子系统分别连接在同一配线架的不同区域，这种连接主要用于语音通信的布线系统。

3. 对绞电缆连接跳线与转接器

（1）对绞电缆连接跳线。

对绞电缆连接跳线主要用于网络通信设备（如交换机）接口与配线架模块接口的连接或配线架模块接口之间的连接等，如图 3-26 所示。

（2）对绞电缆延长转接器。

对绞电缆延长转接器用于延长对绞电缆，采用 RJ-45 接口。2 根对绞电缆通过该转接器可以连成一根更长的对绞电缆。如图 3-27 所示是对绞电缆延长转接器。

图 3-26　AMP 6 类非屏蔽跳线

图 3-27　对绞电缆延长转接器

3.3.5　同轴电缆及连接器件简介

在综合布线系统中，监控布线和有线电视通常使用同轴电缆。同轴电缆都有屏蔽层，可以更好地防止电磁场对信息传输的干扰。

1. 同轴电缆的结构

同轴电缆由里往外依次是铜芯、内绝缘层、金属（箔、网）屏蔽层和外绝缘护套。铜芯与金属箔、网状导体同轴，故名同轴电缆，如图 3-28 所示。这种结构的金属屏蔽网可防止中心导体向外辐射电磁场，也可防止外界电磁场干扰中心导体传输的信号。

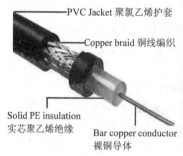

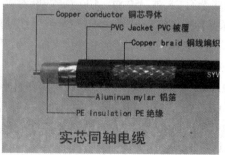

图 3-28　同轴电缆的结构

注意：在工程中，同轴电缆中间的导体不能与外面的屏蔽层相碰接。

2. 视频同轴电缆

同轴电缆可分为两种基本类型：基带同轴电缆和宽带同轴电缆。基带同轴电缆根据其直径大小又分为同轴细缆和同轴粗缆两类，特性阻抗 50Ω，由于多用于基带传输，也叫基带同轴电缆，过去用于网络数据传输，现在基本不再使用。

使用有线电视电缆进行模拟信号传输的同轴电缆系统被称为宽带同轴电缆，特性阻抗 75Ω。如图 3-29 所示是有线电视同轴电缆和射频同轴电缆。

图 3-29　有线电视同轴电缆和射频同轴电缆

"宽带"这个词来源于电话业，指比 4kHz 宽的频带。然而在计算机网络中，"宽带电缆"却指任何使用模拟信号进行传输的电缆网。有线电视系统由于业务管辖关系主要是由有线电视运营者负责安装。

3. 光纤同轴混合（Hybrid Fiber-Coax，HFC）网络

HFC 通常由光纤干线、同轴电缆支线和用户配线网络三部分组成，从有线电视台出来的节目信号先变成光信号在干线上传输；到用户区域后把光信号转换成电信号，经分配器分配后通过同轴电缆送到用户。它与早期 CATV 同轴电缆网络的不同之处主要在于，在干线上用光纤传输光信号，在前端需要完成电/光转换，进入用户区后要完成光/电转换。

"有线宽带"是有线电视网络公司推出的一种基于有线电视 HFC 网络的宽带互联网接入服务。"有线宽带"由电缆调制解调器（Cable Modem）进行调制解调后与计算机进行通信。如图 3-30 所示是电缆调制解调器，图 3-31 所示是有线电视宽带接入示意图。

图 3-30　电缆调制解调器（Cable Modem）

通常，有线电视的同轴电缆的连接头接入 Cable Modem 的同轴电缆接口，对绞电缆的 RJ-45 连接头接入 Cable Modem 的以太网端口（RJ-45 接口）。从前端传来的下行数据信号通过 HFC 传至用户家中的 Cable Modem，Cable Modem 就完成信号的解码、解调等功能，并通过以太网端口将数字信号传送给 PC 机，反过来 Cable Modem 将接收 PC 机传来的上行信号，经过编码、调制后通过

HFC 传给头端设备。

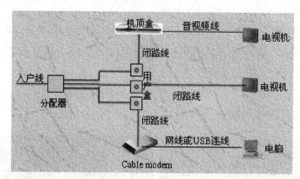

图 3-31　有线电视宽带接入示意图

4. 同轴电缆的连接器与连接线

同轴电缆是不可绞接的,各部分需要通过低损耗的连接器来连接。连接器在物理性能上与电缆相匹配,中间的连接导体和耦合器置于金属屏蔽管中。连接器中间的导体不能与外面的屏蔽层短接。如图 3-32 所示是一些同轴电缆的连接器,图 3-33 所示是一些同轴电缆的连接线。

图 3-32　同轴电缆连接器

图 3-33　同轴电缆连接线

注意:在工程中,连接器的外层金属体必须和同轴电缆的屏蔽层紧密连接。

3.3.6　光纤

光纤通信发展极为迅速,应用非常普遍。光纤通信线路已经成为现代通信的主要线路方式。

光纤是光导纤维（Optic Fiber）的简称。人们采用光导纤维材料以特别的工艺拉制成直径比头发丝还小的光纤芯，利用光的全反射原理把光信号封闭在其中单向传播。

实际光纤通信中，人们根据通信应用的需要采用一根或多根光纤芯制成实用的通信光缆。光纤可以像一般铜缆线传输电话通话或电脑数据等信息，所不同的是，光纤传输的是光信号而非电信号。

1. 光及其特性

（1）光是一种电磁波。光有一定的波长。可见光部分波长范围是 390～760nm（1nm=10^{-9}m），波长大于 760nm 部分是红外光，波长小于 390nm 部分是紫外光。光纤中应用的波长是在红外区内的 850nm、1300nm、1310nm 和 1550nm 四种。光纤通信有以下优点：传输频带宽、通信容量大、损耗低、不受电磁干扰、线径细、重量轻。

（2）光的折射、反射和全反射。因为光在不同物质中的传播速度是不同的，所以光从一种物质射向另一种物质时，在两种物质的交界面处会产生折射和反射，而且折射光的角度会随入射光的角度变化而变化。当入射光的角度达到或超过某一角度时，折射光会消失，即入射光全部被反射回来，这就是光的全反射。不同的物质对相同波长光的折射角度是不同的（即不同的物质有不同的光折射率），相同的物质对不同波长光的折射角度也是不同的。光纤就是利用全反射原理确保光信号在其中远距离传输的。

2. 单根通信光纤的结构

单根通信光纤的外观呈圆柱形，从内到外是纤芯、包层、涂覆层、外套 4 部分，如图 3-34 所示。除去外套部分的光纤通常称为裸纤。

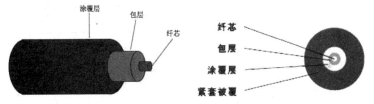

图 3-34　光纤的结构

（1）纤芯。纤芯位于光纤的中心部位。通信光纤的纤芯大多数是用石英玻璃（主要成分二氧化硅）材料制成的。生产过程中，在纤芯主材料高纯度二氧化硅中掺入少量的掺杂剂（如二氧化锗），以提高纤芯的折射率。

实用的单模光纤的纤芯直径为 4～10μm，多模光纤的纤芯直径为 50μm。

（2）包层。包层位于纤芯的外围。通信光纤的包层材料也是石英玻璃。生产过程中，在包层主材料高纯度二氧化硅中加入一些掺杂剂，以降低包层的光折射率。这样，纤芯与包层的界面处像一面镜子，能使纤芯内射向包层的光信号全反射回纤芯内，最大限度地减小光信号能量的损失。

实用的单模光纤和多模光纤的纤芯带包层的直径是 125μm。

（3）涂覆层：涂覆层在包层的外围，一般有 5～40μm，包括一次涂覆层、缓冲层和二次涂覆层，通常采用丙烯酸酯、硅橡胶、尼龙等材料，以增加机械强度和可弯曲性能。

3. 光纤的数值孔径

入射到光纤端面的光并不能全部被光纤所传输，只是在某个角度范围内的入射光才可以被光纤传输。这个角度范围就称为光纤的数值孔径。光纤的数值孔径大些对于光纤的对接是有利的。

4. 光纤的分类

光纤的种类很多,可以从不同的角度对光纤进行分类。光纤的分类通常是从原材料和制造方法、传输模式、折射率分布等方面进行。

（1）按光纤组成材料的不同可分为：石英玻璃、多成分玻璃、塑料、复合材料（如塑料包层、液体纤芯等）、红外材料等。

光纤的芯与包层都使用石英玻璃材料的光纤是石英玻璃光纤。

光纤的芯与包层都使用塑料材料的光纤是塑料光纤。塑料光纤是用高度透明的聚苯乙烯或聚甲基丙烯酸甲酯（有机玻璃）制成的。它的特点是制造成本低廉，相对来说芯径较大（高达 200～1000μm），与光源的耦合效率高，耦合进光纤的光功率大，使用方便。但塑料光纤传输损耗较大，带宽较小，在传输质量和传输距离上比不上石英玻璃光纤。目前，塑料光纤主要用于短距离低速率通信，如常见的短距离计算机网链路、车辆船舶内通信控制等。

（2）按光在光纤中的传输模式可分为：单模光纤（Single Mode Fiber）和多模光纤（Multi Mode Fiber）。

光学上把具有一定频率、一定的偏振状态和传播方向的光波称做光波的一种模式，也就是一种传输路径。当光纤芯的几何尺寸（主要是纤芯直径）远远大于传播光波波长时，光波在光纤中可以有几十种乃至几百种传播模式。只允许传输一个模式光波的光纤称为单模光纤；允许同时传输多个模式光波的光纤称为多模光纤。如图 3-35 所示是光波在单模光纤和多模光纤中的传输路径示意图。

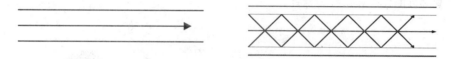

图 3-35　光波在单模光纤和多模光纤中的传输路径示意图

国际电信联盟—电信标准部 ITU-T 将通信光纤具体分为 G.651、G.652、G.653、G.654、G.655 和 G.656 六个大类和若干子类。

1）多模光纤。

多模光纤的国际标准是 ITU-T G.651 类。IEC 和 GB/T 又进一步按它们的纤芯直径、包层直径、数值孔径的参数细分为 A1a、A1b、A1c 和 A1d 四个子类。

2002 年 9 月，ISO/IEC 11801 正式颁布了新的多模光纤标准等级，将多模光纤重新分为 OM1、OM2 和 OM3 三类，其中，OM1 指传统的 62.5μm 多模光纤，OM2 指传统的 50μm 多模光纤，OM3 是新增的 50μm 万兆多模光纤。

多模光纤纤芯/包层直径是 50/125μm 或 62.5μm/125μm。

多模光纤普遍采用价格低廉的发光二极管（LED）作为光源，系统费用较低。综合布线系统光纤信道采用标称波长为 850nm 和 1300nm 的多模光纤。

由于光信号在光纤中传输时存在一定的衰减损耗，因此多模光纤传输的距离相对比较近，一般在几千米内。多模光纤主要用于局域网。

新一代多模光纤（New Generation Multi Mode Fiber，NGMMF）已作为 10Gb/s 以太网的传输介质，被纳入 IEEE10Gb/s 以太网标准，已被国际通用。

新一代多模光纤是渐变折射率分布的多模光纤，纤芯/包层直径仍是 50/125μm。新一代多模光纤标准采用 850nm 垂直腔面发射激光器（VCSEL）做光源，价格与 LED 基本相同。多模光纤使用激光器做光源，其传输带宽应得到大幅度提高。在 10Gb/s 下，50μm 芯径新一代多模光纤可传输 600 米。

2）单模光纤。

单模光纤的国际标准有：ITU-T G.652、G.653、G.654、G.655、色散补偿光纤等。G.652 光纤在我国占 90%以上的市场。G.653 和 G.654 光纤在国内很少使用。G.652 光纤可用于 2.5Gb/s 以下的光信号传输。

- G.652 类。G.652 类是常规单模光纤，目前分为 G.652A、G.652B、G.652C 和 G.652D 四个子类，除 IEC 和 GB/T 把 G.652C 命名为 B1.3 外，其余的则命名为 B1.1。
- G.653 类。G.653 光纤是色散位移单模光纤，IEC 和 GB/T 把 G.653 光纤分类命名为 B2 型光纤。
- G.654 类。G.654 光纤是截止波长位移单模光纤，也称为 1550nm 性能最佳光纤，IEC 和 GB/T 把 G.654 光纤分类命名为 B1.2 型光纤。
- G.655 类。G.655 类光纤是非零色散位移单模光纤，目前分为 G.655A、G.655B 和 G.655C 三个子类，IEC 和 GB/T 把 G.655 类光纤分类命名为 B4 类光纤。

单模光纤的纤芯/包层直径是 9/125μm 或 10/125μm。

单模光纤普遍采用激光器光源，激光直接照射进微小的纤芯并通过光纤传播到接收机，系统费用较高。综合布线系统光纤信道采用标称波长为 1310nm 和 1550nm 的单模光纤。

单模光纤具有极大的传输带宽，适用于大容量和主干长距离的通信系统。

（3）按光纤折射率分布的不同可分为：阶跃（突变）型光纤和渐变型光纤。

阶跃型光纤的纤芯和包层的折射率都是一个常数，且纤芯的折射率大于包层的折射率。光纤中传输的光信号若从纤芯中入射包层就会在折射率突变的纤芯和包层界面处产生全反射，最终光信号在光纤中呈锯齿状曲折前进。其成本低、模间色散高，适用于短途低速通讯。现在的多模光纤多为突变型。

渐变型光纤的纤芯折射率从中心轴线开始向着径向逐渐减小。光束在渐变型光纤中传播时，偏离中心轴线的光将形成周期性的汇聚和发散，可使光按正弦形式传播，这能减少模间色散，提高光纤带宽，增加传输距离，但成本较高。现在的单模光纤多为渐变型的。

5. 光纤的衰减系数

光纤的衰减系数是指每千米光纤对光信号功率的衰减值（dB/km）。影响光纤传输信号衰减的主要因素有：本征、杂质、不均匀、弯曲、挤压和对接等。其中，前三类因素在生产光纤中产生，后三类因素可能在光纤使用中产生。

- 本征：光纤的固有损耗，包括瑞利散射、固有吸收等。
- 杂质：光纤内杂质吸收和散射在光纤中传播的光，从而造成的损耗。
- 不均匀：光纤材料的折射率不均匀造成的损耗。
- 弯曲：光纤弯曲时部分光纤内的光会因散射而造成的损耗。
- 挤压：光纤受到挤压时产生微小的弯曲而造成的损耗。
- 对接：光纤对接时产生的损耗，如不同轴（单模光纤同轴度要求小于 0.8μm）、端面与轴心不垂直、端面不平、对接芯径不匹配和熔接质量差等。

3.3.7 光缆

光纤传输系统中直接使用的是光缆。光缆是用一定数量的光纤芯按照一定方式制作而成的。在光缆生产中，根据需要置入加强构件（金属的或非金属的），防止光纤芯因受拉力、压力产生形变；置入填充物（膏、剂），防潮、阻水；采用阻燃、环保或耐高温的包覆材料做外护层。

1. 光缆的种类

如图 3-36 所示是一些常见的光缆。光缆通常按光缆结构、敷设方式和用途等分类。

按光缆结构分类有：束管式光缆、层绞式光缆、紧抱式光缆、带式光缆、非金属光缆和可分支光缆。

按敷设方式分类有：自承重架空光缆、管道光缆、铠装地埋光缆和海底光缆。

按用途分类有：长途通信光缆、短途室外光缆、建筑物室内光缆和混合光缆。

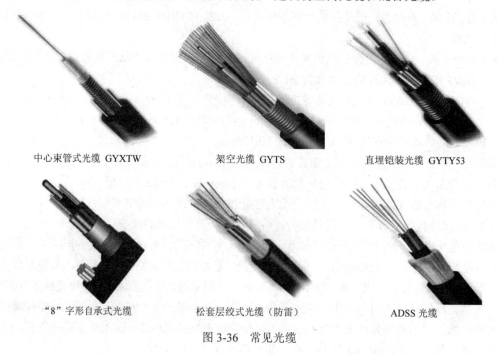

中心束管式光缆 GYXTW　　　架空光缆 GYTS　　　直埋铠装光缆 GYTY53

"8"字形自承式光缆　　　松套层绞式光缆（防雷）　　　ADSS 光缆

图 3-36　常见光缆

2. 光缆型号的编制方法

光缆型号由光缆型式代号和规格代号构成，中间用一空格隔开。完整的光缆型号有 7 个部分，其中前 5 个部分是光缆的型式代号，后两个部分是光缆的规格代号，如表 3-1 所示。

表 3-1　光缆型号的结构

1	2	3	4	5	6	7
分类	加强构件	光缆结构特征	护套	外护层	光纤芯数	光纤类别

（1）光缆的型式。

光缆的型式由分类、加强构件、结构特征、护套和外护层 5 个部分组成，各部分均用代号表示，如表 3-2 至表 3-6 所示。

1）分类及代号。光缆的型式分类及代号如表 3-2 所示。

2）加强构件及代号。加强构件指嵌入护套中用于增强光缆抗拉力的构件。如同时有金属和非金属的加强构件，只表示为金属构件结构特征。

- 无：金属加强构件。
- F：非金属加强构件。
- G：金属重型加强构件。

表 3-2　光缆分类及代号

代号	光缆分类	代号	光缆分类
GY	通信用室（野）外光缆	GJ	通信用室（局）内光缆
GM	通信用移动式光缆	GS	通信用设备内光缆
GH	通信用海底光缆	GT	通信用特殊光缆

3）结构特征及代号。光缆结构特征表示缆芯的主要类型和光缆的派生结构。当光缆型式有几个结构特征需要注明时，可用组合代号表示，其组合代号按下列相应的代号自上而下顺序排列。光缆结构特征及代号如表 3-3 所示。

表 3-3　光缆结构特征及代号

代号	光缆结构特征	代号	光缆结构特征
S	光纤松套被覆结构（可省略）	X	中心束管式结构
J	光纤紧套被覆结构	T	油膏填充式结构
D	光纤带结构	B	扁平结构
代号	光缆结构特征	代号	光缆结构特征
无	层绞式结构	Z	阻燃结构
G	骨架槽式结构	C	自承式结构

4）护套及代号。光缆的护套及代号如表 3-4 所示。

表 3-4　光缆护套及代号

代号	光缆护套	代号	光缆护套
Y	聚乙烯	S	钢带－聚乙烯粘结护层
V	聚氯乙烯	W	夹带钢丝的钢带－聚乙烯粘结护层
F	氟塑料	L	铝
U	聚氨酯	G	钢
E	聚酯弹性体	Q	铅
A	铝带－聚乙烯粘结护层		

5）外护层及代号。当有外护层时，它可包括垫层、铠装层和外被层的某些部分和全部，其代号用两组数字表示（垫层不需要表示），第一组表示铠装层，它可以是一位或二位数字；第二组表示外被层或外套，它应是一位数字。光缆的外护层及代号如表 3-5 所示。

表 3-5　光缆外护层及代号

代号	（1）铠装层	代号	（2）外被层或外套
0	无铠装	1	纤维外护套
2	绕包双钢带	2	聚氯乙烯护套
3	单细圆钢丝	3	聚乙烯护套
33	双细圆钢丝	4	聚乙烯护套加敷尼龙护套
4	单粗圆钢丝	5	聚乙烯管
44	双粗圆钢丝		
5	皱纹钢带		

（2）光缆的规格。

光缆的规格由光纤规格和导电芯线的有关规格组成，光纤和导电芯线规格之间用"+"号隔开。

1）光纤规格：光纤规格是由光纤数和光纤类别代号组成，如表 3-6 所示。光纤数用光缆中同一类别光纤的实际有效数目的数字表示，也可用光纤带（管）数和每带（管）光纤数为基础的计算加圆括号来表示。

表 3-6　光纤类别及代号

代号	光纤类别	对应 ITUT 标准
Ala 或 Al	50/125μm 二氧化硅系渐变型多模光纤	G.651
Alb	62.5/125μm 二氧化硅系渐变型多模光纤	G.651
B1.1 或 B1	二氧化硅普通单模光纤	G.652
B4	非零色散位移单模式光纤	G.655

2）导电芯线规格：导电芯线规格的构成符合有关电缆标准中铜导电芯线构成的规定。

例 3-1：如图 3-37 所示的光缆上印有的型号信息 GYXTW-12B1 表示的是什么意思？

图 3-37　光缆上印有的型号信息

第一部分 GY 表示通信用室（野）外光缆；第二部分"无"代号（无、F、G）表示采用金属加强构件；第三部分的三位中，第一位"无"代号表示层绞式、第二位 X 表示中心束管式、第三位 T 表示油膏填充式；第四部分 W 表示夹带钢丝的钢带－聚乙烯粘结护层，内有 12 根 B1.1 类单模光纤。

例 3-2：从光缆上印有的型号信息 GYFTV05 24B1 可以知道该光缆的什么特性？

由光缆型号信息可知：该光缆是通信用室外光缆、采用非金属中心加强件、填充式结构、聚氯乙烯护套、外护层是聚乙烯管，内有 24 根 B1.1 类单模光纤。

3．几种常用光缆的结构

如图 3-38 所示是一种常用光缆松套层绞式光缆（GYFTA）的结构图，图 3-39 所示是"8"字形自承式光缆的结构图。

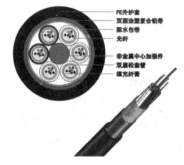

PE外护套
双面涂塑复合铝带
阻水包带
光纤
非金属中心加强件
双层松套管
填充纤膏

图 3-38　松套层绞式光缆（GYFTA）的结构

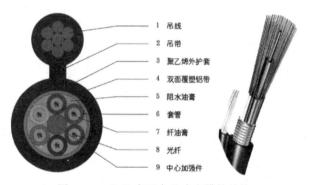

1　吊线
2　吊带
3　聚乙烯外护套
4　双面覆塑铝带
5　阻水油膏
6　套管
7　纤油膏
8　光纤
9　中心加强件

图 3-39　"8"字形自承式光缆的结构

例 3-3：GYTA 12B1 光缆的结构。

GYTA 12B1 光缆是将 250μm 光纤套入高模量材料制成的松套管中，松套管内填充防水化合物。缆芯的中心是一根金属加强芯，松套管（和填充绳）围绕中心加强芯绞合成紧凑和圆形的缆芯，缆芯内的缝隙充以阻水填充物。涂塑铝带（APL）纵包后挤制聚乙烯护套成缆。12 代表是 12 芯；B1 代表 G.652 类光纤，是常规单模光纤。

例 3-4：GYXTW 光缆的主要特点。

GYXTW 光缆的结构是中心束管式、平行钢丝加强、皱纹钢带纵包、聚乙烯护套。产品主要特点是：

● 有优良的机械抗拉应变性能、抗侧压性能、温度特性和传输特性。

● 光缆截面小、重量轻，很适宜施工操作。

● 松套管中充满防潮油膏，松套管外填充阻水油膏或膨胀阻水材料，既确保了纵向不渗水，又确保了径向防潮。

4．光缆销售商提供的光缆信息

市场上光纤销售商常提供光缆的主要信息有：厂商名、芯数、室内/室外/架空/铠装、单模/多模、纤芯/包层直径，如迪蒙 12 芯室内多模光缆（62.5/125）、迪蒙 6 芯室外架空多模光缆（62.5/125）、AMP 4 芯室外铠装光缆（62.5/125）。

例 3-5：光缆销售商提供的光缆详细信息。

上海慧锦中心为销售管式轻铠型光纤束光缆（GYXTW）提供的详细信息有：

● 名称：中心束管式光缆。

● 图片：如图 3-40 所示。

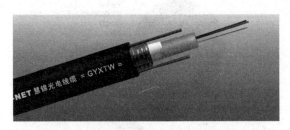

图 3-40　轻铠型光纤束光缆（GYXTW）

● 技术特点：结构紧凑、外径小、重量轻，复合钢带紧包束管，阻挡析氢渗透，适合穿管或架空敷设。

● 光缆用途：主要用于省内二级、三级干线及农话网络中作光通信传输线，也可用于引入线，适合架空、管道及直埋敷设。

● 物理性能，如表 3-7 所示。

表 3-7　性能

光缆芯数 （芯）	光缆外径 （mm）	短时允许拉力 （N）	允许侧压 （N/100mm）	抗冲击 （N·m）	允许弯曲半径 （倍光缆外径）		参考重量 （kg/km）
					静态	动态	
1-12	Φ9.4	≥1500	≥1000	5	10	20	108

3.3.8　光纤通信系统

1．光纤通信系统

光纤通信系统是以光波为载体、光缆作为传输线路的通信方式。最基本的光纤通信系统由数据源、光发送端、光学信道和光接收机组成。其中数据源包括所有的信号源，它们是话音、图像、数据等业务经过信源编码所得到的信号；光发送机和调制器则负责将信号转变成适合于在光纤上传输的光信号。光学信道包括最基本的光纤，还有中继放大器等；而光学接收机则接收光信号，并从中提取信息，然后转变成电信号，最后得到对应的话音、图像、数据等信息。如图 3-41 所示是光通信系统图。

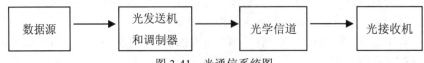

图 3-41　光通信系统图

光纤传输系统是数字通信的理想通道。与模拟通信相比较，数字通信有很多优点，灵敏度高、传输质量好。因此，大容量长距离的光纤通信系统大多采用数字传输方式。

在光纤通信系统中，光纤中传输的是二进制光脉冲"0"码和"1"码，它由二进制数字信号对光源进行通断调制而产生。而数字信号是对连续变化的模拟信号进行抽样、量化和编码产生的，称为脉冲编码调制（Pulse Code Modulation，PCM）。这种电数字信号称为数字基带信号，由 PCM 电端机产生。

光纤通信系统中电端机的作用是对来自信息源的信号进行处理，例如模拟/数字转换多路复用等（多路复用是指将多路信号组合在一条物理信道上进行传输，到接收端再用专门的设备将各路信号分离出来，多路复用可以极大地提高通信线路的利用率）；发送端光端机的作用则是将光源（如激光器或发光二极管）通过电信号调制成光信号，输入光纤传输至远方；接收端的光端机内有光检测器（如光电二极管）将来自光纤的光信号还原成电信号，经放大、整形、再生恢复原形后输至电端机的接收端。如图 3-42 所示是光端机。

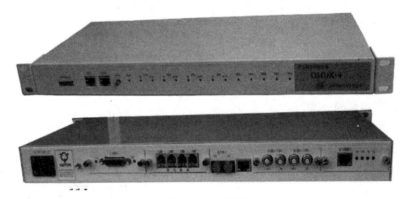

图 3-42 光端机

值得注意的是，光信号在光纤中是单向传输的，单芯光纤不能同时收或发光信号，而要实现光信号的收与发，则需要一对光纤：一根用于接收信号，一根用于发送信号。

2. 光纤收发器

光纤收发器是一种将光缆传输转换为对绞电缆传输的光电转换设备，也称为光电转换器。如图 3-43 所示是光纤收发器。

图 3-43 光纤收发器

在传统的以太网中起连接作用的介质主要是对绞电缆。对绞电缆传输距离限制在 100 米以内，如此短的传输距离制约了网络的范围，同时对绞电缆受电磁干扰的影响较大，这也无疑使数据通讯质量受到较大的影响。

光纤收发器的运用，将以太网中的连接介质转换为光纤。光纤的低损耗、高抗电磁干扰性，在使网络传输距离从 100 米扩展到 2 千米至几十千米，乃至于上百千米的同时，也使数据通讯质量有了较大的提高。

光纤收发器种类比较多，按光纤接口可分为 ST 头、SC 头等；按照传输距离多模为 2 km 以内，单模有 25km、40km、60km、100km；按照波长分为 850nm、1300nm、1310nm、1550nm；根据产品外形及安装形式可分为桌面型和机架型；按照工作电源可分为交流、直流等多种类型。

3.3.9　光纤连接器件

要建成一条光纤通信链路，除了光缆以外，还需要各种光纤连接器件。其中一些用于光纤的连接，另一些用于光纤的整合和支撑。在综合布线工程中，光纤的连接主要在设备间、电信间完成，光缆敷设至电信间后连接至光纤配线架，每根光纤芯与一条光纤尾纤熔接，尾纤的连接器插入光纤配线架上的适配器的一端，适配器的另一端用光纤跳线连接，跳线的另一端根据实际需要连接，如连接至交换机或光纤收发器的光纤接口等。

1.　光纤配线设备

光纤配线设备是用于实现光纤通信网络中主干光缆与光端机、主干光缆与配线光缆、配线光缆与光端机之间的熔接、分配和调度的设备，广泛应用于光纤通信网络中。

（1）光纤配线设备的分类。

光纤配线设备作为光纤接入网技术的关键设备，主要分为室内配线和室外配线设备两大类。其中，室内配线包括机架式（光纤配线架、混合配线架）、机柜式（光纤配线柜、混合配线柜）和壁挂式（光纤配线箱、光缆终端盒、综合配线箱）；室外配线设备包括光缆交接箱、光纤配线箱、光缆接续盒。

光纤配线设备主要由配线单元、熔接单元、光缆固定开剥保护单元、存储单元及连接器件组成。

（2）常见的配线产品。

常见的光纤配线产品有：光纤配线架、光缆终端盒、光缆交接箱、光缆分线箱等。

1）光纤配线架。光纤配线架主要用于主干多芯光缆的分芯端接，以便于通过光纤连接器连接到光通信设备。多芯光缆在光纤配线架中进行固定、分纤缓冲、与尾纤熔接，实现光通信的分配、组合、调度等功能。光纤配线架具有多种规格，可按用户需求提供不同的容量。如图 3-44 所示是 ST 和 SC 接口的光纤配线架的外观及结构，图 3-45 所示是光纤配线架外接设备缆线。

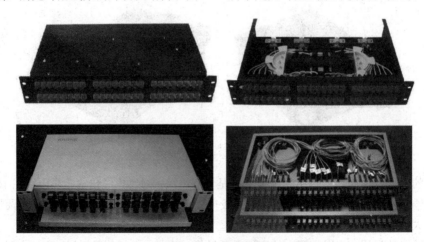

图 3-44　不同接口的光纤配线架的外观及结构

光纤配线架有以下产品特征：

- 提供光缆与配线尾纤的保护性连接。
- 使光缆金属构件与光缆端壳体绝缘，并能方便地引出接地。
- 提供光缆终端的安放和余端光纤存储的空间，方便安装操作。
- 具有足够的抗冲击强度的盒体固定，方便不同使用场合的安装。
- 可选择挂墙安装或直接放置于槽道等多种安装方式。

图 3-45　光纤配线架外接设备缆线

2）光缆终端盒。光缆终端盒是电信光通信中的常用设备。多芯光缆在光缆终端盒中分芯端接后，再与光通信设备连接。如图 3-46 所示是光缆终端盒及其结构。

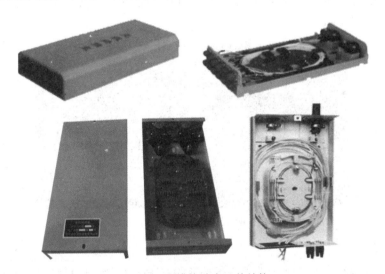

图 3-46　光缆终端盒及其结构

3）光缆交接箱。光缆交接箱是用于光纤接入网中主干光缆与配线光缆节点处的接口设备，可以实现光纤的熔接、分配、调度等功能，可采用落地和架空安装方式。

例 3-6：GPX5-48 室外光缆交接箱简介（见图 3-47 所示）。

①采用国产高强度 SMC 材料制造的箱体，防护等级 Ip65，可抵抗巨变的气候和适应恶劣的工作环境。

②内部金工件采用优质不锈钢材料制作，表面静电喷涂，防护性能良好。

③模块化设计，最大提供 48 芯的配纤容量，全正面单开门操作。

图 3-47　光缆交接箱

④适配器安装下倾 35 度角，保证光纤曲率半径，同时避免激光灼伤人眼，且节省空间。

⑤全程走线保护，多处弧形走纤装置，保证光纤曲率半径大于 42.5mm。

⑥适用于带状和非带状光缆。

⑦可靠的光缆开剥、保护、固定、接地装置。

⑧有清晰、完整的标识。

⑨可提供壁挂、挂杆等多种安装方式。

4）光缆分线箱。光缆分线箱是用于光纤环路终端的配线分线设备，可以提供光纤的分线、熔接、配线功能，如图 3-48 所示。

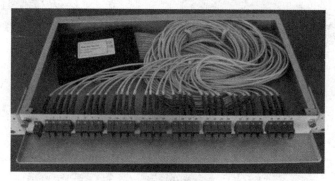

图 3-48　光缆分线箱

2. 光纤连接器

在安装任何光纤系统时，都必须考虑以低损耗的方法把光纤或光缆相互连接起来，以实现光链路的接续。光纤链路的接续又可以分为永久性的和活动性的两种。永久性的接续，大多采用熔接法或固定连接器来实现；活动性的接续，一般采用光纤连接器来实现。两根长距离光缆的接续就是在光缆接续盒里固定、熔接。如图 3-49 所示是光缆接续盒。

光纤连接器是光纤与光纤之间进行可拆卸（活动）连接的器件，它是把光纤的两个端面精密对接起来，以使发射光纤输出的光能量能最大限度地耦合到接收光纤中去，并使由于其介入光链路而对系统造成的影响减到最小，这是光纤连接器的基本要求。

陶瓷插芯是这种光纤连接器的核心部件，它是一种由纳米氧化锆（ZrO_2）材料经一系列配方、加工而成的高精度特种陶瓷元件，如图 3-50 所示是陶瓷插芯及其在连接器中的作用，图 3-51 所示是光纤连接器的结构。

图 3-49　光缆接续盒

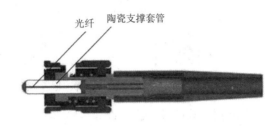

图 3-50　陶瓷插芯及其在连接器的作用

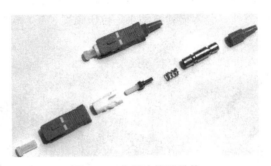

图 3-51　光纤连接器结构

光纤连接器广泛应用在光纤传输线路、光纤配线架和光纤测试仪器、仪表中，是目前使用数量最多的光无源器件，在一定程度上，它直接影响光传输系统的可靠性和各项性能。

（1）光纤连接器的分类。

光纤连接器按传输媒介的不同可分为常见的硅基光纤的单模光纤连接器和多模光纤连接器，还有其他如以塑胶等为传输媒介的光纤连接器。

按连接头结构形式可分为 FC、SC、ST、LC、D4、DIN、MU、MT 等各种形式。其中，ST 连接器通常用于布线设备端，如光纤配线架、光纤模块等；而 SC 和 MT 连接器通常用于网络设备端。

按连接器的插针端面可分为 FC、PC（UPC）和 APC；按光纤芯数划分还有单芯和多芯（如 MT-RJ）之分。

光纤连接器应用广泛，品种繁多。在实际应用过程中，一般按照光纤连接器结构的不同来加以区分。

（2）常用的光纤连接器。

1）FC 型光纤连接器（螺丝扣式）。如图 3-52 所示是 FC 型光纤连接器。这种连接器最早是由日本 NTT 公司研制的。FC 是 Ferrule Connector 的缩写，表明其外部加强方式是采用金属套，紧固方式为螺丝扣。最早，FC 类型的连接器采用陶瓷插针的对接端面是平面接触方式（FC）。此类连接器结构简单、操作方便、制作容易，但光纤端面对微尘较为敏感，且容易产生菲涅尔反射，提高回波损耗性能较为困难。后来，对该类型连接器做了改进，采用对接端面呈球面的插针（PC），而外部结构没有改变，使得插入损耗和回波损耗性能有了较大幅度的提高。

图 3-52　FC 型光纤连接器

2）SC 型光纤连接器（直插式）。如图 3-53 所示是 SC 型光纤连接器。这是一种由日本 NTT 公司开发的光纤连接器。其外壳呈矩形，所采用的插针与耦合套筒的结构尺寸与 FC 型完全相同，其中插针的端面多采用 PC 或 APC 型研磨方式；紧固方式是采用插拔销闩式，不需要旋转。此类连接器价格低廉、插拔操作方便、介入损耗波动小、抗压强度较高、安装密度高。

图 3-53　SC 型光纤连接器

3）ST 型光纤连接器。如图 3-54 所示是常用的 ST 型光纤连接器。ST 型光纤连接器是卡扣式的。ST 连接器的陶瓷插芯是外露的，SC 连接器的陶瓷插芯在接头里面。对于 10Base-F 连接来说，连接器通常是 ST 类型的，对于 100Base-FX 来说，连接器大部分情况下是 SC 类型的。

4）MT-RJ 型连接器。如图 3-55 所示是 MT-RJ 型连接器，它起步于日本 NTT 公司开发的 MT 连接器，带有与 RJ-45 型 LAN 电连接器相同的闩锁机构，通过安装于小型套管两侧的导向销对准光纤，为便于与光收发信机相连，连接器端面光纤为双芯（间隔 0.75mm）排列设计，是主要用于数据传输的下一代高密度光纤连接器。

5）LC 型连接器。如图 3-56 所示是 LC 型连接器，是著名 Bell（贝尔）研究所研究开发出来的，采用操作方便的模块化插孔（RJ）闩锁机理制成。其所采用的插针和套筒的尺寸是普通 SC、FC 等所用尺寸的一半，为 1.25mm。这样可以提高光纤配线架中光纤连接器的密度。在单模 SFF 方面，LC 类型的连接器实际已经占据了主导地位，在多模方面的应用也增长迅速。

图 3-54　ST 型光纤连接器

图 3-55　MT-RJ 型连接器

6）MU 型连接器。MU（Miniature unit Coupling）连接器（如图 3-57 所示）是以 SC 型连接器为基础，由日本 NTT 公司研制开发出来的世界上最小的单芯光纤连接器。该连接器采用 1.25mm 直径的套管和自保持机构，其优势在于能实现高密度安装。利用 MU 的 1.25mm 直径的套管，NTT 已经开发了 MU 连接器系列。它们有用于光缆连接的插座型连接器（MU-A 系列）、具有自保持机构的底板连接器（MU-B 系列）、用于连接 LD/PD 模块与插头的简化插座（MU-SR 系列）等。随着光纤网络向更大带宽更大容量方向的迅速发展和 DWDM 技术的广泛应用，对 MU 型连接器的需求也将迅速增长。

图 3-56　LC 型连接器图

图 3-57　MU 型连接器

（3）光纤连接器件的性能。

光纤连接器的性能，首先是光学性能，此外还要考虑光纤连接器的互换性、重复性、抗拉强度、温度和插拔次数等。

1）光学性能。对于光纤连接器的光性能方面的要求，主要是插入损耗和回波损耗这两个最基本的参数。

- 插入损耗（InsertionLoss）即连接损耗，是指因连接器的导入而引起的链路有效光功率的损耗。插入损耗越小越好，一般要求应不大于 0.5dB。
- 回波损耗（ReturnLoss，ReflectionLoss）是指连接器对链路光功率反射的抑制能力，其典型值应不小于 25dB。实际应用的连接器，插针表面经过了专门的抛光处理，可以使回波损耗更大，一般不低于 45dB。

2）互换性、重复性。光纤连接器是通用的无源器件，对于同一类型的光纤连接器，一般都可以任意组合使用并可以重复多次使用，由此而导入的附加损耗一般都在小于 0.2dB 的范围内。

3）抗拉强度。对于做好的光纤连接器，一般要求其抗拉强度应不低于 90N。

4）温度。一般要求，光纤连接器必须在-40ºC～+70ºC 的温度下能够正常使用。

5）插拔次数。目前使用的光纤连接器一般都可以插拔 1000 次以上。

3. 光纤跳线、尾纤及适配器

（1）光纤跳线。

光纤跳线是两端带有光纤连接器的、有较厚保护层的光纤软线。光纤跳线主要用于光纤配线架到交换设备或光纤信息插座到计算机的连接。如图3-58所示是常用的光纤跳线。

 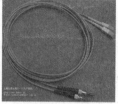 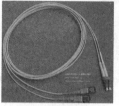 

SC-SC 光纤跳线　　　　SC-ST 光纤跳线　　　　SC-LC 光纤跳线　　　　FC-FC 光纤跳线

图 3-58　常用光纤跳线

光纤跳线有单芯和双芯之分、多模和单模之分。根据需要，光纤跳线两端的连接器可以是同类型的也可以是不同类型的，其长度一般在5m以内。

- 单模光纤跳线：一般光纤跳线用黄色表示，接头和保护套为蓝色，传输距离较长。
- 多模光纤跳线：一般光纤跳线用橙色表示，也有的用灰色表示，接头和保护套用米色或者黑色，传输距离较短。

光纤跳线不使用时，一定要用保护套将光纤接头保护起来，否则灰尘和油污会影响光信号的耦合。

（2）光纤尾纤。

尾纤只有一端有连接器，而另一端是一根光缆纤芯的断头，通过熔接与其他光缆纤芯相连，常用于光纤终端盒内。单模尾纤外观为黄色，多模尾纤外观为橙色。布线时应注意尾纤纤芯与熔接光纤芯为同一种类型。尾纤如图3-59所示。

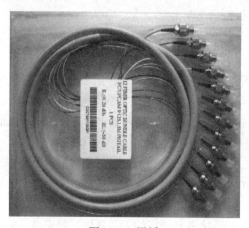

图 3-59　尾纤

（3）光纤适配器。

光纤适配器又称为光纤耦合器，是光纤活动连接器实现对接的部件，如图3-60所示。光纤适配器固定在光纤配线架（ODF）、光纤通信设备、光纤仪器等设备的面板上。

光纤适配器有 FC、SC、ST、LC 等多种类型接口，FC 型适配器采用金属螺纹连接结构，

SC、MU、LC 型适配器采用插拔式锁紧结构。

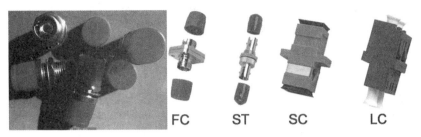

图 3-60　不同接口的光纤适配器

　　光纤适配器有变换型光纤适配器和非变换型光纤适配器两类：变换型光纤适配器两端是不同类型的接口，非变换型光纤适配器两端是相同类型的接口。双连光纤适配器或多连光纤适配器可提高安装密度。光纤适配器带有卡接式防尘盖，可以防尘和防止有害的光辐射。

　　光纤适配器外部是用金属材料或聚合材料制成的底座，内部有一个加固型磷青铜对准套管，或精密氧化锆陶瓷对准套管，或经济型聚合材料对准套管，如图 3-61 所示。光纤连接器的陶瓷插芯就是插入适配器内部的开口磷青铜或氧化锆陶瓷对准套管连接起来的，通过对准套管能使光纤连接器对准精度高，以保证光纤跳线之间的最高连接性能。

底座及磷青铜或氧化锆陶瓷对准套筒　　　　外观及防尘罩

图 3-61　光纤适配器的结构

（4）光纤面板。

　　光纤到桌面时，需要在工作区安装光纤信息插座，光纤信息插座是一个带有光纤适配器的光纤面板。光缆接至底盒后，将光缆与一条尾纤熔接，尾纤的连接器插入光纤面板上的光纤适配器的里端，光纤适配器的另一端接入与计算机连接的光纤跳线。如图 3-62 所示是光纤面板的外观及内部结构，（a）是带 ST 型接口的光纤面板，（b）是带 SC 型接口的光纤面板并接入了光纤跳线，（c）是内部结构。

（a）　　　　　　　　（b）　　　　　　　　（c）

图 3-62　光纤面板的外观及内部结构

光纤面板外型尺寸符合国标 86 型，有适用于各种环境的单、双、多孔光纤面板，可以安装多种类型模块，应用于工作区布线子系统。对嵌入式光纤面板，表面带嵌入式图表及标签位置，便于识别数据和语音端口。光纤面板对适配器接口配有防尘罩或防尘滑门用以保护模块、遮蔽灰尘和污物进入。

3.4 项目实施

3.4.1 系统基本设计

在确定了解决方案后，结合建筑具体情况，对系统基本设计如下：采用 6 类非屏蔽 RJ-45 模块、6 类非屏蔽 4 对对绞电缆及 6 类非屏蔽配架构成 6 类水平链路；数据主干采用 12 芯多模室内光缆；语音主干采用 3 类大对数电缆；建筑物间联系同样采用 12 芯多模光缆和通信缆线实现数据及语音联系。

TrueNET 是 ADC 公司推出的保证零误码率的结构化布线系统，是专门为千兆以太网设计的，"零误码率"将最大限度地优化网络的效率。所有的 ADC 元件在设计过程中始终围绕关键性的电气参数特性阻抗展开。

在网络系统中，缆线、相关组件和相关硬件阻抗不匹配将造成反射信号，被反射到发送端的一部分能量会形成干扰，导致信号失真，降低系统的传输性能。反射的能量越少，缆线、相关组件和相关硬件阻抗一致性越好，传输信号越完整。平均信号失真为"误码率"。

根据现行国际标准，综合布线系统的信道的特性阻抗为 $100\pm15\Omega$。TrueNET 则把允许变化的范围缩小到 $100\pm3\Omega$，执行比国际标准严格 5 倍的标准。TrueNET 的信道的特性阻抗为 $100\pm3\Omega$，因为只有当信道的特性阻抗为 $100\pm3\Omega$ 时才不会产生反射信号，从而保证"零误码率"。而当信道的特性阻抗被控制在国际标准允许的 $100\pm15\Omega$ 之内，但大于 TrueNET 的信道所允许的 $100\pm3\Omega$ 的标准时，仍然会产生反射信号，从而造成"误码"。

3.4.2 子系统的设计

1. 工作区子系统

语音和数据信息插座全部采用 6 类模块化信息插座，故系统的可互换性非常好，这样就实现了语音/数据完全可互换，使电话与电脑之间的线路转换十分简单，只需要在配线架上改变跳线即可，使综合布线系统的灵活性得到体现。

每个 ADC KRONE KM8 六类 RJ-45 非屏蔽模块都印有 568A 和 568B 两种端接方式的缆线排列，采用免打线设计，在安装时仅需要剪刀就可以完成端接，非常方便，且通过简化施工工艺使端接时出错概率明显下降。运用 ADC 专利的 LSA-PLUS IDC 连接技术（45 度角卡接，卡接簧片镀银），与一卡通技术实现快速安装；采用无错定位技术；错位（交叉）性能补偿；独立设计的缆线管理系统可固定线对及单根导线，确定线对之间的距离。

为保护跳线，减少弯角上的辐射和衰减，减少插座内积灰影响电气性能和防水，信息插座全使用 86 型防尘面板。

2. 水平子系统

水平子系统采用 6 类非屏蔽 4 对对绞电缆进行水平连接，它将干线子系统延伸到工作区。由于语音和数据均采用了 4 对 6 类非屏蔽对绞电缆,因此可以很方便地实现所有的语音点和数据点之间的互换。水平走线方式采用电缆桥架敷设,从电信间通信电缆井敷设金属线槽出电信间到各房间外走廊的吊顶内,用铁管沿墙暗敷设至工作区各信息点,任何改变系统的操作都不影响整个系统的运行。设置电信间保证楼层信息点到电信间内 IDF 的水平布线长度不超过 90 米,以满足高速设计对水平长度限制的要求。

3. 管理区子系统

管理子系统由交连、互连和配线架及相关跳线组成。管理点为连接其他子系统提供连接手段。交连和互连允许将通信线路定位或重定位到建筑物的不同部分,以便容易地管理通信线路。通过卡接或插接式跳线,交叉连接将端接在配线架一端的通信线路与端接于另一端配线架上的线路相连。插入线为重新安排线路提供一种简易的方法,而且不需要安装跨接线时使用的专用工具。

电信间用于安装机柜、配线架和安装计算机网络通信设备。竖井在电信间内。

4. 干线子系统

干线子系统实现计算机设备、程控用户交换机(PABX)、控制中心与各管理子系统配线间的连接,提供了建筑物中主配线架与分配线架连接的路由。

垂直干线使用 3 类大对数铜芯电缆传输话音,用光缆传输高速数据信号。每个话音信息点对应 1 对 UTP 干线电缆,并按照每个配线间总话音信息点数的 20% 比例预留主干对数,由此可推算每一层主干电缆的对数。到每个电信间则使用 12 芯多模光缆作为主干。

5. 设备间

语音、数据总配线架主要用于汇接其他区的 MDF,并放置服务器(计算机网络设备等)、程控交换机(PABX)、IDF 接入设备。

话音主配线架采用 KRONE 多功能话音主配线架。它为敞开式金属机架,外形尺寸为 2400mm×2800mm×900mm(高×长×宽)。可正面安装楼层主干配线架,背面安装外线配线架,总容量可达到 18200 线对。在配线架上安装 ADC KRONE 10 对导轨式可开断模块用于端接外部进线及大对数缆线。

6. 建筑群干线子系统

该系统的核心是防止外部干扰影响大楼内的信息传递。

在园区的建筑群子系统中,数据传输采用 12 芯单模室外铠装光缆,语音传输采用室外 400 对通信电缆。

园区的综合布线系统测试验收后,ADC KRONE 对其承诺长达 20 年的系统质保,包括所有的组件、人力和技术支持。ADC KRONE 综合布线系统将为建成后的科技园区提供一个稳定、高效的智能化网络平台。

3.5 项目实训

实训 3:认识对绞电缆及连接器件

1. 实训目的

(1)认识对绞电缆及连接器件,熟悉对绞电缆的结构、种类、型号和用途。

(2)为综合布线系统设计的设备选型做好准备。

2. 实训材料

超 5 类 UTP 对绞电缆、超 5 类 FTP 对绞电缆、6 类 UTP 对绞电缆、3 类大对数对绞电缆等；RJ-45 连接器、超 5 类 UTP 信息模块、超 5 类屏蔽信息模块、6 类 UTP 信息模块；超 5 类 UTP 配线架（固定式、模块式）、超 5 类 FTP 配线架、6 类 UTP 配线架、110 配线架等；RJ-45 跳线、RJ-45-110 跳线、110-110 跳线。

3. 实训环境

综合布线产品展台。

实训 4：认识光缆及连接器件

1. 实训目的

（1）认识光缆及连接器件，熟悉光缆结构、种类、型号和用途。

（2）为综合布线系统设计的设备选型做好准备。

2. 实训材料

室内光缆、室外光缆、单模光缆、多模光缆；ST、SC、LC 等连接头和耦合器；ST-ST、SC-SC、ST-SC 等光纤跳线；光纤配线架、光纤接续盒等。

3. 实训环境

综合布线产品展台。

3.6 本章小结

本章主要介绍了综合布线系统的缆线和连接器件。

（1）综合布线系统使用的缆线分为铜缆和光缆，铜缆有对绞电缆和同轴电缆。

（2）对绞电缆及连接器件有屏蔽和非屏蔽之分。屏蔽的作用是减小外界电磁场对信息传输线路的影响，同时也减小信息传输线路的电磁场对外界的影响。

（3）对绞电缆及连接器件有类之分，不同类的对绞电缆及连接器件其传输性能不同。语音传输常用 Category 3 和 Category 5；数据传输常用 Category 5e、Category 6 和 Category 7。

（4）对绞电缆、同轴电缆和光缆分别使用各自的连接器件。

（5）对绞电缆连接器件主要有配线架、信息模块、RG-45 头等。它们的作用是端接缆线。对绞电缆与它们连接要采用 T568A 或 T568B 的线序。

（6）光纤有单模、多模之分，单模传输距离较多模远；光缆有单芯光缆和多芯光缆、室内光缆和室外光缆之分；光缆连接器件有不同接口之分。

3.7 强化练习

一、判断题

1. 综合布线系统使用的缆线有铜缆和光缆。（　　）

2. 铜缆有对绞电缆和同轴电缆。（　　）

3. 对绞电缆及连接器件有屏蔽和非屏蔽之分。（　　）

4．非屏蔽对绞电缆的英文缩写是 UTP，屏蔽对绞电缆的英文缩写是 STP。（　　）

5．对绞电缆及连接器件有类之分，不同类的对绞电缆及连接器件其传输性能不同。（　　）

6．综合布线系统中语音传输常用的对绞电缆是 Category 3 和 Category 5。（　　）

7．对绞电缆、同轴电缆和光缆使用相同的连接器件。（　　）

8．对绞电缆与连接器件连接要采用 T568A 或 T568B 的线序。（　　）

9．同轴电缆由里往外依次是铜芯、内绝缘层、金属（箔、网）屏蔽层和外绝缘护套。（　　）

10．同轴电缆的铜芯与金属箔、网状导体同轴，故名同轴电缆。（　　）

11．同轴电缆的金属屏蔽网可防止中心导体向外辐射电磁场，也可防止外界电磁场干扰中心导体传输的信号。（　　）

12．光纤有单模、多模之分，单模传输距离较多模远。（　　）

13．光缆有单芯光缆和多芯光缆、室内光缆和室外光缆之分。（　　）

14．光缆连接器件的接口都是相同的。（　　）

15．7 类/F 级 STP 布线系统支持 10G 网络数据的传输。它有两种模块化接口方式，一种是传统的 RJ-45 类接口，另一种是非 RJ-45 型接口。（　　）

16．没有使用的光纤跳线和光纤适配器一定要用保护套将光纤跳线头保护起来，以防止灰尘和油污污染光纤头，影响光纤的耦合。（　　）

二、选择题

1．对绞电缆是以箱包装的，一箱对绞电缆的长度是（　　）。

A．300m　　　　　　　　　　　　B．305m

C．305foot　　　　　　　　　　　D．1000foot

2．综合布线系统中数据传输常用的对绞电缆有（　　）。

A．Category 3　　　　　　　　　　B．Category 5e

C．Category 6　　　　　　　　　　D．Category 7

3．综合布线系统中起端接缆线作用的对绞电缆连接器件主要有（　　）。

A．配线架　　　　　　　　　　　B．信息模块

C．RG-45 头　　　　　　　　　　D．跳线

4．6 类对绞电缆在结构上可以是绝缘的（　　）。

A．一字骨架　　　　　　　　　　B．十字骨架

C．工字骨架　　　　　　　　　　D．口字骨架

5．光纤通信系统中光端机能（　　）。

A．将传输的电信号转为光信号　　B．将传输的光信号转为电信号

C．将对绞电缆传输转为光缆传输　D．将同轴电缆传输转为光缆传输

6．对绞电缆的外层护套上有产品标识信息"大唐电信 CAT6 UTP"，据此可知这是（　　）。

A．大唐电信生产的 6 类非屏蔽对绞电缆　B．大唐电信生产的 6 类屏蔽对绞电缆

C．大唐电信生产的 5 类非屏蔽对绞电缆　D．大唐电信生产的 5 类屏蔽对绞电缆

7．ST 型光纤连接器的外观是（　　）。

A．方型　　　　　　　　　　　　B．圆型

C．扁型　　　　　　　　　　　　D．有方型的，也有圆型的

8．单模光纤跳线和多模光纤跳线常使用不同的颜色（　　）。

    A．单模光纤跳线用黄色   B．多模光纤跳线用橙色

    C．单模光纤跳线用橙色   D．多模光纤跳线用黄色

三、简答题

1．试述屏蔽对绞电缆的屏蔽层有哪几种？屏蔽对绞电缆的屏蔽方式有哪几种？

2．写出你知道的综合布线要用到的缆线、配线设备和连接器件的名称。

3．带宽 100M、1000M、10000M 的网络应分别选用哪类对绞电缆？

4．试述信息模块的作用。

5．试述铜缆配线架的结构和作用。

6．试述光纤的结构。说出你知道的光纤的类型。

7．试述光纤配线架的构成和光纤配线架的作用。

8．说出你知道的光纤连接器的类型。

4

综合布线系统工程设计

通过本章的学习，学生应达到如下目标：

（1）知道综合布线系统工程设计准备工作的内容。

（2）掌握综合布线系统工程设计的原则。

（3）掌握综合布线系统的构成设计。

（4）掌握综合布线系统的配置设计。

（5）熟悉综合布线系统设计指标值。

（6）了解综合布线系统电气防护、接地防雷、防火的要求。

（7）熟悉综合布线系统产品选型的原则和方法。

（8）了解综合布线系统进线间、设备间、电信间的设计。

（9）掌握综合布线系统缆线通道设计。

（10）掌握综合布线系统设计图纸的绘制方法。

（11）熟悉综合布线系统设计方案的编写。

4.1 项目导引

重庆电子工程职业学院坐落在著名红色旅游胜地重庆市沙坪坝区歌乐山麓，位于重庆大学城东路，地处重庆西部新城核心区，毗邻重庆西永国家综合保税区和世界级笔记本电脑生产基地——重庆微电子产业园、台资信息园和西部现代物流园、惠普等多家世界500强国际知名企业汇聚区内并与学院建立了多维度的校企合作关系，园校互动、科教并进、产学合作发展的背景极为深厚，如图4-1所示。

整个园区的综合布线系统通过延伸到每个区域和房间的信息点将电话、电脑、网络设备、通信设备与管理设备连接为一个整体，高速传输语音、数据、图像，从而为内部管理者和使用者提供综合性资讯服务。

图 4-1　重庆电子工程职业学院鸟瞰图

4.2　项目分析

　　学院作为大学园区，必须有高速主干网支撑它的多媒体信号的传输；满足高带宽需求的计算机网络的互联；支持整个学院信息系统对外界的信息交换。其综合布线系统是智能化系统中信息传输的基础设施，该系统必须统一设计，为主干网的建设提供必要的物理链路的支持，同时也要为各种信息的传输提供支撑，即支持全部的媒体类型、互连方案和建筑环境，应用于任何网络结构配置，并提供极其灵活的特性来适应未来应用的变化。

　　本工程为重庆电子工程职业学院教学楼和办公楼综合布线。学院分南北校区，共有 14 栋五层的教学楼和 1 栋六层的办公楼，总建筑面积为 75000 平方米。要实现 100Mb/s 数据系统到桌面、1000Mb/s 大楼主干、10000Mb/s 光纤为建筑群主干的高速数据应用，并提供到位的语音布线服务。学院网络中心设在办公楼，是校外各种通信网络的入口。教学楼每间教室和办公室设一个语音信息点和三个数据信息点。办公楼每间办公室设一个语音信息点和三个数据信息点。南北校区有电缆沟相通并到各栋楼底楼的电信间。

4.3　技术准备

4.3.1　设计前的准备

　　充分的设计准备工作是设计结合建筑物实际、符合相关技术标准、满足用户需求的综合布线系统工程的基础。

　　在综合布线系统工程设计前，必须进行一系列的设计准备工作，主要包括以下方面的内容：

●　与综合布线项目工程用户方一起进行用户需求分析。

- 通过考察现场和查阅建筑设计图纸来熟悉建筑物的结构。
- 理顺综合布线系统工程与建筑物整体工程的关系。
- 掌握综合布线系统工程设计的标准、要点、原则和步骤。
- 根据网络拓扑结构确定综合布线的系统结构。
- 熟悉综合布线产品市场，为工程选择合适的布线产品。
- 掌握绘制综合布线系统工程设计图纸与施工图纸的方法。

1. 用户需求分析

在综合布线系统工程规划及设计之前，必须首先了解用户的需求，并对用户需求进行分析，分析的结果是综合布线系统工程设计的基础数据，它的准确和完善程度将会直接影响综合布线系统的网络结构、缆线规格、设备配置、布线路由和工程投资等重大问题。

用户需求分析的内容主要有：

（1）了解综合布线系统工程的建筑环境。

综合布线系统工程的范围大小不一，但可以简单分为单幢智能建筑和由多幢智能建筑组成的建筑群，后者也称为智能小区。

单幢智能建筑常有以下几种：

- 办公楼（写字楼：专门用于公司出租的大型建筑）
- 住宅楼
- 商住楼（一二层用于商业，以上的多层是住宅，综合楼）
- 教学楼

智能小区常有以下几种：

- 办公智能小区
- 住宅智能小区
- 商住智能小区
- 校园智能小区

熟悉需要进行综合布线的建筑，了解建筑的功用、环境、规模、结构、布局等情况。

（2）了解用户的应用需求。

应用需求就是用户对智能建筑或智能小区的功能需求。智能建筑设计标准（GB 50314-2006）中对办公建筑、商业建筑、文化建筑、媒体建筑、体育建筑、医院建筑、学校建筑、交通建筑、住宅建筑和通用工业建筑等各类智能建筑的功能提出了基本要求。了解用户的应用需求，可以参照该标准，引导用户，根据建筑的主要功能，在语音、数据、图像、视频、控制等方面做出应用需求选择。

我国住建部住宅产业化办公室初步将我国的智能化住宅小区依据所实现的功能划分为初级、中级和高级三级，具体如表 4-1 所示。

建筑物内的所有信息流均可接入综合布线系统。用户的应用需求越多，建筑物的智能化程度越高，融入到综合布线系统中的信息子系统也将越多。

在确定建筑物或建筑群的功能需求以后，规划能适应智能化发展要求的相应的综合布线系统设施，设计综合布线系统工程，可以防止今后增设或改造时造成工程的复杂性和费用的浪费。

表 4-1　我国智能化小区功能表

功能		初级	中级	高级
通信功能	小区通过光缆接入公共网		支持	支持
	数字程控交换机、语音服务		支持	支持
	共同电视天线	支持	支持	支持
	卫星电视天线	支持	支持	支持
	VOD 视频点播			支持
安防功能	闭路电视监视		支持	支持
	电子巡更系统	支持	支持	支持
	对讲、远程控制开锁	支持	支持	支持
	可视对讲、远程控制开锁		支持	支持
	密码或指纹锁		支持	支持
	家庭自动报警系统			支持
	紧急按钮		支持	支持
	防火、防煤气泄漏报警	支持		支持
	防灾及应急联动系统			支持
物业管理	三表 IC 卡或户外人工抄表	支持		
	三表远距离自动抄表		支持	支持
	三表集中监控			支持
	给排水、变配电集中监控	支持（单机）	支持（网络）	支持（网络）
	电梯、供暖、车库车辆监控		支持	支持
	空调、空气过滤监控			支持
	公共区域照明自动控制	支持	支持	支持
	物业管理网络化、电脑化（收费、查询、报修）	支持（单机）	支持	支持
	电子布告栏、信息查询、电子邮件		支持	支持
	网上多功能信息服务		支持	支持
	网上高级信息服务（远程医疗、监护等）			支持
	家庭电器自动控制和远程电话控制			支持
基础设施	PDS 布线、监控及管理中心	电话、电脑、视频三线满足基本要求	电话、电脑、视频及监控四线可扩展性好	电话、电脑、视频及监控四线可扩展性好

（3）了解用户单位对信息点的要求。

在工作区设置信息点的数量，从已有的工程情况分析，设置一个或多个信息点的现象都存在，还考虑预留备份的信息点。因为建筑物用户功能要求和实际需求的不同，信息点数量不能仅按办公楼的模式确定。

在一些用户单位，数据点可能会存在内网、外网、专网、政务网，语音点包括普通电话、红色电话等多个截然不同又不能混淆的网络,可能有一些无线接入点以及光纤信息点的接入要求再加上触摸查询机、外接大屏幕等特殊的点位。这就要求设计人员在设计之初就必须和用户方深入沟通,详细了解用户方的要求,以确定用户方对信息点数量的具体要求。

（4）了解用户单位对性能的需求。

性能需求有各应用子系统对服务效率、服务质量、网络吞吐率、网络响应时间、数据传输速度、资源利用率、可靠性、性能/价格比等的要求。

（5）了解各种约束对用户需求的影响。

这里所说的约束是泛指对综合布线系统工程的各种制约因素。应注意分析技术、资金、时间、应用、环境等制约因素与用户需求的矛盾,找出符合实际的结合点,充分满足用户需求。

用户需求分析主要考虑近期需求,兼顾长远发展需要,要广泛征求意见。

2. 现场勘察

现在,综合布线系统设施（如进线间、设备间、电信间、缆线竖井等）和预埋管线等是随着建筑物（群）的建设一起施工建设的。通过到综合布线系统工程现场去实地查看了解,才能对建筑环境、规模、布局和结构以及已建成的综合布线系统设施形成一定的印象,进而做出认真细致的分析,设计出切实可行的综合布线方案。

现场勘察的着眼点主要应放在以下几个方面:

（1）了解各建筑物之间的距离、建筑工程中综合布线系统的进线间、设备间、电信间（如果综合布线系统配线设备与弱电系统设备合设于同一场地,从建筑的角度出发,称为弱电间）和工作区的位置,考虑建筑物之间的布线路由。

（2）了解电信间内或其紧邻处是否设置了缆线竖井;若没有可用的电缆竖井,则要和建筑方技术负责人商定垂直槽道的位置,并选择垂直槽道的种类。考虑建筑物垂直干线的布线路由。

（3）了解进线间、设备间和电信间的空间,考虑机柜的安放位置和到机柜的主干线槽的铺设方式。

（4）了解楼层数量、楼层房间布局及空间、楼层过道（走廊）等情况,考虑楼层中的布线路由。

（5）了解用户群的组织特点,确定工作区数量和性质、对信息点的需求（类型、数量、位置）。

（6）了解综合布线区域是否存在可能产生强电磁干扰的电动机、电力变压器、射频应用等电器设备,了解是否存在布线的禁区或有特殊的限制。

4.3.2 系统设计原则与步骤

1. 设计原则

综合布线系统设计应遵循如下原则:

（1）综合布线系统设施及管线的建设应纳入建筑与建筑群相应的规划设计之中。工程设计时,应根据工程项目的性质、功能、环境条件和近远期用户需求进行设计,并应考虑施工和维护方便,确保综合布线系统工程的质量和安全,做到技术先进、经济合理。

（2）综合布线系统应与信息设施系统、信息化应用系统、公共安全系统、建筑设备管理系统等统筹规划,相互协调,并按照各系统信息的传输要求优化设计。

（3）综合布线系统作为建筑物的公用通信配套设施,在工程设计中应满足为多家电信业务经营者提供业务的需求。

（4）综合布线系统的设备应选用经过国家认可的产品质量检验机构鉴定合格的、符合国家有关技术标准的定型产品。

（5）综合布线系统工程设计应符合国家现行有关标准的规定。

2. 设计步骤

综合布线系统工程设计一般需要经过以下 7 个步骤：

（1）分析用户需求。

（2）获取建筑物平面图、结构图。

（3）系统结构设计。

（4）布线路由设计。

（5）可行性论证。

（6）绘制综合布线施工图。

（7）编制综合布线材料清单。

综合布线系统设计流程图如图 4-2 所示。

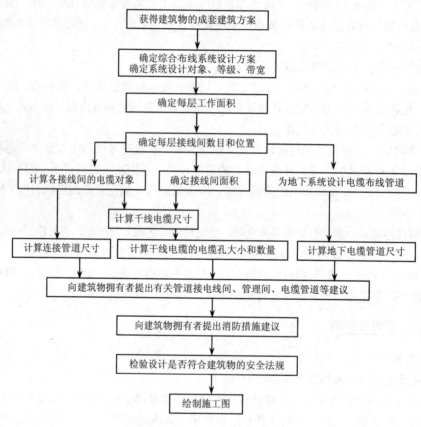

图 4-2　综合布线系统设计流程图

4.3.3　综合布线系统构成设计

1. 系统构成

（1）综合布线系统基本构成。

综合布线系统基本构成应符合如图 4-3 所示的要求。

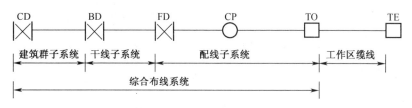

图 4-3　综合布线系统基本构成

注：配线子系统中可以设置集合点（CP），也可以不设置集合点。

集合点用于完成开放式办公环境中水平布线与到工作区插座的缆线之间的互连。它同时适用于光纤与对绞电缆，并可以提供在办公室家具变动时取消连接与再连接的灵活性。模块化组件使配置变得更容易，插入式安装使系统再配置既灵活又方便。

（2）综合布线子系统构成。

综合布线子系统构成应符合如图 4-4 所示的要求。

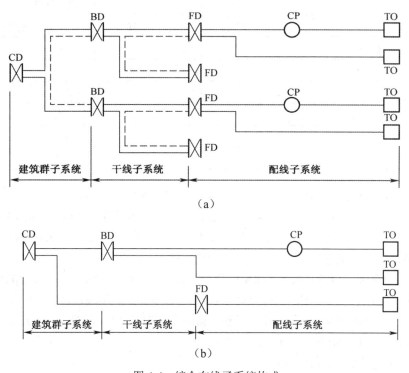

（a）

（b）

图 4-4　综合布线子系统构成

（a）中的虚线表示 BD 与 BD 之间，FD 与 FD 之间可以设置主干缆线；（b）表示主干子系统有两种不同的构成方式：建筑物 FD 可以经过主干缆线直接连至 CD，即可以不设置 BD；TO 也可以经过水平缆线直接连至 BD，即可以不设置 FD。

（3）综合布线系统入口设施及引入缆线构成。

综合布线系统入口设施及引入缆线构成应符合如图 4-5 所示的要求。对设置了设备间的建筑物，设备间所在楼层的 FD 可以和设备中的 BD/CD 及入口设施安装在同一场地。

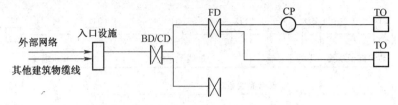

图 4-5 综合布线系统引入部分构成

2. 系统分级与组成设计

（1）铜缆系统的分级与类别。

综合布线铜缆系统的分级与类别划分应符合如表 4-2 所示的要求。3 类、5/5e 类、6 类、7 类布线系统应能支持向下兼容的应用。综合布线系统设计的分级与类别实际上取决于配线子系统。目前，3 类与 5 类的布线系统只应用于语音主干布线的大对数电缆及相关配线设备。

表 4-2 铜缆布线系统的分级与类别

系统分级	支持带宽（Hz）	支持应用器件	
		电缆	连接硬件
A	100K	—	—
B	1M	—	—
C	16M	3 类	3 类
D	100M	5/5e 类	5/5e 类
E	250M	6 类	6 类
F	600M	7 类	7 类

分级标准主要依据于 ISO/IEC 11801 和美国 ANSI/TIA/EIA 568 系列标准。

1）ISO/IEC 11801：1995 年发布 D 级（相当于 5 类）；2000 年发布 D 级（相当于超 5 类），定义至 100MHz，支持千兆以太网；2002 年发布 E 级（相当于 6 类），定义至 250MHz，参数的指标更加严格。2002 年 9 月又正式发布了 F 级（相当于 7 类）。

2）ANSI/TIA/EIA：1995 年发布 568A 标准 Cat 5，支持应用的器件为 5 类；2001 年 4 月发布 568B 标准 Cat 5e，定义至 100MHz，支持千兆以太网，已经不涵盖 5 类线；2002 年 6 月发布 568B.2-1 标准 Cat 6，定义至 250MHz，参数的指标更加严格；而 568B.2-10 标准推出的 Cat 6A（增强 6 类）更将传输带宽扩展至 500MHz。

（2）综合布线系统信道的组成。

综合布线系统铜缆信道应由最长 90m 水平缆线、最长 10m 的跳线和设备缆线及最多 4 个连接器件组成。A、B、C、D、E 级永久链路则由最长 90m 水平缆线及最多 3 个连接器件组成，F 级的永久链路仅包括最长 90m 水平缆线和 2 个连接器件（不包括 CP 连接器件），连接方式如图 4-6 所示。

（3）光纤信道分级。

综合布线的光纤信道分为 OF-300、OF-500 和 OF-2000 三个等级，各等级光纤信道应支持的应用长度不应小于 300m、500m、2000m。

将光纤信道分为三个等级主要为适应不同的工程应用。实际上，由于光纤本身的衰减甚小，光纤信道长度已不是影响综合布线系统工程的障碍。在大型园区（如校园网、工矿网）倘若超过 2000m，通过技术经济比较有两种解决途径：一是调整综合布线系统整体方案，例如改动 CD 的设置位置，增加 BD 或 FD 的设置，使得光纤信道维持在 2000m；二是只要光信号的传输性能仍在两端光设备容许的范围内，则可不限制光纤信道的实际长度，因为 OF-2000 等级规定的是"不应小于 2000m"。

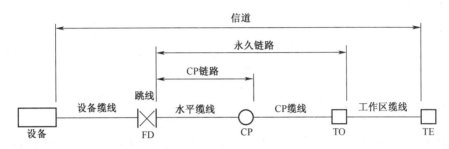

图 4-6   布线系统信道、永久链路、CP 链路构成

（4）光纤信道构成方式。

光纤信道构成方式应符合以下要求：

1）水平光缆和主干光缆至楼层电信间的光纤配线设备应经光纤跳线连接，构成如图 4-7 所示。

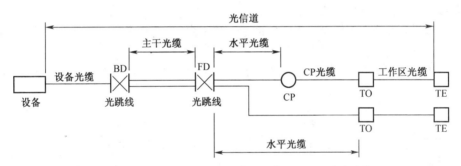

图 4-7   光纤信道构成（1）（光缆经电信间 FD 光跳线连接）

2）水平光缆和主干光缆在楼层电信间应经端接（熔接或机械连接），构成如图 4-8 所示。注意在 FD 只设光纤之间的连接点。

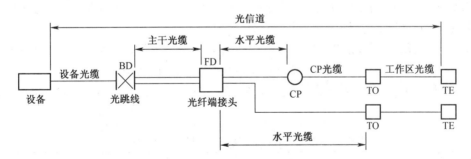

图 4-8   光纤信道构成（2）（光缆在电信间 FD 做端接）

3）水平光缆经过电信间直接连至大楼设备间光配线设备，构成如图 4-9 所示。注意 FD 安装于电信间，只作为光缆路径的场合。

4）当工作区用户终端设备或某区域网络设备需要直接与公用数据网进行互通时，宜将光缆从工作区直接布放至电信入口设施的光配线设备。

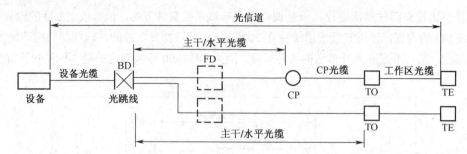

图 4-9　光纤信道构成（3）（光缆经过电信间 FD 直接连接至设备间 BD）

3. 缆线长度划分

（1）综合布线系统水平缆线与建筑物主干缆线及建筑群主干缆线之和所构成信道的总长度不应大于 2000m。

（2）建筑物或建筑群配线设备之间（FD 与 BD、FD 与 CD、BD 与 BD、BD 与 CD 之间）组成的信道出现 4 个连接器件时，主干缆线的长度不应小于 15m。

（3）配线子系统各缆线长度应符合图 4-10 所示的划分并应符合下列要求：

1）配线子系统信道的最大长度不应大于 100m。

2）工作区设备缆线、电信间配线设备的跳线和设备缆线之和不应大于 10m，当大于 10m 时，水平缆线长度（90m）应适当减少。

3）楼层配线设备（FD）跳线、设备缆线及工作区设备缆线各自的长度不应大于 5m。

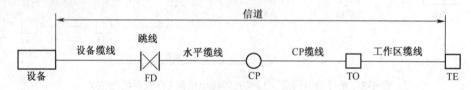

图 4-10　配线子系统缆线划分

关于缆线长度的划分，新规范中是按照《用户建筑综合布线》ISO/IEC 11801 2002-09 5.7 与 7.2 条款和 TIA/EIA 568 B.1 标准的规定，列出了综合布线系统主干缆线及水平缆线等长度的限值。但是综合布线系统在网络的应用中，可选择不同类型的电缆和光缆，因此在相应的网络中所能支持的传输距离是不相同的。在 IEEE 802.3 an 标准中，综合布线系统 6 类布线系统在 10G 以太网中所支持的长度应不大于 55m，但 6A 类和 7 类布线系统支持长度仍可达到 100m。

在表 4-3 和表 4-4 中分别列出了光纤在 100M、1G、10G 以太网中支持的传输距离，供设计者参考。

表 4-3　100M、1G 以太网中光纤的应用传输距离

光纤类型	应用网络	光纤直径（μm）	波长（nm）	带宽（MHz）	应用距离（m）
多模	100BASE-FX				2000
	1000BASE-SX			160	220
	1000BASE-LX	62.5	850	200	275
				500	550

续表

光纤类型	应用网络	光纤直径（μm）	波长（nm）	带宽（MHz）	应用距离（m）
	1000BASE-SX	50	850	400	500
				500	550
	1000BASE-LX		1300	400	550
				500	550
单模	1000BASE-LX	<10	1310		5000

注：此表中的数据可参见 IEEE 802.3-2002。

表 4-4　10G 以太网中光纤的应用传输距离

光纤类型	应用网络	光纤直径（μm）	波长（nm）	模式带宽（MHz·km）	应用距离（m）
多模	10GBASE-S	62.5	850	160/150	26
				200/500	33
				400/400	66
		50		500/500	82
				2000	300
	1000BASE-LX4	62.5	1300	500/500	300
		50		400/400	240
				500/500	300
单模	10GBASE-L	<10	1310		1000
	10GBASE-E		1550		30000～40000
	10GBASE-LX4		1300		1000

注：此表中的数据可参见 IEEE 802.3ac-2002。

　　在新规范中引用的是 ISO/IEC 11801 2002-09 版中对水平缆线与主干缆线之和的长度规定。为了使工程设计者了解布线系统各部分缆线长度的关系及要求，特依据 TIA/EIA 568 B.1 标准给出图 4-11 和表 4-5，以供工程设计中应用。

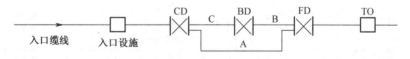

图 4-11　综合布线系统主干缆线组成

表 4-5　10G 以太网中光纤的应用传输距离

缆线类型	各线段长度限值（m）		
	A	B	C
100Ω 对绞电缆	800	300	500
62.5μm 多模光缆	2000	300	1700

续表

缆线类型	各线段长度限值（m）		
	A	B	C
50μm 多模光缆	2000	300	1700
单模光缆	3000	300	2700

注：①如 B 距离小于最大值时，C 为对绞电缆的距离可相应增加，但 A 的总长度不能大于 800m。②表中 100Ω 对绞电缆作为语音传输介质；③单模光纤的传输距离在主干链路时允许达 60km，但被认可至本规定以外范围的内容；④对于电信业务经营者在主干链路中接入电信设施能满足的传输距离不在本规定之内；⑤在总距离中可以包括入口设施至 CD 之间的缆线长度；⑥建筑群与建筑物配线设备所设置的跳线长度不应大于 20m，如超过 20m 时主干长度应相应减少；⑦建筑群与建筑物配线设备连至设备的缆线不应大于 30m，如超过 30m 时主干长度应相应减少。

4. 系统应用

综合布线系统工程设计应按照近期和远期的通信业务、计算机网络拓扑结构等需要选用合适的布线器件与设施。选用产品的各项指标应高于系统指标，才能保证系统指标得以满足和具有发展的余地，同时也应考虑工程造价及工程要求，对系统产品选用应恰如其分。

同一布线信道及链路的缆线和连接器件应保持系统等级与阻抗的一致性。

对于综合布线系统，电缆和接插件之间的连接应考虑阻抗匹配和平衡与非平衡的转换适配。在工程（D 级~F 级）中特性阻抗应符合 100Ω 标准。在系统设计时，应保证布线信道和链路在支持相应等级应用中的传输性能，如果选用 6 类布线产品，则缆线、连接硬件、跳线等都应达到 6 类，才能保证系统为 6 类。如果采用屏蔽布线系统，则所有部件都应选用带屏蔽的硬件。

综合布线系统工程的产品类别及链路、信道等级确定应综合考虑建筑物的功能、应用网络、业务终端类型、业务的需求及发展、性能价格、现场安装条件等因素，符合表 4-6 所示的要求。

表 4-6　布线系统等级与类别的选用

业务种类	配线子系统		干线子系统		建筑群子系统	
	等级	类别	等级	类别	等级	类别
语音	D/E	5e/6	C	3（大对数）	C	3（室外大对数）
数据	D/E/F	5e/6/7	D/E/F	5e/6/7（4 对）		
	光纤	62.5μm 多模/50μm 多模/<10μm 单模	光纤	62.5μm 多模/50μm 多模/<10μm 单模	光纤	62.5μm 多模/50μm 多模/<10μm 单模
其他应用	可采用 5e/6 类 4 对对绞电缆和 62.5μm 多模/50μm 多模/<10μm 多模、单模光缆					

注：①其他应用指数字监控摄像头、楼宇自控现场控制器（DDC）、门禁系统等采用网络端口传送数字信息时的应用；②其他应用一栏应根据系统对网络的构成、传输缆线的规格、传输距离等要求选用相应等级的综合布线产品。

综合布线系统光纤信道应采用标称波长为 850nm 和 1300nm 的多模光纤及标称波长为 1310nm 和 1550nm 的单模光纤。

单模和多模光缆的选用应符合网络的构成方式、业务的互通互连方式及光纤在网络中的应用传输距离。楼内宜采用多模光缆，建筑物之间宜采用多模或单模光缆，需要直接与电信业务经营者相连时宜采用单模光缆。

为保证传输质量，配线设备连接的跳线宜选用产业化制造的电、光各类跳线，在电话应用时宜选用双芯对绞电缆。

跳线两端的插头，IDC 指 4 对或多对的扁平模块，主要连接多端子配线模块；RJ-45 指 8 位插头，可与 8 位模块通用插座相连；跳线两端如为 ST、SC、SFF 光纤连接器件，则与相应的光纤适配器配套相连。

工作区信息点为电端口时，应采用 8 位模块通用插座（RJ-45），光端口宜采用 SFF 小型光纤连接器件及适配器。

信息点电端口如为 7 类布线系统时，采用 RJ-45 或非 RJ-45 型的屏蔽 8 位模块通用插座。

FD、BD、CD 配线设备应采用 8 位模块通用插座或卡接式配线模块（多对、25 对及回线型卡接模块）和光纤连接器件及光纤适配器（单工或双工的 ST、SC 或 SFF 光纤连接器件及适配器）。

在 ISO/IEC 11801 2002-09 标准中，提出除了维持 SC 光纤连接器用于工作区信息点以外，同时建议在设备间、电信间、集合点等区域使用 SFF 小型光纤连接器件及适配器。小型光纤连接器件与传统的 ST、SC 光纤连接器件相比体积较小，可以灵活地使用于多种场合。目前，SFF 小型光纤连接器件被布线市场认可的主要有 LC、MT-RJ、VF-45、MU 和 FJ。

电信间和设备间安装的配线设备的选用应与所连接的缆线相适应，具体可参照表 4-7 所示的内容。

表 4-7　配线模块产品选用

类别	产品类型		配线模块安装场地和连接缆线类型		
	配线设备类型	容量与规格	FD（电信间）	BD（设备间）	CD（设备间/进线间）
电缆配线设备	大对数卡接模块	采用 4 对卡接模块	4 对水平电缆/4 对主干电缆	4 对主干电缆	4 对主干电缆
		采用 5 对卡接模块	大对数主干电缆	大对数主干电缆	大对数主干电缆
	25 对数卡接模块	25 对	4 对水平电缆/4 对主干电缆/大对数主干电缆	4 对主干电缆/大对数主干电缆	4 对主干电缆/大对数主干电缆
	回线型卡接模块	8 回线	4 对水平电缆/4 对主干电缆	大对数主干电缆	大对数主干电缆
		10 回线	大对数主干电缆	大对数主干电缆	大对数主干电缆
	RJ-45 配线模块	一般为 24 口或 48 口	4 对水平电缆/4 对主干电缆	4 对主干电缆	4 对主干电缆
光缆配线设备	ST 光纤连接盘	单工/双工，一般为 24 口	水平/主干光缆	主干光缆	主干光缆
	SC 光纤连接盘	单工/双工，一般为 24 口	水平/主干光缆	主干光缆	主干光缆
	SFF 小型光纤连接盘	单工/双工，一般为 24 口、48 口	水平/主干光缆	主干光缆	主干光缆
	10GBASE-L		1310		1000
	10GBASE-E	<10	1550		30000-40000
	10GBASE-LX4		1300		1000

CP 集合点安装的连接器件应选用卡接式配线模块或 8 位模块通用插座或各类光纤连接器件和适配器。

当集合点（CP）配线设备为 8 位模块通用插座时，CP 电缆宜采用带有单端 RJ-45 插头的产业化产品，以保证布线链路的传输性能。

5. 屏蔽布线系统

根据电磁兼容通用标准《居住、商业的轻工业环境中的抗扰度试验》GB/T 177991-1999 与国际标准草案 77/181/FDIS 及 IEEE 802.3-2002 标准中都认可电磁干扰场强 3V/m 的指标值，综合布线区域内存在的电磁干扰场强高于 3V/m 时，宜采用屏蔽布线系统进行防护。

在具体工程项目的勘察设计过程中，如用户提出要求或现场环境中存在磁场的干扰，则可以采用电磁干扰测量接收机测试，或使用现场布线测试仪配备相应的测试模块对模拟的布线链路做测试，取得相应的数据后，进行分析，作为工程实施依据。具体测试方法应符合测试仪表技术内容要求。

用户对电磁兼容性有较高的要求（电磁干扰和防信息泄漏）时，或网络安全保密的需要，宜采用屏蔽布线系统。

采用非屏蔽布线系统无法满足安装现场条件对缆线的间距要求时，宜采用屏蔽布线系统。

屏蔽布线系统采用的电缆、连接器件、跳线、设备电缆都应是屏蔽的，并应保持屏蔽层的连续性。

屏蔽布线系统电缆的命名可以按照《用户建筑综合布线》ISO/IEC 11801 中推荐的方法统一命名。铜缆命名方法如图 4-12 所示。

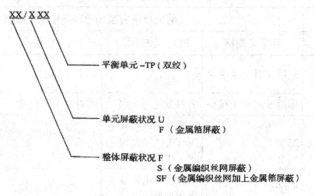

图 4-12　铜缆命名方法

对于屏蔽电缆根据防护的要求，可分为 F/UTP（电缆金属箔屏蔽）、U/FTP（线对金属箔屏蔽）、SF/UTP（电缆金属编织丝网加金属箔屏蔽）、S/FTP（电缆金属箔编织网屏蔽加上线对金属箔屏蔽）几种结构。

不同的屏蔽电缆会产生不同的屏蔽效果。一般认为金属箔对高频、金属编织丝网对低频的电磁屏蔽效果为佳。如果采用双重绝缘（SF/UTP 和 S/FTP）则屏蔽效果更为理想，可以同时抵御线对之间和来自外部的电磁辐射干扰，减少线对之间及线对对外部的电磁辐射干扰。因此，屏蔽布线工程有多种形式的电缆可以选择，但为保证良好屏蔽，电缆的屏蔽层与屏蔽连接器件之间必须做好 360°的连接。

6. 开放型办公室布线系统

许多公司把员工集中在一个没有全封闭隔断的区域内办公，人们把这类办公区域称为开放型办公室。由于开放型办公室环境的特殊性，布线系统对其配线设备的选用及缆线的长度有不同的要求。

对于办公楼、综合楼等商用建筑物或公共区域大开间的场地，由于其使用对象数量的不确定性和流动性等因素，宜按开放办公室综合布线系统要求进行设计，并应符合下列规定：

（1）采用多用户信息插座时，每一个多用户插座包括适当的备用量在内，宜能支持12个工作区所需的8位模块插座；各段缆线长度可按表4-8所示的选用，也可按下式计算：

$$C=(102-H)/1.2$$
$$W=C-D\leqslant22m$$

式中，C为工作区设备电缆、电信间跳线和设备电缆的长度之和；H为水平电缆的长度（H+C≤100m）；W为工作区电缆的最大长度；D为电信间设备电缆和跳线的长度和。

注意： 计算公式 $C=(102-H)/1.2$ 是针对AWG 24号线规的非屏蔽和屏蔽布线而言，如应用于AWG 26号线规的屏蔽布线系统，公式应为 $C=(102-H)/1.5$。

表4-8　各段缆线长度限值

电缆总长度（m）	水平电缆H（m）	工作区电缆W（m）	电信间设备电缆和跳线D（m）
100	90	5	5
99	85	9	5
98	80	13	5
97	75	17	5
97	70	22	5

（2）对于大开间的区域或不能确定今后用途的空间，可以设计先将缆线端接至该区域的固定集合点配线箱（6口配线架、6口/12口面板等），等实际使用时用缆线（如15米）再接至用户工作区信息插座。如图4-13所示是使用多媒体配线箱做固定集合点的连接图。

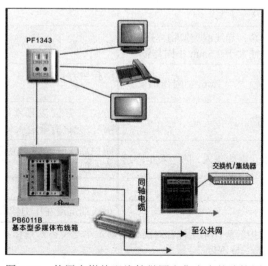

图4-13　使用多媒体配线箱做固定集合点的连接图

采用集合点时，集合点配线设备与FD之间水平缆线的长度应大于15m。集合点配线设备容量宜以满足12个工作区信息点设置。同一个水平电缆路由不允许超过一个集合点（CP）。

从集合点引出的CP缆线应该终接于工作区的信息插座或多用户信息插座上。

集合点（CP）由无跳线的连接器件组成，在电缆与光缆的永久链路中都可以存在。

目前，集合点配线箱没有定型的产品，但箱体的大小应考虑至少满足 12 个工作区所配置的信息点所连接 4 对对绞电缆的进出箱体的布线空间和 CP 卡接模块的安装空间。

多用户信息插座和集合点的配线设备应安装于墙体或柱子等建筑物固定的位置。

7. 工业级布线系统

工业级布线系统应能支持语音、数据、图像、视频、控制等信息的传递，并能应用于高温、潮湿、电磁干扰、撞击、振动、腐蚀气体、灰尘等恶劣环境中。

工业布线应用于工业环境中具有良好环境条件的办公区、控制室和生产区之间的交界场所、生产区的信息点，工业级连接器件也可应用于室外环境中。

在工业设备较为集中的区域应设置现场配线设备。

工业级布线系统宜采用星型网络拓扑结构。

工业级配线设备应根据环境条件确定 IP 的防护等级。

工业级布线系统产品选用应符合 IP 标准所提出的保护要求，国际防护（IP）定级如表 4-9 所示要求。

表 4-9　国际防护（IP）定级

级别编号	IP 编号定义（两位数）				级别编号
	保护级别		保护级别		
0	没有保护	对意外接触没有保护，对导线没有防护	对水没有防护	没有防护	0
1	防护大颗粒异物	防止大面积人手接触，防护直径大于 50mm 大固体颗粒	防护垂直下降水滴	防水滴	1
2	防护中颗粒异物	防止手指接触，防护直径大于 12mm 中固体颗粒	防止水滴溅射进入（最大 15°）	防水滴	2
3	防护小颗粒异物	防止工具、导线或类似物体接触，防护直径大于 2.5mm 小固体颗粒	防止水滴（最大 60°）	防水滴	3
4	防护谷粒状异物	防护直径大于 1mm 小固体颗粒	防护全方位泼溅水，允许有限进入	防溅水	4
5	防护灰尘积垢	有限地防止灰尘	防护全方位泼溅水（来自喷嘴），允许有限进入	防喷溅	5
6	防护灰尘吸入	完全阻止灰尘进入，防止灰尘渗透	防护高压喷射或大浪进入，允许有限进入	防水淹	6
—	—	—	可沉浸在水下 0.15～1m 深度	防水浸	7
—	—	—	可长期沉浸在压力较大的水下	密封防水	8

注：①2 位数用来区别防护等级，第 1 位针对固体物质，第 2 位针对液体；②如 IP67 级就等同于防护灰尘吸入和可沉浸在水下 0.15～1m 深度。

4.3.4　系统配置设计

1. 工作区

（1）工作区适配器的选用。

1）设备的连接插座应与连接电缆的插头匹配，不同的插座与插头之间应加装适配器。

2）在连接使用信号的数模转换、光电转换、数据传输速率转换等相应的装置时，采用适配器。

3）对于网络规程的兼容，采用协议转换适配器。

4）各种不同的终端设备或适配器均安装在工作区的适当位置，并应考虑现场的电源与接地。

（2）每个工作区的服务面积应按不同的应用功能确定。

目前建筑物的功能类型较多，大体上可以分为商业、文化、媒体、体育、医院、学校、交通、住宅、通用工业等类型，因此，对工作区面积的划分应根据应用的场合做具体的分析后确定，工作区面积需求可参照如表 4-10 所示的内容。

表 4-10　工作区面积划分表

建筑物类型及功能	工作区面积（m²）
网管中心、呼叫中心、信息中心等终端设备较为密集的场地	3～5
办公区	5～10
会议、会展	10～60
商场、生产机房、娱乐场所	20～60
体育馆、候机室、公共设施区	20～100
工作生产区	60～200

注：①对于应用场合，如终端设备的安装位置和数量无法确定时或使用彻底为大客户租用并考虑自设置计算机网络时，工作区面积可按区域（租用场地）面积确定；②对于 IDC 机房（为数据通信托管业务机房或数据中心机房）可按生产机房每个配线架的设置区域考虑工作区面积。对于此类项目，涉及数据通信设备的安装工程，应单独考虑实施方案。

2. 配线子系统

根据工程提出的近期和远期终端设备的设置要求，用户性质、网络构成及实际需要确定建筑物各层需要安装信息插座模块的数量及其位置，配线应留有扩展余地。

配线子系统缆线应采用非屏蔽或屏蔽 4 对对绞电缆，在需要时也可采用室内多模或单模光缆。

电信间 FD 与电话交换配线及计算机网络设备之间的连接方式应符合以下要求：

（1）电话交换配线的连接方式应符合如图 4-14 所示要求。

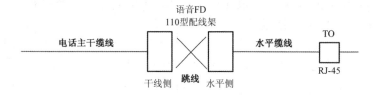

图 4-14　电话系统连接方式

（2）计算机网络设备连接方式。

1）经跳线连接应符合如图 4-15 所示的要求。此方案需要多用配线架、跳线，较繁琐。

2）经设备缆线连接方式应符合如图 4-16 所示的要求。此方案能少用配线架、跳线，较简单实用。

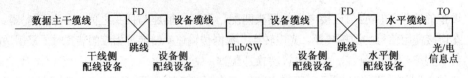

图 4-15　数据系统连接方式（经跳线连接）

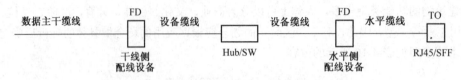

图 4-16　数据系统连接方式（经设备缆线连接）

每一个工作区信息插座模块（电、光）数量不宜少于 2 个，并满足各种业务的需求。

每个工作区信息点数量可按用户的性质、网络构成和需求来确定。如表 4-11 所示做了一些分类，提供给设计者参考。

表 4-11　信息点数量配置

建筑物功能区	信息点数量（每一工作区）			备注
	电话	数据	光纤（双工端口）	
办公区（一般）	1 个	1 个		
办公区（重要）	1 个	2 个	1 个	对数据信息有较大的需求
出租或大客户区域	2 个或 2 个以上	2 个或 2 个以上	1 个或 1 个以上	指整个区域的配置量
办公区（政务工程）	2～5 个	2～5 个	1 个或 1 个以上	涉及内外网络时

注：大客户区域也可以为公共设施的场地，如商场、会议中心、会展中心等。

底盒数量应以面板设置的开口数确定，每一个底盒支持安装的信息点数量不宜大于 2 个。

光纤信息插座模块安装的底盒大小应充分考虑到水平光缆（2 芯或 4 芯）终接处的光缆盘留空间和满足光缆对弯曲半径的要求。

工作区的信息插座模块应支持不同的终端设备接入，每一个 8 位模块通用插座应连接 1 根 4 对对绞电缆，对每一个双工或 2 个单工光纤连接器件及适配器连接 1 根 2 芯光缆。

1 根 4 对对绞电缆应全部固定终接在 1 个 8 位模块通用插座上。不允许将 1 根 4 对对绞电缆终接在 2 个或 2 个以上 8 位模块通用插座。

从电信间至每一个工作区水平光缆宜按 2 芯光缆配置。光纤至工作区域满足用户群或大客户使用时，光纤芯数至少应有 2 芯备份，按 4 芯水平光缆配置。

连接至电信间的每根水平电缆/光缆应终接于相应的配线模块，配线模块与缆线容量相适应。

电信间 FD 主干侧各类配线模块应按电话交换机、计算机网络的构成及主干电缆/光缆的所需容量要求及模块类型和规格的选用进行配置。

根据现有产品情况配线模块可按以下原则选择：

（1）多线对端子配线模块可以选用 4 对或 5 对卡接模块，每个卡接模块应卡接 1 根 4 对对绞电缆。一般 100 对卡接端子容量的模块可卡接 24 根（采用 4 对卡接模块）或卡接 20 根（采用 5 对卡接模块）4 对对绞电缆。

（2）25 对端子配线模块可卡接 1 根 25 对大对数电缆或 6 根 4 对对绞电缆。

（3）回线式配线模块（8 回线或 10 回线）可卡接 2 根 4 对对绞电缆或 8/10 回线。回线式配线模块的每一回线可以卡接 1 对进线和 1 对出线。回线式配线模块的卡接端子可以为连通型、断开型和可插入型三类不同的功能。一般在 CP 处可选用连通型，在需要加装过压过流保护器时采用断开型，可插入型主要使用于断开电路做检修的情况下，布线工程中无此种应用。

（4）RJ-45 配线模块（由 24 或 48 个 8 位模块通用插座组成）每一个 RJ-45 插座应可卡接 1 根 4 对对绞电缆。

（5）光纤连接器件每个单工端口应支持 1 芯光纤的连接，双工端口则支持 2 芯光纤的连接。电信间 FD 采用的设备缆线和各类跳线宜按计算机网络设备的使用端口容量和电话交换机的实装容量、业务的实际需求或信息点总数的比例进行配置，比例范围为 25%～50%。

各配线设备跳线可按以下原则选择与配置：

（1）电话跳线宜按每根 1 对或 2 对对绞电缆容量配置，跳线两端连接插头采用 IDC 或 RJ-45 型。

（2）数据跳线宜按每根 4 对对绞电缆配置，跳线两端连接插头采用 IDC 或 RJ-45 型。

（3）光纤跳线宜按每根 1 芯或 2 芯光纤配置，光跳线连接器件采用 ST、SC 或 SFF 型。

3．干线子系统

干线子系统所需要的电缆总对数和光纤总芯数应满足工程的实际需求，并留有适当的备份容量。主干缆线宜设置电缆与光缆，并互相作为备份路由。

干线子系统主干缆线应选择较短的、安全的路由。主干电缆宜采用点对点终接，也可采用分支递减终接。

点对点终接是最简单、最直接的配线方法，电信间的每根干线电缆直接从设备间延伸到指定的楼层电信间。分支递减终接是用 1 根大对数干线电缆来支持若干个电信间的通信容量，经过电缆接头保护箱分出若干根小电缆，它们分别延伸到相应的电信间，并终接于目的地的配线设备。

如果电话交换机和计算机主机设置在建筑物内不同的设备间，宜采用不同的主干缆线来分别满足语音和数据的需要。

在同一层若干电信间之间宜设置干线路由。

主干电缆和光缆所需的容量要求及配置应符合以下规定：

（1）对语音业务，大对数主干电缆的对数应按每一个电话 8 位模块通用插座配置 1 对线，并在总需求线对的基础上至少预留约 10%的备用线对。

（2）对于数据业务应以集线器（Hub）或交换机（SW）群（按 4 个 Hub 或 SW 组成 1 群）或以每个 Hub 或 SW 设备设置 1 个主干端口配置。每 1 群网络设备或每 4 个网络设备宜考虑 1 个备份端口。主干端口为电端口时，应按 4 对线容量，为光端口时则按 2 芯光纤容量配置。

（3）当工作区至电信间的水平光缆延伸至设备间的光配线设备（BD/CD）时，主干光缆的容量应包括所延伸的水平光缆光纤的容量在内。

（4）建筑物与建筑群配线设备处各类设备缆线和跳线的配备宜符合规定。如语音信息点 8 位模块通用插座连接 ISDN 用户终端设备，并采用 S 接口（4 线接口）时，相应的主干电缆则应按 2 对线配置。

4．建筑群子系统

CD 宜安装在进线间或设备间，并可与入口设施或 BD 合用场地。

CD 配线设备内外侧的容量应与建筑物内连接 BD 配线设备的建筑群主干缆线容量及建筑物外

部引入的建筑群主干缆线容量相一致。

5. 设备间

在设备间内安装的 BD 配线设备干线侧容量应与主干缆线的容量相一致。设备侧的容量应与设备端口容量相一致或与干线侧配线设备容量相同。

BD 配线设备与电话交换机及计算机网络设备的连接方式亦应符合上述规定。

6. 进线间

综合布线系统作为建筑的公共电信配套设施在建设期应考虑一次性投资建设,能适应多家电信业务经营者提供通信与信息业务服务的需求,保证电信业务在建筑区域内的接入、开通和使用,使得用户可以根据自己的需要,通过对入口设施的管理选择电信业务经营者,避免造成将来建筑物内管线的重复建设而影响到建筑物的安全与环境。因此,在管道与设施安装场地等方面,工程设计中应充分满足电信业务市场竞争机制的要求。

进线间一般提供给多家电信业务经营者使用,通常设于地下一层。进线间主要作为室外电缆和光缆引入楼内的成端与分支及光缆的盘长空间位置。对于光缆至大楼(FTTB)、至用户(FTTH)、至桌面(FTTO)的应用及容量日益增多,进线间就显得尤为重要。由于许多的商用建筑物地下一层环境条件已大大改善,也可以安装配线设备及通信设施。在不具备设置单独进线间或入楼电缆和光缆数量及入口设施容量较小时,建筑物也可以在入口处采用挖地沟或使用较小的空间完成缆线的成端与盘长,入口设施则可安装在设备间,但宜单独地设置场地,以便功能分区。

建筑群主干电缆和光缆、公用网和专用网电缆、光缆及天线馈线等室外缆线进入建筑物时,应在进线间成端转换成室内电缆、光缆,并在缆线的终端处可由多家电信业务经营者设置入口设施,入口设施中的配线设备应按引入的电、光缆容量配置。

电信业务经营者在进线间设置安装的入口配线设备应与 BD 或 CD 之间敷设相应的连接电缆、光缆,实现路由互通。缆线类型与容量应与配线设备相一致。按接入业务及多家电信业务经营者缆线接入的需求,并应留有 2~4 孔的余量。

7. 管理

管理是针对设备间、电信间和工作区的配线设备、缆线等设施,按一定的模式进行标识和记录的规定。内容包括:管理方式、标识、色标、连接等。这些内容的实施,将给今后维护和管理带来很大的方便,有利于提高管理水平和工作效率。特别是较为复杂的综合布线系统,如采用计算机进行管理,其效果将十分明显。

目前,市场上已有商用的管理软件可供选用。

综合布线的各种配线设备,应用色标区分干线电缆、配线电缆或设备端点,同时,还应采用标签表明端接区域、物理位置、编号、容量、规格等,以便维护人员在现场能一目了然地加以识别。

对设备间、电信间、进线间和工作区的配线设备、缆线、信息点等设施应按一定的模式进行标识和记录,并宜符合下列规定:

(1)综合布线系统工程宜采用计算机进行文档记录与保存,简单且规模较小的综合布线系统工程可按图纸资料等纸质文档进行管理,并做到记录准确、及时更新、便于查阅,文档资料应实现汉化。

(2)综合布线的每一电缆、光缆、配线设备、端接点、接地装置、敷设管线等组成部分均应给定唯一的标识符,并设置标签。标识符应采用相同数量的字母和数字等标明。

(3)电缆和光缆的两端均应标明相同的标识符。

(4)设备间、电信间、进线间的配线设备宜采用统一的色标区别各类业务与用途的配线区。

所有标签应保持清晰、完整，并满足使用环境要求。

在每个配线区实现线路管理的方式是在各色标区域之间按应用的要求，采用跳线连接。色标用来区分配线设备的性质，分别由按性质划分的配线模块组成，且按垂直或水平结构进行排列。

综合布线系统使用的标签可采用粘贴型和插入型。

电缆和光缆的两端应采用不易脱落和磨损的不干胶条标明相同的编号。

目前，市场上已有配套的打印机和标签纸供应。

对于规模较大的布线系统工程，为提高布线工程维护水平与网络安全，宜采用电子配线设备对信息点或配线设备进行管理，以显示与记录配线设备的连接、使用及变更状况。

电子配线设备目前应用的技术有多种，在工程设计中应考虑到电子配线设备的功能，在管理范围、组网方式、管理软件、工程投资等方面，合理地加以选用。

综合布线系统相关设施的工作状态信息应包括：设备和缆线的用途、使用部门、组成局域网的拓扑结构、传输信息速率、终端设备配置状况、占用器件编号、色标、链路与信道的功能和各项主要指标参数及完好状况、故障记录等，还应包括设备位置和缆线走向等内容。

综合布线系统在进行系统配置设计时，应充分考虑用户近期与远期的实际需要与发展，使之具有通用性和灵活性，尽量避免布线系统投入正常使用以后，较短的时间又要进行扩建与改建，造成资金浪费。一般来说，布线系统的水平配线应以远期需要为主，垂直干线应以近期实用为主。

案例：为了说明问题，我们以一个工程实例来进行设备与缆线的配置。例如，建筑物的某一层共设置了 200 个信息点，计算机网络与电话各占 50%，即各为 100 个信息点。

（1）电话部分。

1）FD 水平侧配线模块按连接 100 根 4 对的水平电缆配置。

2）语音主干的总对数按水平电缆总对数的 25% 计，为 100 对线的需求；如考虑 10% 的备份线对，则语音主干电缆总对数需求量为 110 对。

3）FD 干线侧配线模块可按卡接大对数主干电缆 110 对端子容量配置。

（2）数据部分。

1）FD 水平侧配线模块按连接 100 根 4 对的水平电缆配置。

2）数据主干缆线。

- 最少量配置：以每个 Hub/SW 为 24 个端口计，100 个数据信息点需要设置 5 个 Hub/SW；以每 4 个 Hub/SW 为一群（96 个端口），组成了 2 个 Hub/SW 群；现以每个 Hub/SW 群设置 1 个主干端口，并考虑 1 个备份端口，则 2 个 Hub/SW 群需要设 4 个主干端口。如主干缆线采用对绞电缆，每个主干端口需要设 4 对线，则线对的总需求量为 16 对；如主干缆线采用光缆，每个主干光端口按 2 芯光纤考虑，则光纤的需求量为 8 芯。

- 最大量配置：同样以每个 Hub/SW 为 24 端口计，100 个数据信息点需设置 5 个 Hub/SW；以每 1 个 Hub/SW（24 个端口）设置 1 个主干端口，每 4 个 Hub/SW 考虑 1 个备份端口，共需要设置 7 个主干端口。如主干缆线采用对绞电缆，以每个主干电端口需要 4 对线，则线对的需求量为 28 对；如主干缆线采用光缆，每个主干光端口按 2 芯光纤考虑，则光纤的需求量为 14 芯。

3）FD 干线侧配线模块可根据主干电缆或主干光缆的总容量加以配置。

配置数量计算得出以后，再根据电缆、光缆、配线模块的类型、规格加以选用，做出合理配置。

上述配置的基本思路是，用于计算机网络的主干缆线可采用光缆；用于电话的主干缆线则采用大对数对绞电缆，并考虑适当的备份，以保证网络可用性。由于工程的实际情况比较复杂，不可能按一种模式，设计时还应结合工程的特点和需求加以调整应用。

4.3.5　系统设计指标值

在综合布线系统工程的设计和安装中，应考虑机械性能指标（如缆线结构、直径、材料、承受拉力、弯曲半径等）和电气性能指标。综合布线系统的机械性能指标以生产厂家提供的产品资料为依据，它将对布线工程的安装设计，尤其是管线设计产生较大的影响，应引起重视。综合布线系统的电气性能指标是设计和验收的测试参数，直接影响到传输质量。

1. 对绞电缆的电气特性参数

（1）对绞电缆的电气特性参数。

1）缆线链路长度。缆线链路的物理长度由测量信号在线路上的往返传播延迟导出，用额定传输速度 NVP 值进行校核。

NVP=缆线中信号传播速度/光速×100%。该值随缆线类型不同而不同。通常 NVP 范围在 60%～90%。

2）特性阻抗（Characteristic Impedence）。特性阻抗指链路在规定工作频率范围内呈现的电阻。特性阻抗包括电阻及频率范围内的电感抗和电容抗，与线对导线间的距离及绝缘的电气性能有关。各种对绞电缆有不同的特性阻抗，常用的有 100Ω、120Ω 和 150Ω 几种。

无论使用超 5 类、6 类或 7 类缆线，其每对芯线的特性阻抗在整个工作带宽范围内应保证恒定、均匀。链路上任何点的阻抗不连续性将导致该链路信号反射和信号畸变。

3）回波损耗——RL（Return Loss）。信号传输中，当遇到线路中阻抗不匹配时，部分能量会以回波的方式反射回发送端。回波损耗定义为开始输入给信号传送系统的信号功率与信号源接收到的反射信号的功率之比。

缆线制造过程中的结构变化、连接器和布线安装等是影响回波损耗数值的主要因素。

4）衰减（Attenuation）。衰减是指传输信号在缆线中的损耗。衰减与缆线的长度有关，随着长度增加而增大。衰减与频率也有直接关系。任何传输介质都存在信号衰减问题。

衰减这一术语在电缆生产中被广泛采用，但由于布线系统在较高的频率时阻抗的失配，此特性采用"插入损耗（Insertion Loss）即连接损耗"来表示。与衰减不同，插入损耗不涉及长度的线性关系。

5）近端串音——NEXT（Near End Crosstalk）。近端串音是指在一条链路中，发送信号的线对对于同侧的其他线对通过电磁感应所造成的信号耦合，也称为近端串扰。近端串音与缆线类别、连接方式和频率有关。如图 4-17 所示是串音示意图。

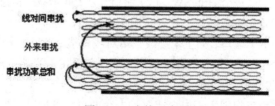

图 4-17　串扰示意图

6）近端串音功率和——PSNEXT（POWER SUM NEXT）。近端串音功率和是指 4 对缆线中的

3 对缆线传输信号时对另外 1 对缆线的近端串音功率之和。

7）远端串音——FEXT（Far End Crosstalk）。远端串音是指缆线近端的一个线对发送信号，沿线路传输衰减后，在远端对相邻线对的电磁感应耦合。

8）等电平远端串音——ELFEXT（Equal Level FEXT）。等电平远端串音是发送端的干扰信号对相邻线对在远端所产生的影响，是考虑衰减后的 FEXT，即 ELFEXT=FEXT-Attenuation。

9）等电平远端串音功率和——PSELFEXT（Power Sum ELFEXT）。等电平远端串音功率和是指 4 对缆线中，3 对缆线传输信号时对另一对缆线在远端所产生的干扰。

10）衰减串音比——ACR（Attenuation-to-crosstalk Ratio）。在高频段，串绕与衰减值的比例关系很重要。ACR（dB）=NEXT（dB）-A（dB），即 ACR 是同一频率下近端串音 NEXT 和衰减的差值。ACR 是系统 SNR（信噪比）的唯一衡量标准，它是决定网络正常运行的一个因素。

11）衰减串音比功率和——PSACR（Power Sum Attenuation-to-crosstalk Ratio）。PSACR 表征了 4 对缆线中 3 对缆线传输信号时对另一对缆线所产生的综合影响。它主要用于保证综合布线系统的高速数据传输。

12）直流环路电阻（d.c.）。直流环路电阻是线对导线连成环形回路的总电阻。直流环路电阻可用万用表测量。在永久链路方式或是信道链路方式下，无论超 5 类、6 类或 7 类缆线，每个线对在摄氏 20℃～30℃的环境下，最大直流环路电阻值一般都不超过 30Ω。

13）传播时延（Transmission Delay）。信号从链路或信道一端传播到另一端所需要的时间，单位是微秒（μs）。它的大小主要取决于信号的传输速率和导体的长度。

14）时延偏差（Delay Skew）。以同一缆线中信号传播时延最小的线对作为参考，其余线对与参考线对时延差值，以微秒（μs）为单位。

（2）新规范对布线系统信道和链路的电气指标要求。

新规范列出布线系统信道和链路的指标参数，但 6A、7 类布线系统在应用时，工程中除了已列出的各项指标参数以外，还应考虑信道电缆的外部串音功率和（PSANEXT）和 2 根相邻对绞电缆间的外部串音（ANEXT）。

目前只在 TIA/EIA 568 B.2-10 标准中列出了 6A 类布线在 1～500MHz 带宽的范围内信道的插入损耗、NEXT、PSNEXT、FEXT、ELFEXT、PSELFEXT、回波损耗、ANEXT、PSANEXT、PSAELFEXT 等指标参数值。在工程设计时，可以参照使用。

布线系统各项指标值均是环境温度为 20℃时的数据。根据 TIA/EIA 568.B.2-1 中列表分析，在 20℃～60℃的变化范围内，温度每上升 5℃，90m 的永久链路长度将减短 1～2m，在 89～75m（非屏蔽链路）及 89.5～83m（屏蔽链路）的范围之内变化。

相应等级的布线系统信道及永久链路、CP 链路的具体指标项目，应包括以下内容：

- 3 类、5 类布线系统应考虑指标项目为衰减、近端串音（NEXT）。
- 5e 类、6 类、7 类布线系统，应考虑指标项目为插入损耗（IL）、近端串音（NEXT）、衰减串音比（ACR）、等电平远端串音（ELFEXT）、近端串音功率和（PSNEXT）、衰减串音比功率和（PSACR）、等电平远端串音功率和（PSELEFXT）、回波损耗（RL）、时延、时延偏差等。
- 屏蔽的布线系统还应考虑非平衡衰减、传输阻抗、耦合衰减及屏蔽衰减。

2．系统信道的指标值

按照 ISO/IEC 11801 2002-09 标准列出的布线系统信道指标值提出了需要执行的和建议的两种

表格内容。对需要执行的指标参数在其表格内容中列出了在某一频率范围的计算公式，但在建议的表格中仅列出在指定频率时的具体数值，新规范以建议的表格列出各项指标参数要求，供设计者在对布线产品进行选择时参考使用。

指标项目中衰减串音比（ACR）、非平衡衰减和耦合衰减的参数中仍保持使用"衰减"这一术语，但在计算 ACR、PS ACR、ELFEXT、PSELFEXT 值时，使用相应的插入损耗值。

（1）信道电缆导体的指标要求。

综合布线系统工程设计中，信道电缆导体的指标要求应符合以下规定：

1）在信道每一线对中两个导体之间的不平衡直流电阻对各等级布线系统不应超过 3%。

2）在各种温度条件下，布线系统 D、E、F 级信道线对每一导体最小的传送直流电流应为 0.175A。

3）在各种温度条件下，布线系统 D、E、F 级信道的任何导体之间应支持 72V 直流工作电压，每一线对的输入功率应为 10W。

（2）系统信道指标要求。

综合布线系统工程设计中，系统信道的各项指标值应符合以下要求：

1）回波损耗（RL）只在布线系统中的 C、D、E、F 级采用，在布线的两端均应符合回波损耗值的要求，布线系统信道的最小回波损耗值应符合表 4-12 所示的规定。

表 4-12 信道回波损耗值

频率 （MHz）	最小回波损耗（dB）			
	C 级	D 级	E 级	F 级
1	15.0	17.0	19.0	19.0
16	15.0	17.0	18.0	18.0
100		10.0	12.0	12.0
250			8.0	8.0
600				8.0

2）布线系统信道的插入损耗（IL）值应符合表 4-13 所示的规定。

表 4-13 信道插入损耗值

频率 （MHz）	最大插入损耗（dB）					
	A 级	B 级	C 级	D 级	E 级	F 级
0.1	16.0	5.5				
1	15.0	5.8	4.2	4.0	4.0	4.0
16			14.4	9.1	8.3	8.1
100				24.0	21.7	20.8
250					35.9	33.8
600						54.6

3）线对与线对之间的近端串音（NEXT）在布线的两端均应符合 NEXT 值的要求，布线系统

信道的近端串音值应符合表 4-14 所示的规定。

表 4-14　信道近端串音值

频率 （MHz）	最小近端串音（dB）					
	A 级	B 级	C 级	D 级	E 级	F 级
0.1	27.0	40.0				
1		25.0	39.1	60.0	65.0	65.0
16			19.4	43.6	53.2	65.0
100				30.1	39.9	62.9
250					33.1	56.9
600						51.2

4）近端串音功率和（PSNEXT）只应用于布线系统的 D、E、F 级，在布线的两端均应符合 PSNEXT 值的要求，布线系统信道的 PSNEXT 值应符合表 4-15 所示的规定。

表 4-15　信道近端串音功率和值

频率 （MHz）	最小近端串音功率和（dB）		
	D 级	E 级	F 级
1	57.0	62.0	62.0
16	40.6	50.6	62.0
100	27.1	37.1	53.9
250		30.2	53.9
600			48.2

5）线对与线对之间的衰减串音比（ACR）只应用于布线系统的 D、E、F 级，ACR 值是 NEXT 与插入损耗分贝值之间的差值，在布线的两端均应符合 ACR 值的要求。布线系统信道的 ACR 值应符合表 4-16 所示的规定。

6）ACR 功率和（PS ACR）为表 4-15 近端串音功率和值与表 4-13 插入损耗值之间的差值。布线系统信道的 PSACR 值应符合表 4-17 所示的规定。

表 4-16　信道衰减串音比值

频率 （MHz）	最小衰减串音比（dB）		
	D 级	E 级	F 级
1	56.0	61.0	61.0
16	34.5	44.9	56.9
100	6.1	18.2	42.1
250		-2.8	23.1
600			-3.4

表 4-17　信道 ACR 功率和值

频率 （MHz）	最小 ACR 功率和（dB）		
	D 级	E 级	F 级
1	53.0	58.0	58.0
16	31.5	42.3	53.9
100	6.1	15.4	39.1
250		-5.8	20.1
600			-6.4

7）线对与线对之间等电平远端串音（ELFEXT）对于布线系统信道的数值应符合表 4-18 所示的规定。

表 4-18　信道等电平远端串音值

频率 （MHz）	最小等电平远端串音（dB）		
	D 级	E 级	F 级
1	57.4	63.3	65.0
16	33.3	39.2	58.5
100	17.4	23.3	44.4
250		15.3	37.8
600			31.3

8）等电平远端串音功率和（PS ELFEXT）对于布线系统信道的数值应符合表 4-19 所示的规定。

表 4-19　信道等电平远端串音功率和值

频率 （MHz）	等电平远端串音功率和（dB）		
	D 级	E 级	F 级
1	54.4	60.3	62.0
16	30.3	36.2	54.5
100	14.4	20.3	41.4
250		12.3	34.8
600			28.3

9）布线系统信道的直流环路电阻（d.c.）应符合表 4-20 所示的规定。

表 4-20　信道直流环路电阻

最大直流环路电阻（Ω）					
A 级	B 级	C 级	D 级	E 级	F 级
560	170	40	25	25	25

10）布线系统信道的传播时延应符合表 4-21 所示的规定。

表 4-21   信道传播时延

频率（MHz）	最大传播时延（μs）					
	A 级	B 级	C 级	D 级	E 级	F 级
0.1	20.000	5.000				
1		5.000	0.580	0.580	0.580	0.580
16			0.553	0.553	0.553	0.553
100				0.548	0.548	0.548
250					0.546	0.546
600						0.545

11）布线系统信道的传播时延偏差应符合表 4-22 所示的规定。

表 4-22   信道传播时延偏差

等级	频率（MHz）	最大时延偏差（μs）
A	f=0.1	
B	0.1≤f≤1	
C	1≤f≤16	0.050①
D	1≤f≤l00	0.050①
E	14≤f≤250	0.050①
F	14≤f<600	0.030②

注：①0.050 为 0.045+4×0.00125 计算结果；②0.030 为 0.025+4×0.00125 计算结果。

12）一个信道的非平衡衰减（纵向转换损耗 LCL 或横向转换损耗 TCL）应符合表 4-23 所示的规定。在信道的两端均应符合不平衡衰减的要求。

表 4-23   信道非平衡衰减

等级	频率（MHz）	最大不平衡衰减（dB）
A	f=0.1	30
B	f=0.1 和 1	在 0.1MHz 时为 45；1MHz 时为 20
C	1≤f≤16	30～5lg（f）f.f.S.
D	1≤f≤l00	40～10lg（f）f.f.S.
E	1≤f≤250	40～10lg（f）f.f.S.
F	1≤f≤600	40～10lg（f）f.f.S.

3. 永久链路的指标值

（1）综合布线系统工程设计中，永久链路的各项指标参数值应符合以下规定：

1）布线系统永久链路的最小回波损耗值应符合表 4-24 所示的规定。

表 4-24　永久链路最小回波损耗值

频率 （MHz）	最小回波损耗（dB）			
	C 级	D 级	E 级	F 级
1	15.0	19.0	21.0	21.0
16	15.0	19.0	20.0	20.0
100		12.0	14.0	14.0
250			10.0	10.0
600				10.0

2）布线系统永久链路的最大插入损耗值应符合表 4-25 所示的规定。

表 4-25　永久链路最大插入损耗值

频率 （MHz）	最大插入损耗（dB）					
	A 级	B 级	C 级	D 级	E 级	F 级
0.1	16.0	5.5				
1		5.8	4.0	4.0	4.0	4.0
16			12.2	7.7	7.1	6.9
100				20.4	18.5	17.7
250					30.7	28.8
600						46.6

3）布线系统永久链路的最小近端串音值应符合表 4-26 所示的规定。

表 4-26　永久链路最小近端串音值

频率 （MHz）	最小近端串音（dB）					
	A 级	B 级	C 级	D 级	E 级	F 级
0.1	27.0	40.0				
1		25.0	40.1	60.0	65.0	65.0
16			21.0	45.2	54.6	65.0
100				32.3	41.8	65.0
250					35.3	60.4
600						54.7

4）布线系统永久链路的最小近端串音功率和值应符合表 4-27 所示的规定。

5）布线系统永久链路的最小 ACR 值应符合表 4-28 所示的规定。

6）布线系统永久链路的最小 PSACR 值应符合表 4-29 所示的规定。

7）布线系统永久链路的最小等电平远端串音值应符合表 4-30 所示的规定。

表4-27　永久链路最小近端串音功率和值

频率 （MHz）	最小近端串音功率和（dB）		
	D 级	E 级	F 级
1	57.0	62.0	62.0
16	42.2	52.2	62.0
100	29.3	39.3	62.0
250		32.7	57.4
600			51.7

表4-28　永久链路最小 ACR 值

频率 （MHz）	最小 ACR（dB）		
	D 级	E 级	F 级
1	56.0	61.0	61.0
16	37.5	47.5	58.1
100	11.9	23.3	47.3
250		4.7	31.6
600			8.1

表4-29　永久链路最小 PSACR 值

频率 （MHz）	最小 PSACR（dB）		
	D 级	E 级	F 级
1	53.0	58.0	58.0
16	34.5	45.1	55.1
100	8.9	20.8	44.3
250		2.0	28.6
600			5.1

表4-30　永久链路最小等电平远端串音值

频率 （MHz）	最小 FLFEXT（dB）		
	D 级	E 级	F 级
1	58.6	64.2	65.0
16	34.5	40.1	59.3
100	18.6	24.2	46.0
250		16.2	39.2
600			32.6

8）布线系统永久链路的最小 PSELFEXT（等电平远端串音功率和）值应符合表 4-31 所示的规定。

表 4-31　永久链路最小 PS ELFEXT 值

频率 （MHz）	最小 PS ELFEXT（dB）		
	D 级	E 级	F 级
1	55.6	61.2	62.0
16	31.5	37.1	56.3
100	15.6	21.2	43.0
250		13.2	36.2
600			29.6

9）布线系统永久链路的最大直流环路电阻应符合表 4-32 所示的规定。

表 4-32　永久链路最大直流环路电阻（Ω）

永久链路最大直流环路电阻（Ω）					
A 级	B 级	C 级	D 级	E 级	F 级
1530	140	34	21	21	21

10）布线系统永久链路的最大传播时延应符合表 4-33 所示的规定。

表 4-33　永久链路最大传播时延值

频率 （MHz）	最大传播时延（μs）					
	A 级	B 级	C 级	D 级	E 级	F 级
0.1	19.400	4.400				
1		4.400	0.521	0.521	0.521	0.521
16			0.496	0.496	0.496	0.496
100				0.491	0.491	0.491
250					0.490	0.490
600						0.489

11）布线系统永久链路的最大传播时延偏差应符合表 4-34 所示的规定。

表 4-34　永久链路传播时延偏差

等级	频率（MHz）	最大时延偏差（μs）
A	0.1	
B	0.1≤f<1	
C	1≤f≤16	0.044①
D	1≤f≤100	0.044①
E	14≤f≤250	0.044①
F	14≤f≤600	0.026②

注：①0.044 为 0.9×0.045+3×0.00125 计算结果；②0.026 为 0.9×0.025+3×0.00125 计算结果。

（2）对于等级为 F 的信道和永久链路，只存在两个连接器件时（无 CP 点）的最小 ACR 值和 PS ACR 值应符合表 4-35 所示的要求，具体连接方式如图 4-18 所示。

表 4-35　信道和永久链路为 F 级（包括 2 个连接点）时 ACR 与 PS ACR 值

频率（MHz）	信道		永久链路	
	最小 ACR（dB）	最小 PSACR（dB）	最小 ACR（dB）	最小 PSACR（dB）
1	61.0	58.0	61.0	58.O
16	57.1	54.1	58.2	55.2
100	44.6	41.6	47.5	44.5
250	27.3	24.3	31.9	28.9
600	1.1	11.9	8.6	5.6

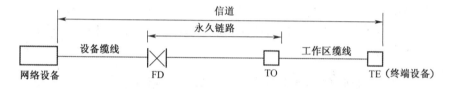

图 4-18　两个连接器件的信道与永久链路

4. 光纤信道的指标值

（1）各等级的光纤信道衰减值应符合表 4-36 所示的规定。

表 4-36　信道衰减值（dB）

信道	多模		单模	
	850nm	1300nm	1310nm	1550nm
OF-300	2.55	1.95	1.80	1.80
OF-500	3.25	2.25	2.00	2.00
OF-2000	8.50	4.50	3.50	3.50

（2）光缆标称的波长，每千米的最大衰减值应符合表 4-37 所示的规定。

表 4-37　最大光缆衰减值（dB/km）

项目	OM1、OM2 及 OM3 多模		OS1 单模	
波长	850nm	1300nm	1310nm	1550nm
衰减	3.5	1.5	1.0	1.0

（3）多模光纤的最小模式带宽应符合表 4-38 所示的规定。通常用光纤传输信号的带宽与其传输的长度的乘积来描述光纤的模式带宽特性，用 B×L 表示，单位为 MHz·km。对于某一 B×L 值而言，当传输的长度增大时，允许的模式带宽就相应地减小。

表 4-38　多模光纤模式带宽

光纤类型	光纤直径（μm）	最小模式带宽（MHz·km）		
		过量发射带宽	有效光发射带宽	
		波长		
		850nm	1300nm	850nm
OM1	50 或 62.5	200	500	
OM2	50 或 62.5	500	500	
OM3	8.50	1500	500	2000

4.3.6　电气防护及接地

1. 电气防护

随着各种类型的电子信息系统在建筑物内的大量设置，各种干扰源将会影响到综合布线电缆的传输质量与安全。表 4-39 列出的射频应用设备又称为 ISM 设备，我国目前常用的 ISM 设备大致有 15 种。

表 4-39　CISPR 推荐设备及我国常见 ISM 设备一览表

序号	CISPR 推荐设备	我国常见 ISM 设备
1	塑料缝焊机	介质加热设备，如热合机等
2	微波加热器	微波炉
3	超声波焊接与洗涤设备	超声波焊接与洗涤设备
4	非金属干燥器	计算机及数控设备
5	木板胶合干燥器	电子仪器，如信号发生器
6	塑料预热器	超声波探测仪器
7	微波烹饪设备	高频感应加热设备，如高频熔炼炉等
8	医用射频设备	射频溅射设备、医用射频设备
9	超声波医疗器械	超声波医疗器械，如超声波诊断仪等
10	电灼器械、透热疗设备	透热疗设备，如超声波理疗机等
11	电火花设备	电火花设备
12	射频引弧焊机	射频引弧焊机
13	火花透热疗设备	高频手术刀
14	摄谱仪	摄谱仪用等离子电源
15	塑料表面腐蚀设备	高频电火花真空检漏仪

注意：CISPR 表示国际无线电干扰特别委员会。

综合布线电缆与附近可能产生高电平电磁干扰的电动机、电力变压器、射频应用设备等电器设备之间应保持必要的间距，并应符合以下规定：

（1）综合布线电缆与电力电缆的间距应符合表 4-40 所示的规定。

表 4-40　综合布线电缆与电力电缆的间距

类别	与综合布线接近情况	最小间距（mm）
380V 以下电力电缆（<2kV·A）	与缆线平行敷设	130
	有一方在接地的金属线槽或钢管中	70
	双方都在接地的金属线槽或钢管中①	10①
380V 以下电力电缆（2～5kV·A）	与缆线平行敷设	300
	有一方在接地的金属线槽或钢管中	150
	双方都在接地的金属线槽或钢管中②	80
380V 以下电力电缆（>5kV·A）	与缆线平行敷设	600
	有一方在接地的金属线槽或钢管中	300
	双方都在接地的金属线槽或钢管中②	150

注：①当 380V 电力电缆<2kV·A，双方都在接地的线槽中，且平行长度≤10m 时，最小间距可为 10mm；②双方都在接地的线槽中是指两个不同的线槽，也可在同一线槽中用金属板隔开。

（2）综合布线系统缆线与配电箱、变电室、电梯机房、空调机房间的最小净距应符合表 4-41 所示的规定。

表 4-41　综合布缆线线与电气设备的最小净距

名称	最小净距（m）	名称	最小净距（m）
配电箱	1	电梯机房	2
变电室	2	空调机房	2

（3）墙上敷设的综合布线缆线及管线与其他管线的间距应符合表 4-42 所示的规定。当墙壁电缆敷设高度超过 6000mm 时，与避雷引下线的交叉间距应按下式计算：

$$S \geqslant 0.05L$$

式中，S 为交叉间距（mm），L 为交叉处避雷引下线距地面的高度（mm）。

表 4-42　综合布线缆线及管线与其他管线的间距

其他管线	平行净距（mm）	垂直交叉净距（mm）
避雷引下线	1000	300
保护地线	50	20
给水管	150	20
压缩空气管	150	20
热力管（不包封）	500	500
热力管（包封）	300	300
煤气管	300	20

综合布线系统应根据环境条件选用相应的缆线和配线设备，或采取防护措施，并应符合下列规定：

- 当综合布线区域内存在的电磁干扰场强低于 3V/m 时，宜采用非屏蔽电缆和非屏蔽配线设备。
- 当综合布线区域内存在的电磁干扰场强高于3V/m时，或用户对电磁兼容性有较高要求时，可采用屏蔽布线系统和光缆布线系统。

对以上两点，综合布线系统选择缆线和配线设备时，应根据用户要求，并结合建筑物的环境状况进行考虑。

- 当综合布线路由上存在干扰源，且不能满足最小净距要求时，宜采用金属管线进行屏蔽，或采用屏蔽布线系统及光缆布线系统。

当建筑物在建或已建成但尚未投入使用时，为确定综合布线系统的选型，应测定建筑物周围环境的干扰场强度。对系统与其他干扰源之间的距离是否符合规范要求进行摸底，根据取得的数据和资料，用规范中规定的各项指标要求进行衡量，选择合适的器件和采取相应的措施。

光缆布线具有最佳的防电磁干扰性能，既能防电磁泄漏，也不受外界电磁干扰影响，在电磁干扰较严重的情况下是比较理想的防电磁干扰布线系统。

本着技术先进、经济合理、安全适用的设计原则，在满足电气防护各项指标的前提下，应首选屏蔽缆线和屏蔽配线设备或采用必要的屏蔽措施进行布线，在光缆和光电转换设备价格合适时，也可采用光缆布线。

如果局部地段与电力线等平行敷设，或接近电动机、电力变压器等干扰源，且不能满足最小净距要求时，可采用钢管或金属线槽等局部措施加以屏蔽处理。

2. 综合布线系统接地的结构

综合布线系统接地的结构包括接地线、接地母线（层接地端子）、接地干线、主接地母线（总接地端子）、接地引入线、接地体 6 部分，在进行系统接地的设计时，可按上述 6 个要素分层次地进行设计。

（1）接地线。接地线是指综合布线系统中各种设备与接地母线之间的连线。所有接地线均为铜质绝缘导线，其截面应不小于 4mm²。当综合布线系统采用屏蔽电缆布线时，信息插座的接地可利用电缆屏蔽层作为接地线连至每层的配线柜。若综合布线的电缆采用穿钢管或金属线槽敷设时，钢管或金属线槽应保持连续的电气连接，并应在两端具有良好的接地。

（2）接地母线（层接地端子）。接地母线是水平布线与系统接地线的公用中心连接点。每一层的楼层配线柜应与本楼层接地母线相焊接，与接地母线同一电信间的所有综合布线用的金属架及接地干线均应与该接地母线焊接。接地母线应为铜母线，其最小尺寸为 6mm 厚×50mm 宽，长度视工程实际需要来确定。接地母线应尽量采用电镀锡以减小接触电阻，如不是电镀，则在将导线固定到母线之前必须对母线进行清理。

（3）接地干线。接地干线是由总接地母线引出，连接所有接地母线的接地导线。在进行接地干线的设计时，应充分考虑建筑物的结构形式、建筑物的大小以及综合布线的路由与空间配置，并与综合布线电缆干线的敷设相协调。接地干线应安装在不受物理和机械损伤的保护处，建筑物内的水管及金属电缆屏蔽层不能作为接地干线使用。当建筑物中使用两个或多个垂直接地干线时，垂直接地干线之间每隔三层及顶层需要用与接地干线等截面的绝缘导线相焊接。接地干线应为绝缘铜芯导线，最小截面应不小于 16mm²。当在接地干线上，其接地电位差大于 1 Vr.m.s（有效值）时，楼层电信间应单独用接地干线接至主接地母线。

（4）主接地母线（总接地端子）。一般情况下，每栋建筑物有一个主接地母线。主接地母线作为综合布线接地系统中接地干线及设备接地线的转接点,其理想位置宜设于外线引入间。主接地母线应布置在直线路径上,同时考虑从保护器到主接地母线的焊接导线不宜过长。接地引入线、接地干线、直流配电屏接地线、外线引入间的所有接地线,以及与主接地母线同一电信间的所有综合布线用的金属架均应与主接地母线良好焊接。当外线引入电缆配有屏蔽或穿金属保护管时,此屏蔽和金属管应焊接至主接地母线。主接地母线应采用铜母线,其最小截面尺寸为 6mm×100mm,长度可视工程实际需要而定。和接地母线相同,主接地母线也应尽量采用电镀锡以减小接触电阻。如不是电镀,则主接地母线在固定到导线前必须进行清理。

(5)接地引入线。接地引入线指主接地母线与接地体之间的接地连接线,宜采用 40mm×40mm 的镀锌扁钢。接地引入线应作绝缘防腐处理,在其出土部位应有防机械损伤措施,且不宜与暖气管道同沟布放。

(6)接地体。接地体分自然接地体和人工接地体两种。综合布线系统应采用共用接地的接地系统,如采用单独接地系统时,接地体一般采用人工接地体,并应满足以下条件:

- 距离工频低压交流供电系统的接地体不宜小于 10m。
- 距离建筑物防雷系统的接地体不应小于 2m。
- 如布线系统的接地系统中存在两个不同的接地体时,其接地电位差不应大于 1Vr.m.s。
- 接地电阻不应大于 4Ω。当综合布线采用共用接地系统时,接地体一般利用建筑物基础内钢筋网作为自然接地体,其接地电阻应小于 1Ω。

在实际应用中通常采用共用接地系统,这是因为与前者相比,共用接地方式具有以下几个显著的优点:

- 当建筑物遭受雷击时,楼层内各点电位分布比较均匀,工作人员及设备的安全能得到较好的保障。同时,大楼的框架结构对雷电波电磁场能提供 10~40dB 的屏蔽效果。
- 容易获得较小的接地电阻。
- 可以节约金属材料,占地少。

3. 进行综合布线系统的接地设计应注意的几个问题

(1)在电信间、设备间及进线间应设置楼层或局部等电位接地端子板。

(2)楼层安装的各个配线柜(架、箱)应采用适当截面的绝缘铜导线单独布线至就近的等电位接地装置,也可采用竖井内等电位接地铜排引到建筑物共用接地装置,铜导线的截面应符合设计要求。综合布线系统接地导线截面积可参考表 4-43 确定。

表 4-43　接地导线选择表

名称	楼层配线设备至大楼总接地体的距离	
	≤30m	≤100m
信息点的数量(个)	75	>75,≤450
选用绝缘铜导线的截面积(mm²)	6~16	16~50

(3)缆线在雷电防护区交界处,屏蔽电缆屏蔽层的两端应做等电位连接并接地。

对于屏蔽布线系统的接地做法,一般在配线设备(FD、BD、CD)的安装机柜(机架)内设有接地端子,接地端子与屏蔽模块的屏蔽罩相连通,机柜(机架)接地端子则经过接地导体连至大楼等电位接地体。

为了保证全程屏蔽效果,终端设备的屏蔽金属罩可通过相应的方式与 TN-S 系统的 PE 线接地,但不属于综合布线系统接地的设计范围。

说明: TN 方式供电系统是将电气设备的金属外壳与工作零线相接的保护系统,称作接零保护系统,用 TN 表示。把工作零线 N 和专用保护线 PE 严格分开的供电系统称作 TN-S 供电系统。

(4)综合布线的电缆采用金属线槽或钢管敷设时,线槽或钢管应保持连续的电气连接,并应有不少于两点的良好接地。

(5)当缆线从建筑物外面进入建筑物时,电缆和光缆的金属护套或金属件应在入口处就近与等电位接地端子板连接。

4. 浪涌保护器

当电缆从建筑物外面进入建筑物时,应选用适配的信号线路浪涌保护器,信号线路浪涌保护器应符合设计要求。

浪涌保护器,也叫电涌保护器、防雷器,是一种为各种电子设备、仪器仪表、通讯线路提供安全防护的电子装置。当电气回路或通信线路中因为外界的干扰突然产生尖峰电流或电压时,浪涌保护器能在极短的时间内导通分流,从而避免浪涌对回路中其他设备的损害。

浪涌保护器按用途分类为信号线路浪涌保护器和电源浪涌保护器。信号线路浪涌保护器适用于通信线路和通信设备,用以防止雷电浪涌、线路过电压对线路或设备的破坏。

如图 4-19 所示是 TTS RJ-45 E1000/8S 六类以太网数据线路浪涌保护器。它依据 TIA/EIA 568B-2.1 和 ISO/IEC 11801 标准设计,是 6 类缆线或 E 级电缆以太网络结构布线系统及其他类似应用系统理想的全屏蔽浪涌保护器。通用的 RJ-45 接线端口可将产品非常方便地串接在被保护设备前端;优质、高泄放能力的浪涌保护器件和低电容、超快速恢复二极管矩阵结构为数据线提供高能粗级保护和低能量的精细保护,从而有效地吸收和转移雷击和电涌产生的能量冲击,并通过接地电缆将能量引入大地,最终保护敏感电子设备不受侵害。产品具有良好的频率传输特性、较高的通流量和极快的响应速度,可广泛应用于办公和工业场所网络综合布线及类似用途的数据通讯系统中,如 1000M 以太网、ATM、ISDN、VoIP 网络、PoE 系统等。

图 4-19 6 类以太网数据线路浪涌保护器

信号线路浪涌保护器安装应注意:

(1)保护器串联于被保护设备与信号引入线之间,引入线接在 IN 端,设备与 OUT 端相连。

(2)保护器应有良好、独立的接地系统,接地电阻应该小于 10Ω,且不可用自来水管、煤气管、下水管等代替。

(3)接地线不小于 2.5mm^2,接地线到等电位体的距离不大于 0.5m。

(4)保护器安装在 35mm 标准轨道上,如图 4-20 所示。

图 4-20　浪涌保护器安装在轨道上和浪涌保护器接地线

4.3.7　防火

与易燃的传统材料相比，阻燃材质可以大大降低火势在管道中的蔓延速度。更重要的是，救生器件会更容易将火焰隔离开来，同时还会大大降低火灾引起的一系列的连锁危险。

据建筑物的防火等级和对材料的耐火要求，综合布线系统的缆线选用和布放方式及安装的场地应采取相应的措施。

综合布线工程设计选用的电缆、光缆应从建筑物的高度、面积、功能、重要性等方面加以综合考虑，选用相应等级的防火缆线。

1．阻燃的标准

对于防火缆线的应用分级，北美、欧洲的相应标准中主要以缆线受火的燃烧程度及着火以后火焰在缆线上蔓延的距离、燃烧的时间、热量与烟雾的释放、释放气体的毒性等指标，并通过实验室模拟缆线燃烧的现场状况实测取得。表 4-44 至表 4-46 分别列出了缆线防火等级与测试标准，仅供设计时参考。

表 4-44　通信缆线阻燃等级国际测试标准

IEC 标准（自高向低排列）	
测试标准	缆线分级
IEC 60332-3C	CM/OFN（普通用途）
IEC 60332-1	CMX（民用住宅）

注：参考现行 IEC 标准。

表 4-45　通信电缆欧洲测试标准及分级表

欧盟标准（草案）（自高向低排列）	
测试标准	缆线分级
PrEN 50399-2-2 和 EN 50265-2-1	B1
PrEN 50399-2-1 和 EN 50265-2-1	B2
	C
	D
EN 50265-2-1	E

注：欧盟 EU CPD 草案。

表 4-46 通信缆线北美测试标准及分级表

测试标准	NEC 标准（自高向低排列）	
	电缆分级	光缆分级
UL910（NFPA262）	CMP（阻燃级）	OFNP 或 OFCP
UL1666	CMP（主干级）	OFNR 或 OFCR
UL1581	CM、CMG（通用级）	OFN（G）或 OFC（G）
VW-1	CMX（住宅级）	

注：参考现行 NEC 2002 版。

为了评定缆线的阻燃性能优劣，国际电工委员会（IEC）分别制定了 IEC60332-1、IEC60332-2 和 IEC60332-3 三个标准。IEC60332-1 和 IEC60332-2 分别用来评定单根缆线按倾斜和垂直布放时的阻燃能力（国内对应 GB12666.3 和 GB12666.4 标准）。IEC60332-3（国内对应 GB12666.5-90）用来评定成束缆线垂直燃烧时的阻燃能力，相比之下成束缆线垂直燃烧时在阻燃能力的要求上要高得多。

IEC60332-3c 标准的测试环境是对一簇缆线进行测试。整个测试是在 4 米高的柜子中进行。这个测试需要用每米 1.5 公升的易燃物帮助测试，燃烧的时间为 20 分钟。该标准规定，在此测试条件下，允许火焰延伸的最大距离不超过燃烧气枪底边以上的 2.5 米。

2. 缆线防火等级的选择

CMP（阻燃级）电缆通常安装在通风管道或空气处理设备使用的空气回流增压系统中，被加拿大和美国所认可采用。符合 UL910 标准的 FEP/PLENUM 材料，阻燃性能要比符合 IEC60332-1 及 IEC60332-3 标准的低烟无卤材料的阻燃性能好，燃烧起来烟的浓度低。

CMR（主干级）电缆没有烟雾浓度规范，一般用于楼层垂直和水平布线使用。

CM（商用级）电缆、CMG（通用级）电缆没有烟雾浓度规范，一般仅应用于同一楼层的水平走线，不应用于楼层的垂直布线上。

CMX（家居级）电缆这种等级也没有烟雾或毒性规范，仅用于敷设单条电缆的家庭或小型办公室系统中。这类电缆不应成捆敷设使用，必须套管。

对欧洲、美洲、国际的缆线测试标准进行同等比较以后，建筑物的缆线在不同的场合与安装敷设方式时，建议选用符合相应防火等级的缆线，并按以下几种情况分别列出：

（1）在通风空间内（如吊顶内及高架地板下等）采用敞开方式敷设缆线时，可选用 CMP 级（光缆为 OFNP 或 OFCP）或 B1 级。

（2）在缆线竖井内的主干缆线采用敞开的方式敷设时，可选用 CMR 级（光缆为 OFNR 或 OFCR）或 B2、C 级。

（3）在使用密封的金属管槽做防火保护的敷设条件下，缆线可选用 CM 级（光缆为 OFN 或 OFC）或 D 级。

4.3.8 产品选型

综合布线系统是智能建筑内的基础设施之一。从国内以往的工程来分析，系统设备和器材的选型是工程设计的关键环节和重要内容。它与技术方案的优劣、工程造价的高低、业务功能的满足程度、日常维护管理和今后系统的扩展等都密切相关。因此，从整个工程来看，产品选型具有基础性的意义，应予以重视。

1. 产品选型原则

产品选型的原则如下：

（1）满足功能需求。产品选型应根据智能建筑的主体性质、所处地位、使用功能等特点，从用户信息需求、今后的发展及变化情况等考虑，选用合适等级的产品，例如3类、5类、6类系统产品或光纤系统的配置，包括各种缆线和连接硬件。

（2）结合环境实际。应考虑智能建筑和智能化小区所处的环境、气候条件和客观影响等特点，从工程实际和用户信息需求考虑，选用合适的产品。如目前和今后有无电磁干扰源存在，是否有向智能小区发展的可能性等，这与是否选用屏蔽系统产品、设备配置以及网络结构的总体设计方案都有关系。

（3）选用主流产品。应采用市场上主流的、通用的产品系统，以便于将来的维护和更新。例如不应采用在我国市场上极其少用的120Ω的布线部件。对于个别需要采用的特殊产品，也需要经过有关设计单位的同意。

（4）符合相关标准。选用的产品应符合我国国情和有关技术标准，包括国际标准、我国国家标准和行业标准。所用的国内外产品均应以我国国标或行业标准为依据进行检测和鉴定，未经鉴定合格的设备和器材不得在工程中使用。

（5）性能价格比原则。目前我国已有符合国际标准的通信行业标准，对综合布线系统产品的技术性能应以系统指标来衡量。在产品选型时，所选设备和器材的技术性能指标一般要稍高于系统指标，这样在工程竣工后，才能保证满足全系统技术性能指标。选用产品的技术性能指标也不宜贪高，否则将增加工程投资。

（6）售后服务保障。根据近期信息业务和网络结构的需要，系统要预留一定的发展余地。在具体实施中，不宜完全以布线产品厂商允诺保证的产品质量期来决定是否选用，还要考虑综合布线系统的产品尚在不断完善和提高的阶段，要求产品厂家能提供升级扩展能力。

此外，一些工作原则在产品选型中应综合考虑，例如，在价格相同的技术性能指标符合标准的前提下，若已有可用的国内产品，且能提供可靠的售后服务时，应优先选用国内产品，以降低工程总体成本，促进民族企业产品的改进、提高及发展。

2. 产品选型方法

综合布线系统工程建设规模和性能特点的具体要求体现在对所选用产品的品种、规格和数量的选择上。现在对建设单位需求的综合布线产品选型的具体步骤和工作方法加以简单介绍，在实际评选工作中可结合系统集成商的具体情况灵活掌握。

（1）布线系统对象调研。首先要熟悉所要布线的建筑物对象系统，收集基础资料，如智能建筑内部的建筑结构、装修标准、各种管线的敷设方法和设备安装要求，以此作为考虑选用布线产品的外形结构、规格容量、缆线型号和安装方式等的重要依据。

（2）布线系统产品调研。产品选型前可收集产品技术资料分析、调查分销商技术意见，访问已经使用该产品的单位，了解其使用效果，积极听取各方面的反映和评价，以便对产品进行总体分析。最后筛选2~3个入围的产品，为进一步评估考察做好准备。

（3）布线系统产品评选。对初选产品分析产品优劣和使用利弊，进行客观公正的技术经济分析和综合评估比较，要求所选产品符合国内外标准、价格适宜、产品系列完整配套、技术性能满足要求、安装施工维护简便、质量保证期限明确等。

（4）系统集成商认定。对初选产品的生产厂家所认证的系统集成商需要重点考察其技术力量、施工装备、施工工艺流程及售后服务等。必要时，可邀请专家或有关行家对初选产品的系统集成商进行综合认定或专项技术评估，以体现客观公正的原则。

（5）布线产品选用意见。上述工作完成后，对所选产品就有了较全面的综合性认识，本着经济实用、切实可靠的原则，提出最后选用产品的意见，包括所选产品的技术性能、所需建设费用和今后满足程度等，提请建设单位或有关领导决策部门确定。

产品选型完成以后，便可以此作为工程预算和具体施工深化设计的依据。最后应将综合布线系统工程中所需要的主要设备、各种缆线、布线部件及其他附件的规格数量进行计算和汇总，与生产厂商或系统集成商洽谈具体产品的价格、总体折扣额度以及具体订购产品的细节，尤其是产品质量、特殊要求、供货日期、运输地点、付款方式等，这些都应在订货合同中明确规定，以保证综合布线系统工程能按计划顺利进行。

4.3.9　进线间的设计

进线间的设计的考虑因素如下：

（1）进线间的位置。一个建筑物宜设置一个进线间。进线间宜靠近外墙和在地下层设置，以便于缆线引入。

（2）进线间管道入口。进线间应设置管道入口。外线宜从两个不同的路由引入进线间，有利于与外部管道沟通。进线间与建筑物外的人孔或手孔采用管道或通道的方式互连。

入口管道口所有布放缆线和空闲的管孔应采用防火材料封堵，做好防水处理。

（3）进线间的大小。进线间因涉及因素较多，难以统一提出具体所需面积。可根据建筑物实际情况，并参照通信行业和国家的现行标准要求进行设计。

进线间的大小一般按进线间的进局管道最终容量及入口设施的最终容量设计。同时应考虑满足多家电信业务经营者安装入口设施等设备的面积。

进线间应满足缆线的敷设路由、成端位置及数量、光缆的盘长空间和缆线的弯曲半径、维护设备、配线设备安装所需要的场地面积和空间。

（4）进线间设计应符合下列规定：

- 进线间应防止渗水，宜设有抽排水装置。
- 进线间应与布线系统垂直竖井沟通。
- 进线间应采用相应防火级别的防火门，门向外开，宽度不小于 1m。
- 进线间应设置有害气体防护措施和通风装置，排风量按每小时不小于 5 次容积计算。
- 与进线间无关的管道不宜从进线间通过。

（5）进线间如安装配线设备和信息通信设施时，应符合设备安装设计的要求。

4.3.10　设备间的设计

设备间是大楼的电话交换机设备、计算机网络设备以及建筑物配线设备（BD）安装的地点，也是进行通信、网络管理的场所。设备间设计的考虑因素如下：

（1）设备间位置。设备间的位置应根据安装设备的数量、规模、网络构成等因素综合考虑确定。对综合布线工程设计而言，设备间主要安装总配线设备。当信息通信设施与配线设备分别设置时考虑到设备电缆有长度限制的要求，安装总配线架的设备间与安装电话交换机及计算机主机的设备间之间的距离不宜太远。

（2）设备间的数量。每幢建筑物内应至少设置 1 个设备间，如果电话交换机与计算机网络设备分别安装在不同的场地或根据安全需要，也可设置 2 个或 2 个以上的设备间，以满足不同业务设备安装的需要。

如果一个设备间以 $10m^2$ 计，大约能安装 5 个 19″的机柜。在机柜中安装电话线路大对数电缆多对卡接式模块，数据主干缆线配线设备模块，大约能支持总量为 6000 个信息点所需（其中电话和数据信息点各占 50%）的建筑物配线设备安装空间。

（3）建筑物综合布线系统与外部配线网连接时，应遵循相应的接口标准要求。

（4）设备间的设计应符合下列规定：

- 设备间宜处于干线子系统的中间位置，并考虑主干缆线的传输距离与数量。
- 设备间宜尽可能靠近建筑物缆线竖井位置，有利于主干缆线的引入。
- 设备间的位置宜便于设备接地。
- 设备间应尽量远离高低压变配电、电机、X 射线、无线电发射等有干扰源存在的场地。
- 设备间室温应为 10℃～35℃，相对湿度应为 20%～80%，并应有良好的通风。
- 设备间内应有足够的配线设备安装空间，其使用面积不应小于 $10m^2$，该面积不包括程控用户交换机、计算机网络设备等设施所需的面积。
- 设备间梁下净高不应小于 2.5m，采用外开双扇门，门宽不应小于 1.5m。

（5）设备间应防止有害气体（如氯、碳水化合物、硫化氢、氮氧化物、二氧化碳等）侵入，并应有良好的防尘措施，尘埃含量限值宜符合表 4-47 所示的规定。

表 4-47　尘埃限值

尘埃颗粒的最大直径（μm）	0.5	1	3	3
灰尘颗粒的最大浓度（粒子数/m³）	$1.4×10^7$	$7×10^5$	$2.4×10^5$	$1.3×10^5$

注：灰尘粒子应是不导电的、非铁磁性和非腐蚀性的。

（6）在地震区的区域内，设备安装应按规定进行抗震加固。

（7）设备安装宜符合下列规定：

- 机架或机柜前面的净空不应小于 800mm，后面的净空不应小于 600mm。
- 壁挂式配线设备底部离地面的高度不宜小于 300mm。

（8）设备间应提供不少于两个 220V 带保护接地的单相电源插座，但不作为设备供电电源。

（9）设备间如果安装电信设备或其他信息网络设备时，设备供电应符合相应的设计要求。

4.3.11　电信间设计

1．电信间的功能

电信间主要为楼层安装配线设备(为机柜、机架、机箱等安装方式)和楼层计算机网络设备(Hub或 SW）的场地。电信间内或其紧邻处应设置缆线竖井，并可考虑在该场地设置等电位接地体、电源插座、UPS 配电箱等设施。

在场地面积满足的情况下，也可在电信间设置建筑物诸如安防、消防、建筑设备监控系统、无线信号覆盖等系统的布缆线槽和功能模块的安装。如果综合布线系统与弱电系统设备合设于同一场地，从建筑的角度出发，称为弱电间。

电信间应与强电间分开设置。

2. 电信间的数量

电信间的数量应按所服务的楼层范围及工作区面积来确定。如果该层信息点数量不大于 400 个，水平缆线长度在 90m 范围以内，宜设置一个电信间；当超出这一范围时宜设两个或多个电信间；每层的信息点数量较少，且水平缆线长度不大于 90m 的情况下，宜几个楼层合设一个电信间。

3. 电信间的面积

电信间的使用面积不应小于 $5m^2$，也可根据工程中配线设备和网络设备的容量进行调整。

一般情况下，综合布线系统的配线设备和计算机网络设备采用 19″标准机柜安装。机柜尺寸通常为 600mm（宽）×900mm（深）×2000mm（高），共有 42U 的安装空间。机柜内可安装光纤连接盘、RJ-45（24 口）配线模块、多线对卡接模块（100 对）、理线架、计算机 Hub/SW 设备等。

如果按建筑物每层电话和数据信息点各为 200 个考虑配置上述设备，大约需要有 2 个 19″（42U）的机柜空间，以此测算电信间面积至少应为 $5m^2$（2.5m×2.0m）。对于涉及布线系统设置内外网或专用网时，19″机柜应分别设置，并在保持一定间距的情况下预测电信间的面积。

4. 电信间电源要求

电信间应提供不少于两个 220V 带保护接地的单相电源插座，但不作为设备供电电源。

电信间如果安装电信设备或其他信息网络设备时，设备供电应符合相应的设计要求。

5. 电信间的防火门

电信间应采用外开丙级防火门，门宽大于 0.7m。

6. 电信间温湿度

电信间内温度应为 10℃～35℃，相对湿度宜为 20%～80%。如果安装信息网络设备时，应符合相应的设计要求。

电信间温湿度均以总配线设备所需的环境要求为主，如在机柜中安装计算机网络设备（Hub/SW）时的环境应满足设备提出的要求，温湿度的保证措施由空调专业负责解决。

4.3.12 缆线通道设计

缆线的类型包括大对数屏蔽与非屏蔽电缆（25 对、50 对、100 对）、4 对对绞屏蔽与非屏蔽电缆（5e 类、6 类、7 类）及光缆（2 芯～24 芯）等。尤其是 6 类屏蔽缆线因构成的方式特殊，缆线的直径、硬度有较大的差异，在设计管线时应引起足够的重视。

配线子系统缆线宜采用在吊顶、墙体内穿管或设置金属密封线槽及开放式（电缆桥架、吊挂环等）敷设，当缆线在地面布放时，应根据环境条件选用地板下线槽、网络地板、高架（活动）地板布线等安装方式。

干线子系统垂直通道穿过楼板时宜采用电缆竖井方式。干线子系统垂直通道有下列三种方式可供选择：

- 电缆孔方式：通常用一根或数根外径 63～102mm 的金属管预埋在楼板内，金属管高出地面 25～50mm，也可直接在楼板上预留一个大小适当的长方形孔洞，孔洞一般不小于 600mm×400mm（也可根据工程实际情况确定）。
- 管道方式：包括明管或暗管敷设。
- 电缆竖井方式：在新建工程中一般都使用电缆竖井的方式。

也可采用电缆孔、管槽的方式，电缆竖井的位置应上下对齐。

建筑群之间的缆线宜采用地下管道或电缆沟敷设方式，并应符合相关规范的规定。

缆线应远离高温和电磁干扰的场地。

管线的弯曲半径应符合表 4-48 所示的要求。

表 4-48　管线敷设弯曲半径

缆线类型	弯曲半径（mm）/倍
2 芯或 4 芯水平光缆	>25mm
其他芯数和主干光缆	不小于光缆外径的 10 倍
4 对非屏蔽电缆	不小于电缆外径的 4 倍
4 对屏蔽电缆	不小于电缆外径的 8 倍
大对数主干电缆	不小于电缆外径的 10 倍
室外光缆、电缆	不小于缆线外径的 10 倍

注：当缆线采用电缆桥架布放时，桥架内侧的弯曲半径不应小于 300mm。

管与线槽内的管径利用率与截面利用率。

（1）管径利用率和截面利用率计算公式。

1）管径利用率=d/D。

式中，d 为缆线外径，D 为管道内径。

2）截面利用率=A1/A。

式中，A1 为穿在管内的缆线总截面积，A 为管子的内截面积。

（2）缆线布放在管与线槽内的管径与截面利用率的选择。为了保证水平电缆的传输性能及成束缆线在电缆线槽中或弯角处布放不会产生溢出的现象，故提出了线槽利用率在 30%～50%的范围。

缆线布放在管与线槽内的管径与截面利用率，应根据不同类型的缆线做不同的选择。

1）管内穿放大对数电缆或 4 芯以上光缆时，直线管路的管径利用率应为 50%～60%，弯管路的管径利用率应为 40%～50%。

2）管内穿放 4 对对绞电缆或 4 芯光缆时，截面利用率应为 25%～30%。

3）只布放缆线在线槽内的截面利用率应为 30%～50%。

某些结构的 6 类电缆（如"+"型等）在布放时为减少对绞电缆之间串音对传输信号的影响，不要求完全做到平直和均匀，甚至可以不绑扎，因此对布线系统管线的利用率提出了较高要求。

（3）管道缆线的布放根数。对于综合布线管线可以对已定的规格管道采用管径利用率和截面利用率的公式加以计算，得出管道缆线的布放根数。也可以根据缆线的布放根数及工程实际需要设计槽式电缆桥架或金属线槽尺寸去订购。

（4）槽式电缆桥架尺寸选择与计算。

槽式电缆桥架的高（h）和宽（b）之比一般为 1:2，也有一些型号不以此为比例。各型桥架标准长度为 2m/根。桥架板厚度标准为 1.5～2.5mm，另外还有 0.8mm、1.0mm、1.2mm 的产品。

订购桥架时，应根据在槽式桥架中敷设缆线的种类和数量来计算槽式桥架的大小。

槽式电缆桥架宽度 b 的计算：

电缆的总面积　　　　　$S_0 = n_1 \times \pi \times (d_1/2)^2 + n_2 \times \pi \times (d_2/2)^2 + \cdots$

式中，d_1、d_2、…为各电缆的直径，n_1、n_2、n_3、…为相应电缆的根数。

一般槽式电缆桥架的填充率取 40%左右，故需要的槽式桥架横截面积为：$S=S_0/40\%$，则所需槽式电缆桥架的宽度为：

$$b=S/h=S_0/(40\% \times h)$$

式中，h 为槽式桥架的净高。

4.3.13　综合布线设计图纸的绘制

工程图纸是工程设计的重要技术资料，也是施工的重要依据。综合布线工程需要有一整套的图纸作为技术支撑。综合布线工程图纸在综合布线工程中起着重要作用。设计人员首先要通过建筑图纸来了解和熟悉建筑物结构并设计综合布线工程图，施工人员根据设计图纸组织施工，最后验收阶段将相关技术图纸移交给建设方。图纸简单、清晰、直观地反映了综合布线系统工程的整体和局部结构以及网络、管线路由和信息点的分布情况。因此，识图、绘图能力是综合布线系统工程设计和施工组织人员的一项基本功。

1. 综合布线工程图

综合布线工程图一般包括以下 5 类图纸：

（1）综合布线系统拓扑图，如图 4-21 所示。

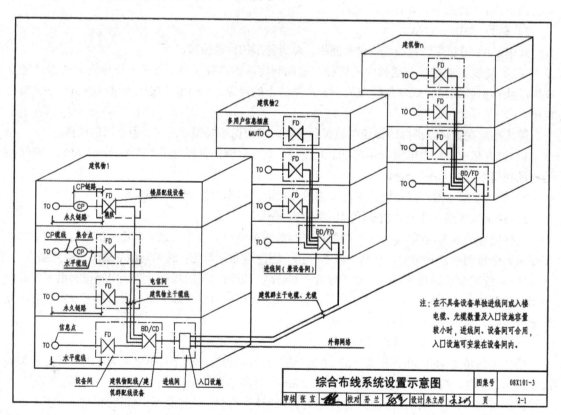

图 4-21　综合布线系统拓扑图

（2）综合布线缆线路由图，如图 4-22 所示。

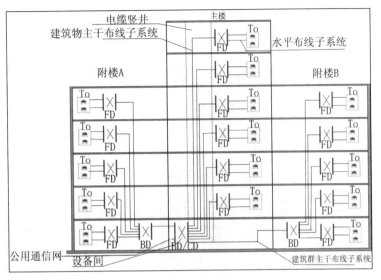

图 4-22　综合布线缆线路由图

（3）楼层信息点平面分布图，如图 4-23 所示。

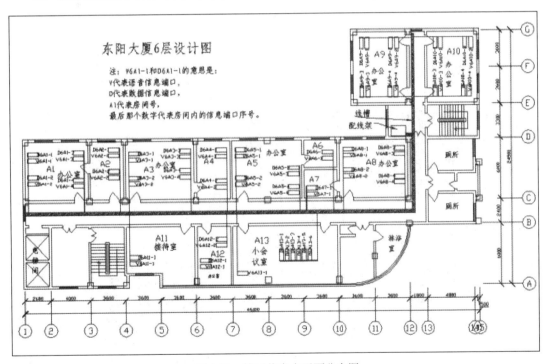

图 4-23　楼层信息点平面分布图

（4）机柜配线架信息点分布图，如图 4-24 所示。

（5）电话系统综合布线连接示意图，如图 4-25 所示。

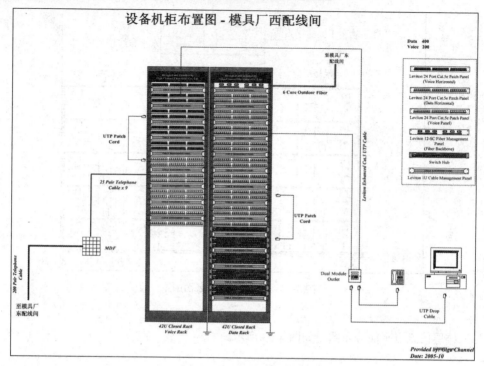

图 4-24　机柜配线架信息点分布图

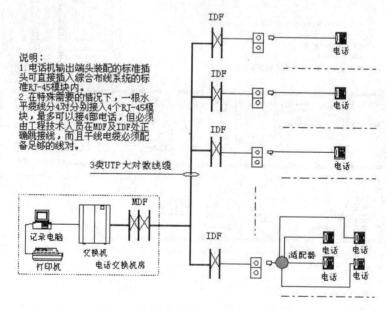

图 4-25　电话系统综合布线连接示意图

2. 绘图软件简介

现在，利用计算机绘图可以完全取代手工绘图，使工程设计人员真正从手工设计绘图的繁琐、低效重复工作中解脱出来。目前，专用的综合布线设计绘图软件并不多见，人们主要使用 AutoCAD 和 Visio 两种计算机绘图软件来绘制综合布线系统工程的设计图纸。也可以利用专用的综合布线设计软件如智能建筑综合布线 CAD 软件或其他绘图软件绘制。

（1）用 AutoCAD 绘图。AutoCAD 是 Autodesk 公司的主导产品，是当今最流行的二维绘图软件，已被广泛地应用于机械设计、建筑设计、影视制作、视频游戏开发、Web 网的数据开发等重大领域。AutoCAD 具有强大的二维功能，如绘图、编辑、剖面线和图案绘制、尺寸标注、二次开发等功能，同时具有部分三维功能。AutoCAD 不断发展更新版本，现常用的是 AutoCAD 2007 简体中文版。AutoCAD 也广泛应用于综合布线系统的设计当中。当建设单位提供了建筑物的 CAD 建筑图纸的电子文档后，设计人员可以在其图纸上直接进行布线系统的设计，起到事半功倍的效果。

AutoCAD 主要用于绘制综合布线管线设计图、楼层信息点分布图、布线施工图等。如图 4-26 所示是用 AutoCAD 绘制楼层信息点分布图。

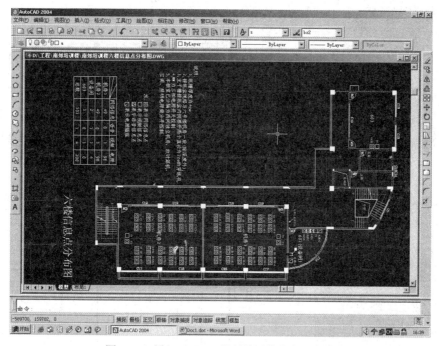

图 4-26   用 AutoCAD 绘制楼层信息点分布图

（2）用 Visio 绘图。

1）Microsoft Office Visio 2007 简介。Microsoft Office Visio 2007 是优秀的图形处理软件之一。它将强大的功能和简单的操作完美地结合在一起，易学易用，经过短时学习就能上手绘图。

Office Visio 2007 有两个独立的版本：Office Visio Professional 2007 和 Office Visio Standard 2007。虽然 Office Visio Standard 2007 与 Office Visio Professional 的基本功能相同，但前者包含的功能和模板是后者的子集。

使用 Visio 2007 可以绘制业务流程图、组织结构图、项目管理图、营销图表、办公室布局图、网络图、电子线路图、数据库模型图、工艺管道图、因果图、方向图等，因而，Visio 被广泛地应用于软件设计、办公自动化、项目管理、广告、企业管理、建筑、电子、机械、通信、科研和日常生活等众多领域。

使用 Visio 2007 可以帮助创建说明和组织复杂设想、过程与系统的业务和技术图表，创建的图表能够将信息形象化，并能够以清楚简明的方式有效地交流信息。通过使用 Office Visio Professional 2007 将图表链接至基础数据，以提供更完整的画面，从而使图表更智能、更有用。

2）用 Visio 绘图。综合布线设计中，常用 Visio 绘制网络拓扑图、布线系统拓扑图、信息点分布图等。如图 4-27 所示是用 Visio 绘制楼层布线图，图 4-28 所示是用 Visio 绘制综合布线系统拓扑图。

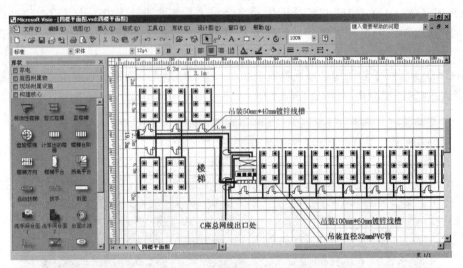

图 4-27　用 Visio 绘制楼层布线图

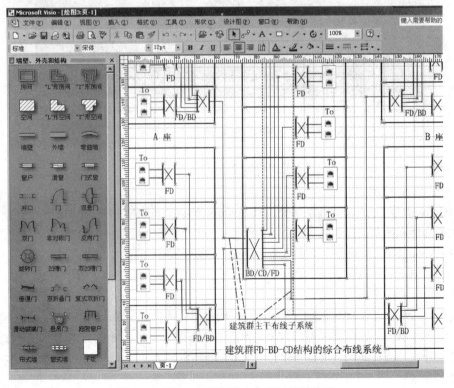

图 4-28　用 Visio 绘制综合布线系统拓扑图

在绘制图形时，只需要用鼠标选择相应的模板，单击不同的类别，选择需要的形状符号，拖动到绘图页上相应的位置，再加上必要的连线，对绘图页上的图形对象、连线等加上标注（如文字、数字、单位等），进行空间组合与图形排列对齐处理，再适当加上图形、背景颜色和边框，就很容易绘制出适合不同业务需求的图形来。

3. 综合布线设计软件

（1）综合布线设计常用软件。当前各综合布线系统集成商采用多种计算机软件来进行设计和材料计算，其中包括：

- 利用通用的绘图软件如 AutoCAD、Visio 等绘制综合布线系统图、路由图及信息点位示意图。
- 再利用电子表格 Excel 或数据库软件等进行材料清单的统计以及材料费用的核算。
- 利用文本编辑软件如 Word、WPS 等书写各种工程文档工作。

通过这些软件的综合使用实现对综合布线系统的设计、各种文档资料的编写、工程的概算和图纸的制作。

（2）专门用于综合布线设计的软件。现在也有一些专门用于综合布线设计的软件。综合布线设计软件能实现的功能包括：平面设计、系统图设计、统计计算及智能分析、其他辅助功能。一套设计软件可能包含以上功能中的一种或几种。

"布线通"是一款综合布线设计软件，完全遵循国标 GB/T 50311-2007《建筑与建筑群综合布线系统工程设计规范》，并充分考虑设计人员的习惯，尽可能地适应不同单位、不同地区、不同行业的要求，以适应不同类型的智能建筑综合布线设计需求。

软件的主要功能特点：

- 平面设计。"布线通"可在目前各种流行的建筑设计软件所绘建筑平面图上直接进行综合布线设计，也可以利用"布线通"软件本身提供的功能完成土建平面图设计，并在工作区划分后完成综合布线设计中的缆线、管槽、配线架、各类信息插座以及其他设备、家具的布置。
- 系统图设计。在各标准层平面图设计基础上，通过对建筑物楼层的定义，该软件还可以进行干线子系统等设计，采用自动或手动方式生成综合布线系统图。
- 统计计算及智能分析。利用"布线通"软件完成平面设计和系统图设计后，使用者可以不必脱离设计环境，既可对整个综合布线系统中所需的信息插座、配线架、水平缆线、主干缆线、穿线管、走线槽等部件自动计算、自动统计。在计算统计结果过程中，"布线通"可根据规范智能检测各级配线架间的连线长度是否满足设计规范要求，查看综合布线的缆线与其他管线之间的最小净距是否符合规定。
- 其他辅助功能。使用者所设计的图纸可按不同比例出图，各种设备材料表可用图形和文本方式输出。另外，"布线通"的专业符号库功能灵活便捷，用户可以根据情况方便地分类添加各种设计所需的专业符号。在参数设定、图示、标注等方面"布线通"为用户提供了简便的自定义功能，只作简单的操作就可将用户定义的参数、图示等加入系统。设计中所有数据均用数据库进行管理，并与图中对应部件双向联动，修改数据库中的部件记录，图中的部件同时修改。在本系统中综合布线平面图、系统图、部件统计表、缆线统计表始终保持一致、准确可信。"布线通"提供的工程项目管理的概念可以使用户方便地按工程项目来分类管理各种图纸。

　　"布线通"是在 AutoCAD 平台上使用最新的 ObjectARX 方式开发，系统稳定可靠，可在 R14、2000 等不同版本上使用，也可在网上运行，使用方便灵活。参数设定框采用非模式对话框，数据可从下拉列表中取得，无需从键盘输入。提示、图示紧密结合，易学易用，用户只需经过简短培训即可用本系统进行综合布线设计。

4.4　项目实施

4.4.1　系统设计

　　绘制学院建筑布局如图 4-29 所示。

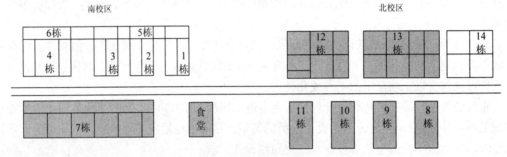

图 4-29　学院建筑布局

　　采用结构化、模块化的 RJ-45 插座组成各功能房/区的双口信息插座。每栋教学楼和办公楼的每一层设立一个电信间，在电信间的机柜中安装 FD 和网络的接入层交换机。在每栋楼底楼的电信间安装 BD、CD 和网络的汇聚层交换机。在办公楼设立网络中心，在机柜中安装 BD、CD 和网络的核心层交换机等网络和语音通信设备。各楼层数据和语音配线子系统使用超 5 类非屏蔽对绞电缆。各楼栋的数据主干使用 6 类非屏蔽对绞电缆，语音主干使用 10 对大对数电缆。各栋楼到学院网络中心的建筑群数据主干使用 4 芯室外光缆连接，语音建筑群数据主干使用 50 对大对数电缆。全部配线设备和网络通信设备安装在 19 英寸标准机柜里。

　　在各个房间信息插座到室外过道天花板的一段暗埋 PVC 线管。在各层楼的室外过道天花板内沿墙壁架设金属线槽到电信间机柜位置。各层电信间通过金属槽做的竖井相连通。

4.4.2　子系统设计

　　各教学楼共 5 层，每层层高为 4m。教学楼中的教室、办公室、电信间、楼梯间平面布局相同。图 4-30 所示是教学楼 11 栋 4 楼平面图。下面先对教学楼 11 栋做出配线子系统和干线子系统设计，其余教学楼与 11 栋相同设计即可。

　　1. 工作区

　　在工作区只考虑底盒和信息面板（含信息模块）。根据楼层平面布局图和信息点的数量要求，采用带信息模块的双口面板，则可以统计出各个房间所需要的信息底盒个数和双口面板的个数，如表 4-49 所示。两个信息底盒安装在教室前面墙壁的下边，距离地板面 30cm 高处的中间位置。

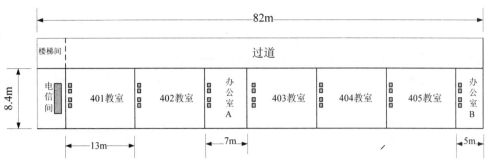

图 4-30　教学楼 11 栋 4 楼平面图

表 4-49　计算房间需要的配线设备材料

房间	信息点（个）	信息底盒（个）	带信息模块的双口面板（个）	语音用对绞电缆（m）	数据用对绞电缆（m）	PVC 线管（m）	金属槽（m）
教室 401	4	2	2	20	20×3=60	8	0
教室 402	4	2	2	33	33×3=99	8	0
办公室 A	4	2	2	46	46×3=138	8	0
教室 403	4	2	2	53	53×3=159	8	0
教室 404	4	2	2	66	66×3=198	8	0
教室 405	4	2	2	79	79×3=237	8	0
办公室 B	4	2	2	84	84×3=252	8	93
合计	28	14	14	381	1143	56	93

2. 配线子系统

配线子系统数据缆线和语音缆线都选用超 5 类非屏蔽对绞电缆。首先计算出 401 教室信息插座到电信间配线架所需要的缆线的长度。这是各个房间信息插座到电信间配线架都有的一段长度。绘制 401 教室到电信间的布线路由如图 4-31 和图 4-32 所示。测算从 401 教室信息插座到电信间配线架所需要的语音用对绞电缆和数据用对绞电缆长度，再由各个教室、办公室沿过道的长度计算出 4 楼全部水平缆线长度。

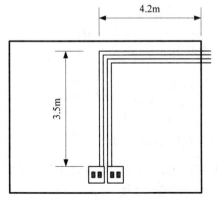

图 4-31　401 教室前墙壁布线

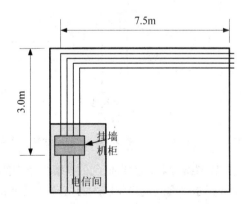

图 4-32　401 教室前墙壁背面到电信间的布线

  语音配线和主干的连接方式如图 4-33 所示。在电信间的机柜中，安装 1 台 110 型 50 对的配线架，从教室和办公室来的语音水平缆线接入上排位。在上排位从左到右按对绞电缆线对的颜色逐一卡接线对，共 7×4=28 对（56 根导线），并定好用哪一线对接通电话，如白橙、橙这一线对。下排位卡接主干大对数电缆（10 对的），每 4 对位置卡接 1 对，在对应上排位的白橙、橙线对位置卡接，共 7 对，再做 3 对冗余，共有 10 对。水平缆线侧使用 4 对的连接块，主干缆线侧使用 5 对的连接块。在连接块上使用跳线连接水平缆线和主干缆线。4 对对绞缆线和主干大对数电缆在 110 型配线架上的连接如图 4-34 所示。

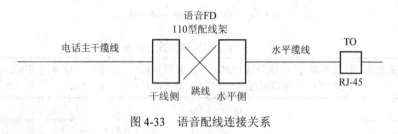

图 4-33　语音配线连接关系

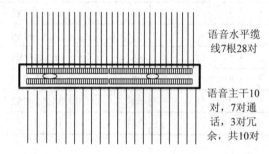

图 4-34　4 对对绞缆线和主干大对数电缆在 110 型配线架的连接

  数据配线和主干缆线分别选用超 5 类和 6 类非屏蔽对绞电缆。数据缆线、主干缆线、配线架、交换机的连接方式如图 4-35 所示。在电信间的机柜中，安装 1 台 24 口的卡线式数据配线架（6 类），将来自教室和办公室来的数据水平缆线按 568B 的线序卡接入配线架的后面齿槽中，共端接 21 根。将剩余的 3 根卡接位中的 2 根卡接位用于卡接 2 根主干缆线，这样做可以减少干线侧配线架。如果主干缆线根数较多就需要按图 4-35 所示设立主干侧配线设备。

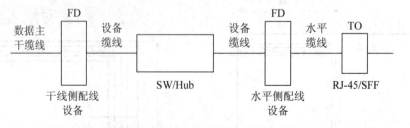

图 4-35　数据配线和主干的连接方式（经设备缆线连接）

  在 11 楼各个楼层的电信间的挂墙机柜中的卡线式数据配线架下面分别放置接入层以太网交换机。配线架水平缆线端口和以太网交换机 100Mb/s 端口经设备缆线连接，以太网交换机的 1000Mb/s 端口和配线架干线缆线端口也用设备缆线连接，如图 4-36 所示。

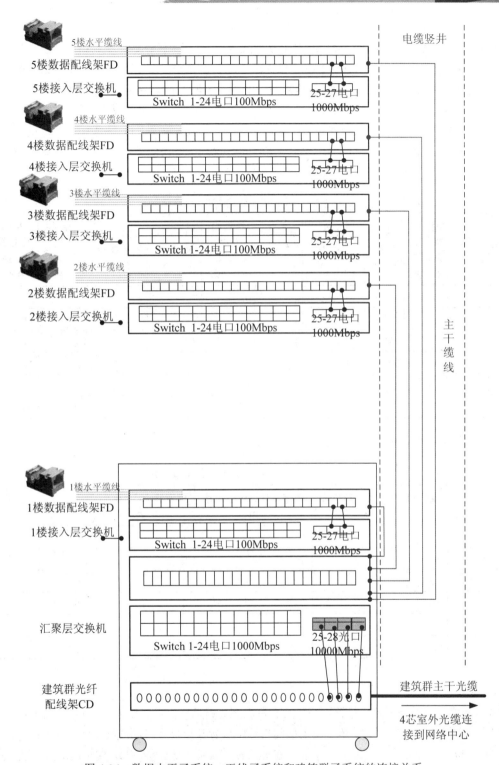

图 4-36　数据水平子系统、干线子系统和建筑群子系统的连接关系

3. 干线子系统

在 11 栋 1 楼电信间机柜中，除放置 1 楼的 110 型配线架、数据配线架、接入层交换机以外，

还要:

- 放置建筑物语音 BD（1 台 50 对 110 型配线架），其上排位做建筑物语音配线设备，用于端接 1～5 楼来的语音主干，共卡接 5 根 10 对大对数电缆，下排位做建筑群语音配线设备 CD，对应上排位要端接 50 对连接网络中心建筑群主干语音大对数电缆。
- 放置 1 台建筑物数据 BD（6 类 24 口卡线式配线架），放置汇聚层交换机 1 台（24 电口 1000Mb/s 和 4 光口 10000Mb/s）。在 BD 的后边按 568 线序卡接 1～5 楼来的数据主干缆线 2×5=10 根。在 BD 的前边用 6 类设备缆线连接 BD 和汇聚层交换机，如图 4-36 所示。

表 4-50 给出了 11 栋 4 楼需要的配线设备材料。

表 4-50　每层楼需要的配线设备材料

楼层	信息底盒（个）	带信息模块的双口面板（块）	语音用对绞电缆（m）	数据用对绞电缆（m）	8U 挂墙机柜（个）	语音用 110 型配线架 50 对（台）	110 型 4 对连接块（个）	110 型 5 对连接块（个）	数据 24 口 6 类卡接配线架（台）	RJ-45 设备缆线（5e 类 0.4m/根）
1	14	14	381	1143	1	0	7	2	1	21
2	14	14	381	1143	1	1	7	2	1	21
3	14	14	381	1143	1	1	7	2	1	21
4	14	14	381	1143	1	1	7	2	1	21
5	14	14	381	1143	1	1	7	2	1	21
合计	70	70	1905	5735	5	4	35	10	5	105

表 4-51 给出了 11 栋 4 楼干线子系统需要的配线设备材料。

表 4-51　11 栋主干需要的配线设备材料

楼层	语音用 10 对大对数电缆（m）	数据用 6 类对绞电缆（m）	建筑物 BD（6 类）（台）	竖井金属槽（m）
1	4	8	1	0
2	8	16	0	0
3	12	24	0	0
4	16	32	0	0
5	20	40	0	20
合计	60	120	1	20

4. 建筑群子系统

数据网络通信设计每栋大楼到网络中心使用 2 根光纤芯，并冗余 2 芯，故选用 4 芯光缆做建筑群主干。如图 4-36 所示，在 11 栋 1 楼电信间机柜中放置建筑群光纤配线架 1 台。在光纤配线架里熔接到 7 栋网络中心的 4 芯室外光缆。在光纤配线架前面板用光纤跳线连接汇聚层交换机的 10000Mb/s 光口。11 栋 1 楼电信间建筑群光纤配线架 CD 与建筑群主干 4 芯光缆由电信间进入电缆沟铺设到 7 栋网络中心。

在 7 栋网络中心设备间放置机柜。机柜中放置建筑群 110 型配线架、建筑群光纤配线架、核心层交换机和其他网络通信设备。图 4-37 给出了网络中心机柜中的建筑群光纤配线架与建筑群主干 4 芯光缆和核心层交换机的连接关系。如表 4-51 所示是测出的各栋楼至网络中心的距离，由此计算出需要的 4 芯光缆长度。

表 4-51　各栋楼到网络中心的距离

楼栋	1	2	3	4	5	6	7	8	9	10	11	12	13	14
距离（m）	120	80	130	160	200	250	60	1500	1400	1300	1200	1200	1400	1700

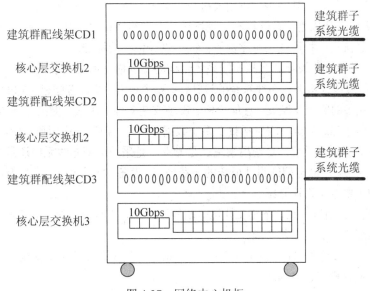

图 4-37　网络中心机柜

4.5　项目实训

实训 5：综合布线系统方案设计

1. 实训目的
（1）熟悉综合布线系统设计内容。
（2）会编写综合布线系统设计方案书。
2. 实训内容
为某学院教工宿舍进行综合布线系统设计。
3. 实训环境
学院教工宿舍、综合布线实训室。
综合布线系统设计方案应包含以下内容：
（1）前言。在前言中主要反映出：客户单位名称、工程名称、设计单位及施工方的名称、工程的意义、设计内容概要等。

（2）综合布线系统设计。

1）工程概况。主要内容有工程建筑群内有哪些建筑物、各建筑物的楼层数、各层的层高、各层房间功能与布局；电信间（弱电间）的位置、竖井中有无其他并列线路，比如消防报警、有线电视、控制和音响等线路，如果没有专用的竖井则要说明垂直缆线管道位置；进线间、设备间的位置；一般要给出建筑群内建筑物的分布图，如园区建筑分布图、校园建筑分布图等；给出建筑物的典型平面图，标注进线间、设备间、电信间的位置。

2）用户需求。主要内容有根据用户的需求要对哪些建筑物布线、各建筑物各楼层信息点种类和数量、各类信息点的总量是多少，可用表格形式列出；用户的其他需求等。

3）设计目标、设计原则、设计标准。阐述该综合布线系统要达到的目标；列出设计所遵守的原则：先进性、经济性、扩展性、可靠性等；列出设计依据的标准。

4）布线系统总体结构设计。包括布线系统结构的文字描述和布线系统图。

文字描述：从总体结构上对布线系统的设计，主要内容有：综合考虑建筑物的功能、应用网络、业务终端类型、业务的需求及发展、性能价格、现场安装条件等因素，提出综合布线系统工程的产品类别及链路、信道等级确定。应包括整个系统数据、语音、控制等应用所用缆线、配线设备、跳线、信息模块等的级别、类型；是选用铜缆还是光缆，是采用屏蔽布线系统还是非屏蔽布线系统；各子系统的缆线长度、产品选型即设计所选的布线缆线、设备、材料的厂商名称及品牌产品的名称、特点等；布线的主要路由设计介绍。

5）各子系统设计情况介绍。描述工作区、配线子系统、干线子系统、建筑群子系统、设备间、进线间和管理的配置和安装工艺要求。

①进线间设计。描述入口设施中已有哪家电信业务经营者设置了入口设施，电、光缆配线设备与引入的电、光缆容量配置情况。

②设备间设计。描述设备间的位置、环境；要安装的建筑物 BD 配线设备、机柜的数量及类型；描述 BD 配线设备与电话交换机及计算机网络设备的连接方式；电话交换机、计算机主机设备及入口设施是否与配线设备安装在一起；设备间设置缆线竖井、等电位接地体、电源插座、UPS 配电箱等设施的情况等。

③建筑群子系统设计。建筑群子系统连接的建筑物之间的主干电缆和光缆的名称、类型、数量；建筑群配线设备（CD）及设备缆线、跳线的名称、类型、数量；CD 的安装位置是在进线间还是在设备间；建筑群子系统连接的建筑物之间的主干电缆和光缆的路由情况等。

④干线子系统设计。描述干线子系统由设备间至电信间的干线电缆总对数、光缆数及光纤芯数，包括适当的备份数量；数据、电话干线子系统主干缆线的管槽类型和路由；安装在设备间的建筑物配线设备（BD）数量、容量及选型。设备缆线和跳线的数量、选型。

⑤配线子系统设计。描述配线子系统在工作区的信息插座模块、信息插座底盒、信息插座模块至电信间配线设备（FD）的配线电缆和光缆、电信间的机柜、配线设备及设备缆线和跳线等的数量及选型。数据系统和电话系统等与配线架的连接方式；配线子系统的缆线路由和所用管槽；电信间设置缆线竖井、等电位接地体、电源插座、UPS 配电箱等设施的情况等。

⑥管理设计。描述对工作区、电信间、设备间、进线间的配线设备、缆线、信息插座模块等设施按一定的模式进行标识和记录。

⑦工作区应由配线子系统的信息插座模块（TO）延伸到终端设备处的连接缆线及适配器组成。

6）电气防护和接地设计。描述对综合布线系统电气和接地设计情况。

（3）工程的实施。此处工程实施主要表述系统施工的步骤和注意事项，侧重工程技术，而在工程实施方案书中更多表述本公司的项目管理模式和措施，侧重组织和协调。

（4）工程验收。描述对工程的验收测试的标准、组织形式和技术方法。工程资料的移交、清点、交接技术文件的要求。

（5）培训、售后服务与质量保证期。描述工程完工后对用户的培训形式、培训安排等；对工程的售后服务承诺与工程的质量保证期。

（6）工程造价。编制综合布线系统所有设备、材料的预算表（包括品名、型号、数量、价格、金额等）、工程费用清单表等。

（7）图纸。绘制综合布线系统工程的全部图纸，在图纸封面上将本次工程的全名、初步设计、施工图设计阶段、参加与本工程设计有的人员、设计单位、年月日、设计编号、工程编号等信息明确。

4.6　本章小结

本章主要介绍了综合布线系统工程设计的技术要求。

（1）综合布线系统工程设计前要充分做好准备工作，做好用户需求调查和分析，熟悉工程环境、工程布局和结构，做好技术准备工作。

（2）结合系统构成设计的技术要求进行系统的构成设计。

（3）结合系统配置设计的技术要求进行系统的配置设计。

（4）确定综合布线系统设计指标值。

（5）进行综合布线系统电气防护、接地防雷、防火的设计。

（6）综合布线系统进线间、设备间、电信间设计要求。

（7）综合布线系统缆线通道设计要求。

（8）综合布线系统设计图纸的绘制软件的使用。

（9）综合布线系统设计方案要写的内容。

4.7　强化练习

一、判断题

1．综合布线系统设计前必须做用户需求分析。（　　）

2．综合布线系统设计的分级与类别实际上取决于配线子系统。（　　）

3．铜缆系统的 F 级支持的最高带宽是 600 MHz。（　　）

4．设计 F 级的永久链路只能是最长 90m 水平缆线和 2 个连接器件。（　　）

5．综合布线的光纤信道分为 OF-300、OF-500 和 OF-2000 三个等级，各等级光纤信道应支持的应用长度不应小于 300m、500m 和 2000m。（　　）

6．综合布线系统水平缆线与建筑物主干缆线及建筑群主干缆线之和所构成信道的总长度不应大于 2000m。（　　）

7．配线子系统信道的最大长度不应大于 100m。（　　）

8. 楼层配线设备（FD）跳线、设备缆线及工作区设备缆线各自的长度不应大于 5m。（　　）

9. 建筑群与建筑物配线设备所设置的跳线长度不应大于 20m，如超过 20m 时主干长度应相应减少。（　　）

10. 在系统设计时，如果选用 6 类布线产品，则缆线、连接硬件、跳线等都应达到 6 类。（　　）

11. 如果采用屏蔽布线系统，则所有部件都应选用带屏蔽的硬件。（　　）

12. 综合布线系统光纤信道应采用标称波长为 850nm 和 1300nm 的多模光纤及标称波长为 1310nm 和 1550nm 的单模光纤。（　　）

13. 楼内宜采用多模光缆，建筑物之间宜采用多模或单模光缆，需要直接与电信业务经营者相连时宜采用单模光缆。（　　）

14. 为保证传输质量，配线设备连接的跳线宜选用产业化制造的电、光各类跳线，在电话应用时宜选用双芯对绞电缆。（　　）

15. 跳线两端如为 ST、SC、SFF 光纤连接器件，则与相应的光纤适配器配套相连。（　　）

16. 工作区信息点为电端口时，应采用 8 位模块通用插座（RJ-45），光端口宜采用 SFF 小型光纤连接器件及适配器。（　　）

二、选择题

1. 综合布线系统设计有（　　）。
   A. 系统构成设计
   B. 系统的配置设计
   C. 缆线通道设计
   D. 电气防护、接地防雷、防火设计

2. 设计主干子系统时，根据实际需要（　　）。
   A. 建筑物 FD 可以经过主干缆线直接连至 CD，即可以不设置 BD
   B. TO 也可以经过水平缆线直接连至 BD，即可以不设置 FD
   C. 可以由建筑物 FD 连接至 BD，再由 BD 连接至 CD
   D. 必须设置 BD

3. 铜缆系统支持的最高带宽（　　）。
   A. C 级是 16MHz
   B. D 级是 100 MHz
   C. E 级是 250 MHz
   D. F 级是 600 MHz

4. 设计综合布线系统铜缆信道的组成应是（　　）。
   A. 最长 90m 水平缆线
   B. 最长 100m 水平缆线
   C. 最多 4 个连接器件
   D. 最长 10m 的跳线和设备缆线

5. 设计铜缆 A、B、C、D、E 级永久链路的组成应是（　　）。
   A. 最长 90m 水平缆线
   B. 最长 100m 水平缆线
   C. 最多 3 个连接器件
   D. 最多 4 个连接器件

6. 关于设计进线间的下列说法正确的是（　　）。
   A. 一个建筑物宜设置 1 个进线间
   B. 进线间宜靠近外墙和在地下层设置
   C. 进线间宜设置在大楼的中心
   D. 进线间应设置管道入口

7. 关于设计设备间的下列说法正确的是（　　）。
   A. 每幢建筑物内应至少设置 1 个设备间
   B. 设备间宜处于干线子系统的中间位置，并考虑主干缆线的传输距离与数量

C．设备间宜尽可能靠近建筑物缆线竖井位置，有利于主干缆线的引入

D．设备间应尽量远离高低压变配电、电机、X 射线、无线电发射等有干扰源存在的场地

8．对于铜缆布线在一个楼层设计几个电信间的下列说法正确的是（　　　）。

A．如果该层信息点数量不大于 400 个，水平缆线长度在 90m 范围以内，宜设置一个电信间

B．每层的信息点数量较少时，几个楼层可以合设一个电信间

C．该层信息点数量为 350 个时可以设置两个电信间

D．多设置电信间主要是考虑信息点数量太多或是缆线长度超过 90m

三、简答题

1．试述综合布线铜缆的分级与类别的对应关系。

2．试述综合布线接地系统的结构。

3．试述在综合布线系统中哪些地方做接地？

4．建筑物的某一层共设置了 300 个信息点，计算机网络与电话各占 50%，即各为 150 个信息点。检查以下设计中的数字有无错误？如有错就改正。

（1）电话部分。

1）FD 水平侧配线模块按连接 100 根 4 对的水平电缆配置。

2）语音主干的总对数按水平电缆总对数的 25% 计，为 150 对线的需求；如考虑 10% 的备份线对，则语音主干电缆总对数需求量为 165 对。

3）FD 干线侧配线模块可按卡接大对数主干电缆 165 对端子容量配置。

（2）数据部分。

1）FD 水平侧配线模块按连接 150 根 4 对的水平电缆配置。

2）数据主干缆线。

● 最少量配置：以每个 Hub/SW 为 24 个端口计，150 个数据信息点需要设置 7 个 Hub/SW；以每 4 个 Hub/SW 为一群（96 个端口），组成了 2 个 Hub/SW 群；现以每个 Hub/SW 群设置 1 个主干端口，并考虑 1 个备份端口，则 2 个 Hub/SW 群需要设 4 个主干端口。如主干缆线采用对绞电缆，每个主干端口需要设 4 对线，则线对的总需求量为 16 对；如主干缆线采用光缆，每个主干光端口按 2 芯光纤考虑，则光纤的需求量为 8 芯。

● 最大量配置：同样以每个 Hub/SW 为 24 端口计，150 个数据信息点需要设置 7 个 Hub/SW；以每 1 个 Hub/SW（24 个端口）设置 1 个主干端口，每 4 个 Hub/SW 考虑 1 个备份端口，共需要设置 9 个主干端口。如主干缆线采用对绞电缆，以每个主干电端口需要 4 对线，则线对的需求量为 36 对；如主干缆线采用光缆，每个主干光端口按 2 芯光纤考虑，则光纤的需求量为 18 芯。

3）FD 干线侧配线模块可根据主干电缆或主干光缆的总容量加以配置。

四、综合布线系统设计

某学校有 8 栋 7 层楼的学生宿舍需要综合布线。要实现 100Mb/s 数据系统到桌面、1000Mb/s 大楼主干、10000Mbps 光缆建筑群主干的高速数据应用，并提供到位的语音布线服务。建筑布局如图 4-38 所示。各栋楼有电缆沟连通 1 楼的电信间并通往网络中心。学生宿舍每栋楼的层高是 3.2m，各层平面结构相同，各个房间长 8.0m、宽 4.6m；电信间长 2.0m、宽 1.2m。每个房间设置 1 个语

音信息点和 3 个数据信息点。如图 4-39 所示的是 1 栋 1 楼的平面结构。试写出学生宿舍综合布线系统设计方案。

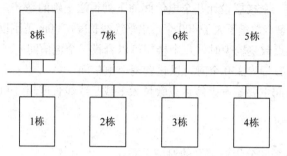

图 4-38　学生宿舍楼建筑布局图

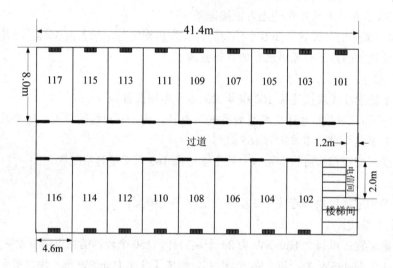

图 4-39　学生宿舍 1 栋 1 楼平面结构

5

综合布线工程施工技术

 学习目标

通过本章的学习，学生应达到如下目标：

（1）了解综合布线系统工程施工的准备。

（2）熟悉管槽材料和管槽安装工具，掌握管槽及桥架的安装技术。

（3）掌握机柜安装技术。

（4）熟悉对绞电缆安装工具，掌握对绞电缆敷设技术。

（5）熟悉对绞电缆端接技术。

（6）熟悉光缆施工特点、技术。

（7）掌握光缆敷设技术和光纤熔接技术。

5.1 项目导引

凤凰山 A 区（如图 5-1 所示）将建设成景色怡人、环境优美的高档居住小区。作为高档居住小区，对智能化系统也有非常高的要求。恒远公司根据该小区的需求，对小区综合布线系统工程进行设计并建设。为此，我们将以先进、可靠、经济、实用为宗旨，本着合理运用建设单位资金为原则，进行小区综合布线系统工程的设计。我们的目标是与业主和有关部门通力配合，尽可能发挥在综合布线系统建设方面的资源和优势，包括人才、技术、资金、经验等方面的优势，使设计充分体现出以人为本、合理美观、实用价廉又便于维护、服务的特点。

图 5-1 凤凰山 A 区

5.2 项目分析

凤凰山 A 区建筑占地面积 5000 平方米，建筑总面积 6800 万平方米。小区共有 10 幢建筑，每栋有 9 层楼，每层层高为 3.2 米。每栋楼均是 5 个单元。每单元每层楼是 3 户，整个小区中每栋楼中户型是三房两厅，各单元各层楼的走道边均设置有电信间，电信间内有竖井相通各层。在小区设有中心机房，中心机房已有电缆沟管道到各栋楼中间单元一楼的电信间。从中心机房到各栋楼中间单元一楼电信间的距离是：到 1 栋是 150m；到 2 栋是 110m；到 3 栋是 130m；到 4 栋是 170m；到 5 栋是 250m；到 6 栋是 210m；到 7 栋是 170m；到 8 栋是 170m；到 9 栋是 210m；到 10 栋是 250m。各建筑物具体布局如图 5-2 所示。

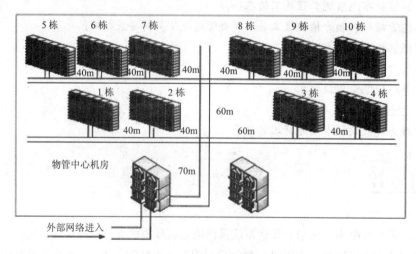

图 5-2 凤凰山 A 区建筑布局

5.3 技术准备

综合布线工程施工技术包括线槽施工技术、缆线敷设技术、模块端接、配线架安装、光纤连接技术等主要施工技术。综合布线工程施工技术是综合布线技术人员必须要掌握的技能。

5.3.1　施工准备

施工前的准备工作主要包括技术准备、环境检查、施工设备器材及工具检查、施工组织准备等环节。

1. 环境检查

在工程施工开始以前应对施工环境进行检查。环境检查主要是对工作区、电信间、设备间、建筑物进线间及入口设施的检查。具备下列条件方可开工：

（1）工作区、电信间、设备间、建筑物进线间及入口设施土建工程已全部竣工，其面积、门的高度和宽度符合设计要求，门锁和钥匙齐全，地面、墙壁平整。

（2）进线间、设备间、电信间应提供可靠的电源和接地装置，环境温湿度、照明、防火等均符合设计要求。

（3）房屋预留地槽、暗管、孔洞的位置、数量、尺寸均应符合设计要求。

（4）对设备间铺设活动地板应专门检查，地板板块铺设必须严密坚固。每平方米水平允许偏差不应大于 2mm，地板支柱牢固，活动地板防静电措施的接地应符合设计和产品说明要求。

2. 施工技术准备

（1）熟悉综合布线系统工程设计、施工、验收的规范要求，掌握综合布线各子系统的施工技术以及整个工程的施工组织技术。

（2）熟悉和会审施工图纸。施工图纸是工程人员施工的依据，因此作为施工人员必须认真读懂施工图纸，理解图纸设计的内容，掌握设计人员的设计思想。只有对施工图纸了如指掌后，才能明确工程的施工要求，明确工程所需的设备和材料，明确与土建工程及其他安装工程的交叉配合情况，确保施工过程不破坏建筑物的外观，不与其他安装工程发生冲突。

（3）熟悉与工程有关的技术资料，如厂家提供的说明书和产品测试报告、技术规程、质量验收评定标准等内容。

（4）技术交底。技术交底工作主要由设计单位的设计人员和工程安装承包单位的项目技术负责人一起进行。技术交底的主要内容包括：

- 设计要求和施工组织设计中的有关要求。
- 工程使用的材料、设备性能参数。
- 工程施工条件、施工顺序、施工方法。
- 施工中采用的新技术、新设备、新材料的性能和操作使用方法。
- 预埋部件注意事项。
- 工程质量标准和验收评定标准。
- 施工中的安全注意事项。

技术交底可通过书面交底、口头交底、会议交底等方式进行。技术交底要做好相应的记录。

（5）编制施工方案。在全面熟悉施工图纸的基础上，依据图纸并根据施工现场情况、技术力量及技术准备情况综合做出合理的施工方案。

（6）编制工程预算。工程预算具体包括工程材料清单和施工预算。

3. 施工场地准备

施工前，施工现场应安装好临时供电系统，准备好临时的作业和办公场所，包括加工制作场、器材库房、现场办公室等。

（1）加工制作场。在管槽施工阶段，根据设计的布线路由，需要对管槽标准件进行切割和加工。管槽加工制作场是为工程施工提供管槽切割和加工的场所。

（2）器材库房。器材库房是设置在施工现场的用于存放施工器材的场所。

（3）现场办公室。现场办公室是工程现场施工、指挥、管理的办公场所，通常配置有办公设备、电话等。

4. 施工物资准备

施工物资准备是对工程施工过程中所需要的施工工具、施工器材和施工各种保障物资等的准备。

（1）施工工具准备。根据工程设计和工程环境，要准备好不同类型和品种的施工工具，提前运送到施工现场，保证施工使用。对送达施工现场的施工工具应清点和检查，如有欠缺和质量问题要及时补充、修复、更换。施工工具主要从以下方面准备：

- 室外沟槽施工工具
- 线槽、线管和桥架施工工具
- 缆线敷设工具
- 缆线端接工具
- 缆线测试工具

（2）施工器材准备。施工器材是施工的物质基础，应按工程的安排及时采购，按时运送到施工现场。工程施工前应认真对施工器材进行检查，经检验的器材应做好记录，对不合格的器材应单独存放，以备清查和处理。

1）型材、管材与铁件的检查要求。

- 各种型材的材质、规格、型号应符合设计文件的规定，表面应光滑、平整，不得变形、断裂。预埋金属线槽、过线盒、接线盒及桥架表面涂覆或镀层均匀、完整，不得变形、损坏。
- 管材采用钢管、硬质聚氯乙烯管时，其管身应光滑、无伤痕，管孔无变形，孔径、壁厚应符合设计要求。
- 管道采用水泥管道时，应按通信管道工程施工及验收中的相关规定进行检验。
- 各种铁件的材质、规格均应符合质量标准，不得有歪斜、扭曲、飞刺、断裂或破损。铁件的表面处理和镀层应均匀、完整，表面光洁，无脱落、气泡等缺陷。

2）电缆和光缆的检查要求。

- 工程中所用的电缆、光缆的规格和型号应符合设计规定。
- 每箱电缆或每圈光缆的型号和长度应与出厂质量合格证内容一致。
- 缆线的外护套应完整无损，芯线无断线和混线，并应有明显的色标。
- 电缆外套具有阻燃特性的，应取一小段电缆进行燃烧测试。
- 对进入施工现场的缆线应进行性能抽测。电缆和光缆的抽测方法请参见第 6.3.7 节。使用测线仪器进行各项参数的测试，以检验该电缆是否符合工程所要求的性能指标。

3）配线设备的检查要求。

- 检查机柜或机架上的各种零件是否脱落或碰坏，表面如有脱落应予以补漆。各种零件应完整、清晰。
- 检查各种配线设备的型号、规格是否符合设计要求，各类标志是否统一、清晰。

● 检查各配线设备的部件是否完整、是否安装到位。

5.3.2 管槽及桥架的安装

综合布线系统工程通常应用明敷、暗敷管路或槽道、桥架进行缆线敷设。管路、槽道、桥架能对缆线起到很好的支撑和保护作用。在综合布线工程施工中，管路、槽道和桥架的安装是一项重要的基础工作。

1．管槽材料

综合布线所用的管槽材料包括线管、线槽、桥架及连接件、管槽安装所需的零配件。根据综合布线系统工程的设计及施工的场合可以选用不同类型、规格的管槽。下面简要地介绍施工中常用的管路和槽道。

（1）线管和线槽。线管主要有金属管和塑料管两大类，主要用于配线路由，如从楼层走廊线槽（或桥架）引入到各房间信息插座。

（2）金属管和金属线槽。

1）金属管。综合布线所用金属管主要是镀锌钢管，如图 5-3 所示。钢管具有机械强度高、密封性能好、抗弯、抗压和抗拉能力强等特点，尤其是有屏蔽电磁干扰的作用，可根据现场需要任意截锯，施工安装方便。但是它存在材质较重、价格高且易腐蚀等缺点。通常在下列情况下应采用钢管：

● 管道有悬空跨度。
● 埋深过浅或路面荷载过重。
● 地基特别松软或有可能遭受强烈震动。
● 有强电危险或干扰影响需要防护。
● 建筑物的综合布线引入管道或引上管。
● 在腐蚀比较严重的地段采用钢管，但必须做好钢管的防腐处理。

图 5-3　镀锌钢管

钢管按壁厚不同分为普通钢管（水压实验压力为 2.5MPa）、加厚钢管（水压实验压力为 3MPa）和薄壁钢管（水压实验压力为 2MPa）。普通钢管和加厚钢管有管壁较厚、机械强度高和承压能力较大等特点，在综合布线系统中主要用在垂直干线上升管路、房屋底层。薄壁钢管又简称薄管，因管壁较薄承受压力不能太大，常用于建筑物天花板内外部受力较小的暗敷管路。

在潮湿场所中明敷的钢管应采用管壁厚度大于 2.5mm 以上的厚壁钢管，在干燥场所中明敷的钢管可采用管壁厚度为 1.6～2.5mm 的薄壁钢管。使用镀锌钢管时，必须检查管身的镀锌层是否完整，如有镀锌层剥落或有锈蚀的地方应刷防锈漆或采用其他防锈措施。

工程施工中常用的金属管有 D16、D20、D25、D32、D40、D50、D63 等规格。

2）金属线槽和附件。金属线槽由槽和盖组成，每根线槽一般长度为 2m，槽与槽连接时使用相应尺寸的铁板和螺丝固定。金属线槽的外型如图 5-4 所示。

图 5-4　金属线槽

在综合布线系统中一般使用的金属线槽的规格有 50mm×100mm、100mm×100mm、100mm×200mm、100mm×300mm、200mm×400mm 等多种。

在机房的综合布线系统中，常常在同一金属线槽中安装对绞电缆和电源线，这时将电源线安装在钢管中，再与对绞电缆一起敷设在线槽中，起到良好的电磁屏蔽作用。

在金属管内穿线比线槽布线难度更大一些，在选择金属管时要注意管径的大小，一般管内填充物只占 30%左右。

（3）塑料管和塑料槽。

1）PVC 线管和 PVC 线槽。PVC 线管、PVC 线槽是综合布线工程中使用最多的塑料管和塑料槽。PVC 槽是一种带盖板封闭式的管槽材料，盖板和槽体通过卡槽合紧。PVC 线管和 PVC 线槽具有电气绝缘性好、抗腐蚀、较耐外压或耐冲击、材质较轻、安装方便、价格低等特点，因此在一些造价较低、要求不高的综合布线场合需要使用 PVC 线管和 PVC 线槽。如图 5-5 所示是 PVC-U 线管、线槽。

图 5-5　PVC-U 线管、线槽

PVC 线管和 PVC 线槽的长度通常为 4m、5.5m 或 6m。PVC 线管常见有 10mm、15mm、20mm、100mm 等内径规格；PVC 线槽常见有 25mm×25mm、25mm×50mm、50mm×50mm、100mm×100mm 等宽高规格。具体选用要根据敷设缆线占用的容量来决定。

PVC 线槽除了直通的外，还要考虑选用足够数量的弯角、三通、连接头、终端头等辅材。如图 5-6 所示是 PVC 线槽连接件。

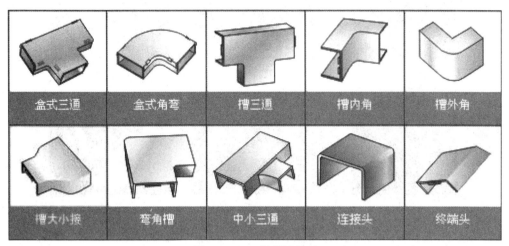

图 5-6　PVC 线槽连接件

与 PVC 管安装配套的附件有接头、螺圈、弯头、弯管弹簧、一通接线盒、二通接线盒、三通接线盒、四通接线盒、专用截管器、PVC 粘合剂等。如图 5-7 所示是 PVC-U 线管连接件。

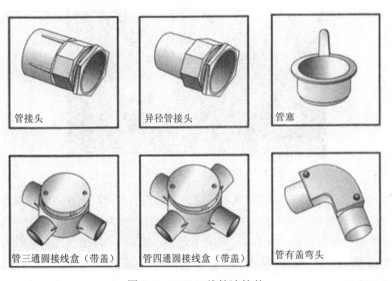

图 5-7　PVC-U 线管连接件

管卡也是 PVC 线管在安装时需要选用的，用以固定 PVC 线管。如如图 5-8 所示是安装 PVC 线管常用的管卡。

如图 5-9 所示是一种两侧设有出线孔的 PVC 线槽，其构造是由槽底及槽盖两部分组成，底槽两侧设出线孔，出线孔低，易于配线。线槽具有独特的扣接方式，一拍即合，组合容易；线槽握螺钉力强，不会因钉钉产生破裂；线槽绝缘性良好、不自燃、色差小、形态美观，适合于室内明装。配线槽的规格以组合后外部的宽和高为核算标准。

O 型吊卡

钢钉管卡

座型管卡

管卡

塑料管卡

高脚管卡

图 5-8　PVC 线管卡

图 5-9　两侧设有线孔的 PVC 线槽

2）双壁波纹管。双壁波纹管是以聚氯乙烯或聚乙烯为主要原料，加入适量助剂生产的管材制品，内壁光滑，外壁呈现波纹。该产品标准尺长度为 6m，有多种内径，也可按用户要求生产。UPVC 管的一端为子口，另一端为母口（扩口），可承插连接。HDPE（高密聚乙烯）管材则用双接头承插连接。如图 5-10 所示是双壁波纹管及其在工程中的应用。

双壁波纹管其独特的结构设计不仅使产品外形美观、耐酸耐碱、阻力小、不易破裂，而且重量轻、抗压力大、安装方便，适合光缆、电缆、同轴电缆等诸多缆线的穿放。

3）子管。子管的口径较小，管材质软，具有耐腐蚀性、电绝缘性、耐寒性和抗冲击性的特点，主要用作光缆护套管，保护光缆。如图 5-11 所示是各种子管。HDPE 子管表示是高密聚乙烯子管，LDPE 子管表示低密度聚乙烯子管。

PVC 栅格式方孔管是集护套与子管为一体，内壁光滑、摩擦力小、施工方便，可抵抗外力影响，保护光、电缆的功能。内孔近似方格形，有效空间大，便于穿放光、电缆。

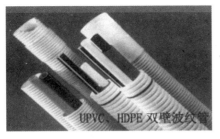

穿有缆线的双壁波纹管   双壁波纹管在工程中使用

图 5-10 双壁波纹管及其在工程中的应用

光壁子管   PE 子管   HDPE 子管

低密度聚乙烯 LDPE 通信子管   PVC 栅格式方孔管   HDPE 多孔子管（梅花管）

图 5-11 子管

HDPE 多孔子管（梅花管）是以 HDPE（高密度聚乙烯）为原料挤塑成型的多孔联体子管，其特点是使用寿命长、弯曲性能好、内外壁光滑。

多孔子管联为一体一次穿入母管，省时省力，可以提高管道利用率，便于对安装缆线的归类和辨识，适合光缆、电缆、同轴电缆、PCM 电缆等诸多缆线的穿放。

4）铝塑复合管。铝塑复合管是以焊接铝管为中间层，内外层均为聚乙烯塑料，铝层内外采用热熔胶粘接，通过专用机械加工方法复合成一体的管材。铝塑复合管由于具有良好的铝层屏蔽材料，因此常用作综合布线、通信线路的屏蔽管道。

如图 5-12 所示是铝塑复合管的外形，图 5-13 所示是铝塑复合管的结构。

铝塑复合管施工简便：管材可现场切割，自由弯曲且不反弹变形，安装工具简单。管材可弯曲，减少接头使用量；连接管件采用预制好的专用塑料接头，无需压制螺纹。

5）硅芯管。HDPE 硅芯管是一种内壁带有硅胶质固体润滑剂的新型复合管，简称硅管。主要原材料为高密度聚乙烯（HDPE），芯层为摩擦系数很低的固体润滑剂硅胶质，广泛运用于室内、室外通信光缆、电缆布线的管道系统，如图 5-14 所示。

图 5-12 铝塑复合管

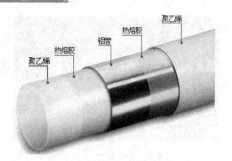

图 5-13 铝塑复合管的结构

图 5-14 硅芯管

硅芯管有如下特性：

● 硅芯内壁紧密熔结，永久润滑，永不脱落。

● 内壁摩擦系数很小，光（电）缆可以在管道内反复抽取、拉伸。也用于做气吹光纤管道。

● 密封性能良好，防水、防潮，还可免遭啮齿动物的破坏。

● 具有良好的刚度及韧性。在施工时，其弯曲半径不小于该管外径的 10 倍。敷管时遇到弯曲处和上下管落差处可随路而转或随坡走，管接头少。

● 抗老化，耐化学物品的腐蚀，使用寿命长。

● 耐候性能好，使用温度范围为-40℃～100℃。

● 施工便捷。不仅节约时间，而且工程造价仅为 PVC 管的 38%。

硅芯管以优越的性能、低廉的价格、方便的施工和经久耐用等特点，逐步淘汰多孔水泥管、PVC 管材、HDPE 双壁波纹管，而成为光（电）缆护套材料中的佼佼者。

6）混凝土管。城市住宅区内综合布线管道如与城市通信管道合建，一般采用混凝土管，宜以6 孔（孔径 90mm）管块为基数进行组合，或采用 62mm 等小孔径管块。

（4）桥架。桥架是由托盘、梯架的直线段、弯通、附件以及支、吊架等构成，用以支承电缆的具有连续的刚性结构系统的总称。如图 5-15 所示是各种桥架。

1）桥架的分类。

按结构分有槽式桥架、梯级式桥架和托盘式桥架三种类型。

按材质分类有钢制桥架、不锈钢桥架、铝合金桥架、玻璃钢桥架、阻燃防火桥架等类型。

槽式桥架

大跨距梯级式桥架

阻燃梯级式桥架

大跨距托盘式桥架

图 5-15 桥架

2）桥架的应用。槽式桥架是全封闭电缆桥架，就是电缆在安装过程中，为了美观、安全等因素，将电缆放置在金属制成的带盖的槽中。它适用于敷设计算机缆线、通信缆线、热电偶电缆及其他高灵敏系统的控制电缆等，它对屏蔽干扰重或腐蚀环境中电缆的防护都有较好的效果，适用于室外和需要屏蔽的场所。

梯级式电缆桥架和托盘式电缆桥架具有重量轻、载荷大、散热与透气性好、造型美观、结构简单、安装方便等优点，允许从任意点出线，方便连接到机柜、机架及设备。梯级式电缆桥架适用于地下层、垂井、活动地板下和设备间的缆线敷设。

托盘式电缆桥架一般适用于地下层、吊顶内且敷设缆线较多的场所。

如图 5-16 所示是槽式桥架及连接部件，图 5-17 所示是梯级式桥架及连接部件，图 5-18 所示是托盘式桥架及连接部件。

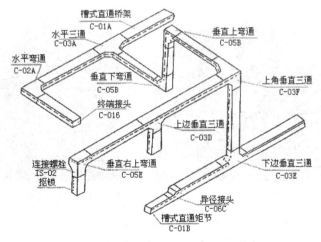

图 5-16 槽式桥架连接管道

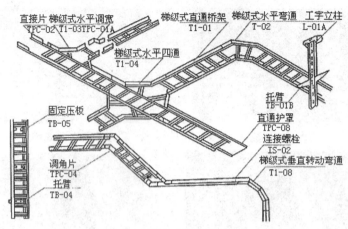

图 5-17 梯级式桥架及部件

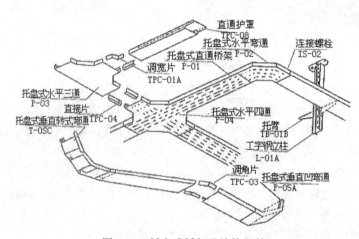

图 5-18 托盘式桥架及连接部件

如图 5-19 所示是槽式桥架在地下层的应用，图 5-20 所示是梯级式、托盘式桥架在地下层的应用。

图 5-19 槽式桥架的应用

图 5-20 梯级式、托盘式桥架的应用

3）组装式电缆桥架。组装式电缆桥架是一种最新型的桥架，是电缆桥架系列中的更新产品，适用于各项工程、各个单位、各种电缆的敷设，具有结构简单、配置灵活、安装方便、形式新颖等优点。组装式电缆桥架只要采用宽 100、150、200 的三种基型就可以组装成所需尺寸的电缆架，它不需要生产弯通、三通等配件就可以根据现场需要作任意转向、变宽、分支、引上、引下。在任意部位，不需要打孔、焊接就可以用管引出。它既可方便工程设计，又方便生产运输，更方便了安装施工。组装式电缆桥架备有盖板，表面处理为静电喷涂、镀锌、热浸锌及镀锌后再喷涂 4 种，可以分别用于不同环境，在重腐蚀环境中应做特殊防腐处理。

2. 管槽安装工具

安装管槽是综合布线工程的基础。管槽安装要适应各种环境并达到质量要求，必须使用多种安装工具。

（1）电工与电动工具。

1）电工工具箱。电工工具箱（如图 5-21 所示）是布线施工中必备的一些电工工具，一般包括钢丝钳、尖嘴钳、斜口钳、剥线钳、一字螺丝刀、十字螺丝刀、测电笔、电工刀、电工胶带、活扳手、呆扳手、卷尺、铁锤、凿子、斜口凿、钢锉、钢锯、电工皮带、工作手套等。工具箱中还应常备诸如：水泥钉、木螺丝、自攻螺丝、塑料膨胀管、金属膨胀栓等小材料。

2）线盘。线盘（如图 5-22 所示）主要用于施工用电现场与较远距离电源的供电连接。线盘电线的长度有 20 米、30 米、50 米等型号。线盘上有插座，方便电动工具的插接。

图 5-21　电工工具箱

图 5-22　线盘

3）充电起子。充电起子（如图 5-23 所示）既可当螺丝刀用，又能用作电钻，以充电电池作为动力电源。配合各式通用的六角工具头，可以拆卸或紧固螺丝、钻孔等。拆卸和紧固螺丝快速省力，工效高。

4）手电钻。手电钻（如图 5-24 所示）由电动机、电源开关、电缆、钻孔头等组成，适用在金属型材、塑料型材、木材及陶器等上钻孔作业，是布线施工中经常用到的工具。

图 5-23　充电起子

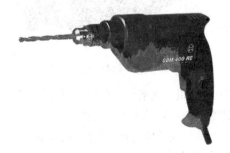

图 5-24　手电钻

5）冲击电钻。冲击电钻（如图 5-25 所示）是一种旋转带冲击的特殊用途的手提式电动工具，由电动机、减速箱、冲击头、辅助手柄、开关、电源线、插头及钻头夹等组成。冲击钻头需要专用钥匙旋紧，适用于在混凝土、预制板、瓷面砖、砖墙等建筑材料上进行钻孔或打洞，如用于安装膨胀螺栓的打孔等。

6）电锤。电锤（如图 5-26 所示）是以单相串激电动机为动力，适用在混凝土、岩石、砖石砌体等脆性材料上钻孔、开槽、凿毛等作业。

图 5-25　冲击电钻

图 5-26　电锤

电锤钻孔速度快，而且成孔精度高，它与冲击电钻从功能看有相似的地方，但主要区分是电锤具有强烈的冲击力。电锤钻头用锁夹式装配，简单、无需任何工具。

7）型材切割机。型材切割机（如图 5-27 所示）主要用于切割金属材质物品。它由砂轮锯片、护罩、操纵手把、电动机、工件夹、工件夹调节手轮及底座、胶轮等组装而成，电动机一般是三相交流电动机。

8）台钻。台钻（如图 5-28 所示）可用于桥架等材料切割后钻上新孔，进行连接安装。

图 5-27　型材切割机

图 5-28　台钻

9）角磨机。角磨机（如图 5-29 所示）是用于金属切削和打磨的一种磨具，应用于金属管槽、桥架切割处去毛刺及抛光打磨作业。

10）曲线锯。曲线锯（如图 5-30 所示）主要用于锯割直线和特殊的曲线切口，能锯割木材、PVC 和金属等材料。

（2）机械五金工具。

图 5-29　角磨机　　　　　　　　　　　　　　　　图 5-30　曲线锯

1）台虎钳。台虎钳（如图 5-31（a）所示）是矩形或立方形等中小工件的锯割、凿削、锉削时的常用夹持工具。台虎钳的钳座固定在三脚铁板工作台上，是有一个活动卡爪和一个固定卡爪的夹具装置。

2）管子钳。管子钳（如图 5-31（b）所示）又称管钳，是布线管槽安装中安装金属管的工具，可用它来装卸金属线管上的管箍、锁紧螺母、管子活接头、防爆活接头等。

3）管子切割器。管子切割器（如图 5-31（c）所示）又称管子割刀，用于金属管材的切割。

（a）台虎钳　　　　　　　（b）管子钳　　　　　　（c）管子切割器

图 5-31　机械五金工具

4）手动弯管器。

手动弯管器（如图 5-32 所示是冷弯式型简易手动弯管器），用于 25mm 以下的管子弯管，不用加热灌沙等工艺，弯曲圆弧光滑、清晰、变形小，使用方便，便于携带。

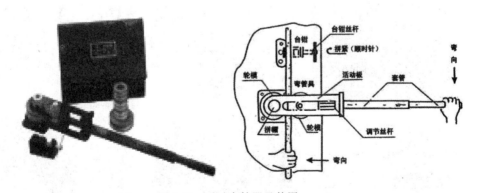

图 5-32　手动弯管器及使用

使用方法：把弯管机台钳按图固定，根据所弯管子外径选择轮模，分别装入弯管机活动板下，盖上活动板，拧紧调节丝杆，即可弯管。

如图 5-33 所示是棘轮弯管器。

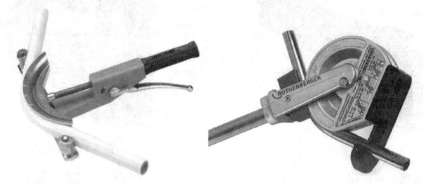

图 5-33　棘轮弯管器

5）螺纹铰板。螺纹铰板（如图 5-34 所示）是铰制钢管或塑料管外螺纹的手动工具。广泛用于管路安装及维修，其特点是：轻巧灵便，可任意调节螺纹的公差，以适应管子零件的螺纹配合要求。

图 5-34　螺纹铰板

6）PVC 管槽剪。PVC 管槽剪（如图 5-35 所示）是 PVC 线管、线槽专用剪，可轻松裁切线槽、线管及任何中空的管子或凹凸不平的板材，也可按角度来剪切。

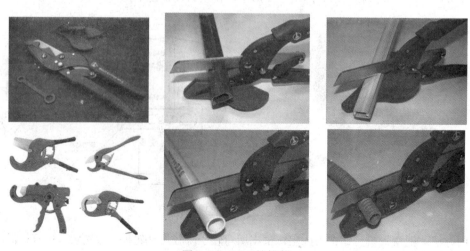

图 5-35　PVC 管槽剪

3. 管槽系统安装技术

对旧建筑物的布线施工常使用明敷管路，新建的智能建筑物内一般都采用暗敷管路来敷设缆线。布线管槽主要用金属管槽和 PVC 管槽。

（1）PVC 管槽安装要求。

● 预埋暗敷管路应采用直线管道为好，尽量不采用弯曲管道，直线管道超过 30m 再需延长距离时，应置暗线箱等装置，以利于牵引敷设电缆时使用。如必须采用弯曲管道时，要求每隔 15m 处设置暗线箱等装置。

● 暗敷管路如必须转弯时，其转弯角度应大于 90 度。暗敷管路曲率半径不应小于该管路外径的 6 倍。要求每根暗敷管路在整个路由上需要转弯的次数不得多于两个，暗敷管路的弯曲处不应有折皱、凹穴和裂缝。

● 明敷管路应排列整齐、横平竖直，且要求管路每个固定点（或支撑点）的间隔均匀。

● 要求在管路中放有牵引线或拉绳，以便牵引缆线。

● 在管路的两端应设有标志，其内容包含序号、长度等，应与所布设的缆线对应，以使布线施工中不容易发生错误。

（2）金属管槽的安装。

金属线槽布线是为了适用智能大厦弱电系统日趋复杂、缆线增多、出线口位置变化不定而推出的一种新型的布线方式。金属线槽分为单槽、双槽、三槽和四槽，规格有 50cm×25cm、70cm×25cm、100cm×25cm、125cm×25cm。

金属线槽敷设时，电气专业应与土建专业密切配合，结合施工图出线口的位置、线槽的走向确定分线盒的位置。线槽在交叉、转弯或分支处应设置分线盒，线槽的长度超过 6m 时，应加分线盒。

设备间配线架、集线器、配电箱等设备引至线槽的线路用终端变形连接器与线槽连接。

金属线槽每隔 2m 处设置固定支架和调整支撑，并与钢筋连接防止移位。线槽的保护层应达到 35mm 以上，线槽连接完后应进行整体调整，请测量工用水准仪进行复核，严禁地面线槽超高。连接器、分线盒、线槽接口处应用密封条粘贴好，防止砂浆渗入腐蚀线槽内壁。

在连接线槽过程中，出线口、分线盒应加防水保护盖，待底板的混凝土强度达到 50％时，取下保护盖换上标识盖。施工中，应将金属线槽的毛刺锉平，否则会划伤对绞电缆的外皮，使系统的性能降低，甚至影响系统正常的运行。

（3）桥架和槽道安装。

在安装槽道时，要根据施工现场的具体尺寸进行切割锯裁后加工组装，因而安装施工费时费力，不易达到美观要求。尤其是在已建的建筑物中施工更加困难。为此，最好在订购桥架和槽道时，由生产厂家做好售前服务，到现场根据实地测定桥架和槽道的各段尺寸和转弯角度等，尤其是梁、柱等突出部位。根据实际安装的槽道规格尺寸和外观色彩定制生产槽道、桥架和有关附件及连接件。在安装施工时，只需按照图纸顺序组装，这样既便于施工，也达到美观要求，且节省材料、降低工程造价。

高强度电缆桥架的安装可因地制宜，可随工艺管道架空敷设。楼板、梁下吊装，室内外墙壁、柱壁、电缆沟壁上的侧装，大型多层桥架吊装或立装时，可采用工字钢立柱两侧对称敷设。高强度电缆桥架可水平、垂直敷设；可转角、T 字型、十字型分支；可调宽、调高、变径。

1）施工准备。

①技术准备。

- 设计施工图纸和电缆桥架加工大样图齐全。
- 各种电缆桥架技术文件齐全。
- 电缆桥架安装部位的建筑装饰工程全部结束，暖卫通风工程安装完毕。
- 土建预留孔洞的位置和大小应符合设计和施工规范要求。

②材料准备。

- 电缆桥架及其附件：应采用经过热镀锌处理阻燃、耐火和普通的定型产品，其型号、规格应符合设计要求。电缆桥架内外应光滑平整、无棱刺，不应有扭曲、翘边等变形现象。
- 金属膨胀螺栓（如图 5-36 所示）：应根据容许拉力和剪力进行选择。

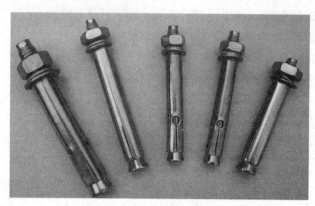

图 5-36　金属膨胀螺栓

- 镀锌材料：采用钢板、圆钢、扁钢、角钢、螺栓、螺母、螺丝、垫圈、弹簧垫等金属材料做电工工件时，都应经过镀锌处理。
- 辅助材料：钻头、电焊条、氧气、乙炔气、调合漆、焊锡、焊剂、橡胶绝缘带、塑料绝缘带、黑胶布等。

③主要机具准备。

- 铅笔、卷尺、线坠、粗线袋、锡锅、喷灯。
- 电工工具、手电钻、冲击钻、兆欧表、万用表、工具袋、工具箱、高凳等。

④作业环境准备。

- 配合土建的结构施工，预留孔洞、预埋铁和预埋吊杆、吊架等全部完成。
- 顶棚和墙面的第一遍喷浆全部完成后，方可进行电缆桥架敷设。
- 高层建筑竖井内土建湿作业全部完成。
- 地面电缆桥架应及时配合土建施工。

⑤施工准备。

- 参加施工人员必须持有电工作业证书，进场前由电气专业技术人员进行技术培训。施工队要配备电工作业工具，常用工具由电工自己保管使用，专用大型机具由班组保管。
- 现场加工必须设置专用工作台，加保护围栏。作业时应配备电气消防设备。
- 作业班组应分工明确，建立岗位责任制，提高"专业化"施工水平。
- 施工技术资料要和施工进度同步。

2）支架、吊架的安装。支架、吊架是支撑电缆桥架的主要部件，它由立柱、立柱底座、托臂等组成，可满足不同环境条件（工艺管道架、楼板下、墙壁上、电缆沟内）安装不同形式（悬吊式、直立式、单边、双边和多层等）的桥架，安装时还需要连接螺栓和膨胀螺栓。

　　如图 5-37 所示给出了两种桥架吊装方式，左边是立柱和托臂组成吊装图：把角钢立柱焊接在钢板上，然后用预埋螺栓或者膨胀螺栓把钢板固定在天棚上，再用两个连接螺栓把托臂固定在角钢立柱上，托臂在角钢立柱上的距离可以随意选择，比较灵活；右边是双臂吊装图。如图 5-38 所示是桥架支架在电缆沟内安装示意图，图 5-39 所示是托臂水平安装示意图，图 5-40 所示是托臂垂直安装示意图。

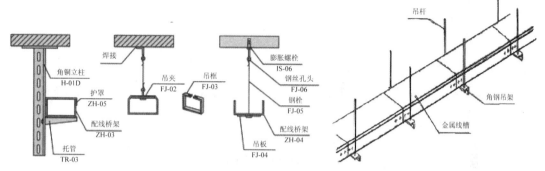

图 5-37　两种桥架吊装方式

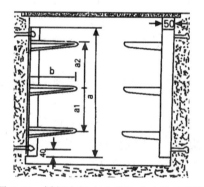

图 5-38　桥架支架在电缆沟内安装示意图

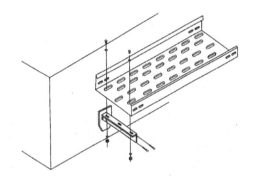

图 5-39　托臂水平安装示意图

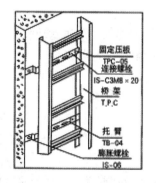

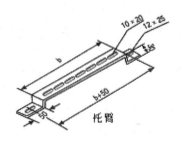

图 5-40　托臂垂直安装示意图

　　电缆桥架的支架、吊架质量应符合现行的有关技术标准。电缆桥架水平敷设时，支撑跨距一般为 1.5～3m；垂直敷设时，固定间距不宜大于 2m；两相邻桥架托臂之间水平高度差不应大于 10mm，两相邻桥架托臂垂直中线的垂直偏差不应大于 20mm。

3）桥架和槽道的安装要求。

- 桥架及槽道的安装位置应符合施工图规定，左右偏差不应超过 50mm；水平度每米偏差不应超过 2mm。
- 桥架及槽道水平敷设时，距地高度一般不宜低于 2.5m。桥架顶部距顶棚或其他障碍物不应小于 0.3m。
- 垂直桥架及槽道应与地面保持垂直，且无倾斜现象，垂直度偏差不应超过 3mm。
- 两槽道拼接处水平偏差不应超过 2mm，线槽转弯半径不应小于其槽内的缆线最小允许弯曲半径的最大值。
- 吊顶安装应保持垂直，整齐牢固，无歪斜现象。在吊顶内敷设时，如果吊顶无法上人时应留有检修孔。
- 金属桥架及槽道节与节间应接触良好，安装牢固。线槽内应无阻挡，道口应无毛刺，并安置牵引线或拉线。
- 不允许将穿过墙壁的镀锌线槽与墙上的孔洞一起抹死。
- 为了实现良好的屏蔽效果，金属桥架和槽道接地体应符合设计要求，并保持良好的电气连接。电缆桥架装置应有可靠接地。如利用桥架作为接地干线，应将每层桥架的端部用 $16mm^2$ 软铜线或与之相当的铜片连接起来，与接地干线相通，长距离的电缆桥架每隔 30～50m 要接地一次。
- 选择桥架的宽度时应留有一定的备用空位，以便今后增添电缆；桥架装置的最大载荷、支撑跨距应小于允许载荷和支撑跨距。
- 当电力电缆与控制电缆较少时，可同一电缆桥架安装，但中间要用隔板将电力电缆和控制电缆隔开敷设。
- 镀锌线槽经过建筑物的变形缝（伸缩缝、沉降缝）时，镀锌线槽本身应断开，槽内用内连接板搭接，不需要固定。保护地线和槽内导线均应留有补偿余量。
- 敷设在竖井、吊顶、通道、夹层及设备层等处的镀锌线槽应符合有关防火要求。

5.3.3 机柜安装技术

机柜主要用于放置配线架、交换机、路由器等设备。机柜具有增强电磁屏蔽、削弱设备工作噪音、减少设备地面面积占用的优点。对于一些高档机柜，还具备空气过滤功能，提高精密设备工作环境质量。在综合布线中，机柜通常安装在设备间、电信间和管理机房。

1. 机柜

机柜有立式机柜和壁挂式机柜之分，如图 5-41 和图 5-42 所示。

（1）尺寸。很多工程级设备的面板宽度都采用 19 英寸，所以 19 英寸的机柜是最常见的一种标准机柜。网络机柜、工控机柜、综合布线机柜、铝型材机柜、工业电脑柜、服务器专用机柜、广电机柜等一般都是 19 英寸标准机柜。

标准机柜的结构比较简单，主要包括基本框架、内部支撑系统、布线系统、通风系统。19 英寸标准机柜外型有宽度、高度、深度三个常规指标。常见的成品 19 英寸立式机柜高度为 1.6m、2m，物理宽度 600mm、800mm，深度为 500mm。

壁挂式机柜方便挂墙安装，也可安装脚轮或支撑脚后放置在地面上，适用于网络工程、布线工程、电脑系统及宽带系统中安放设备较少的应用。

图 5-41　立式机柜

图 5-42　壁挂式机柜

通常厂商可以定制生产特殊宽度、高度、深度的机柜。

（2）容量。容量是指机柜内部的有效使用空间，一般用 U 做单位，1U=4.45cm。使用 19 英寸标准机柜的设备面板一般都是按 nU 的规格制造，如 19 英寸 42U（42U=187cm）立式机柜。对于非标准设备，可以通过附加适配挡板装入 19 英寸机箱并固定。

（3）门及门锁。在机柜产品中，门及门锁主要用于保护设备的安全，有些产品特地安装了防盗电子门锁，并且一些产品还设计有前后门开关或双开后门的方式，方便安装及拆卸。

（4）配电单元。选配电源插座，适合任何标准的电源插头，配合 19 英寸安装架，安装方式灵活多样。

2．机柜安装

下面以华为 IVS8000 机柜（如图 5-43 所示）的安装为例说明机柜的安装过程。华为 IVS8000 机柜的外型尺寸为：高×宽×深=1800mm×600mm×1000mm。

（1）机柜安装规划。在安装机柜之前首先对可用空间进行规划，为了便于散热和设备维护，建议机柜前后与墙面或其他设备的距离不应小于 0.8 米，机房的净高不能小于 2.5 米。如图 5-44 所示为机柜的空间规划图。

（2）安装前的准备工作。

1）安装前，场地划线要准确无误，否则会导致返工。

2）按照拆箱指导拆开机柜及机柜附件包装木箱。

（3）安装机柜。

1）安装流程。如果机柜安装在水泥地面上，机柜固定后，则可以直接进行机柜配件的安装。安装 IVS8000 机柜的流程如图 5-45 所示。

2）机柜就位。将机柜安放到规划好的位置，确定机柜的前后面，并使机柜的地脚对准相应的地脚定位标记。机柜前后面识别方法是有走线盒的一方为机柜的后面。

3）机柜水平调整。在机柜顶部平面两个相互垂直的方向放置水平尺，检查机柜的水平度。用扳手旋动地脚上的螺杆调整机柜的高度，使机柜达到水平状态，然后锁紧机柜地脚上的锁紧螺母，使锁紧螺母紧贴在机柜的底平面。如图 5-46 所示为机柜地脚锁紧示意图。

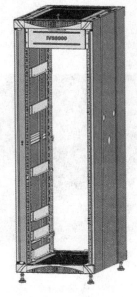

图 5-43　IVS8000 机柜外形图

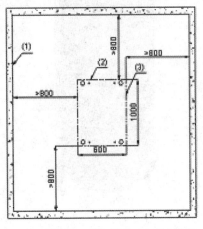

（1）内墙（2）机柜背面（3）机柜轮廓

图 5-44　单柜空间规划图（图中单位为 mm）

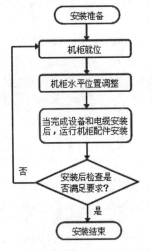

图 5-45　水泥地面上安装机柜的流程图

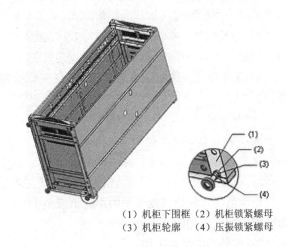

（1）机柜下围框（2）机柜锁紧螺母
（3）机柜轮廓　（4）压振锁紧螺母

图 5-46　机柜地脚锁紧示意图

4）安装机柜配件。

①机柜配件安装流程。机柜配件安装包括机柜门、机柜铭牌和机柜门接地线的安装，流程如图 5-47 所示。

②安装前确认。

● 机柜已经固定。

● 设备已经在机柜上安装完毕。

● 电缆已经安装完毕。

③安装机柜门。机柜前后门相同，都是由左门和右门组成的双开门结构，如图 5-48 所示。

机柜门可以作为机柜内设备的电磁屏蔽层，保护设备免受电磁干扰。另一方面，机柜门可以避免设备暴露外界，防止设备受到破坏。

如图 5-49 所示是机柜前后门的安装，安装步骤如下：

a. 将门的底部轴销与机柜下围框的轴销孔对准，将门的底部装上。

b. 用手拉下门的顶部轴销，将轴销的通孔与机柜上门楣的轴销孔对齐。

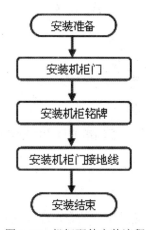

图 5-47　机柜配件安装流程

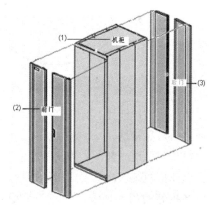

图 5-48　机柜前后门示意图

说明：活动轴销在出厂前已安装在门板上，在现场安装的时候不用再装；机柜同侧左右两扇门完成安装后，它们与门楣之间的缝隙可能不均匀，这时需要调整两者之间的间隙，调解方法为：在图 5-49 中机柜的下围框轴销孔和机柜门下端轴销之间增加垫片（机柜门包装中自带）。

c. 松开手，在弹簧作用下轴销往上复位，使门的上部轴销插入机柜上门楣的对应孔位，从而将门安装在机柜上。

d. 按照上面的步骤完成其他机柜门的安装。

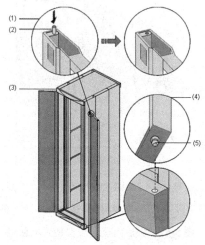

（1）安装门的顶部轴销放大示意图；（2）顶部轴销；（3）机柜上门楣；
（4）安装门的底部轴销放大示意图；（5）底部轴销

图 5-49　前后门安装示意图

④安装机柜铭牌。取出机柜铭牌，将铭牌粘贴在机柜前门左侧门上部的长方形凹块位置，如图5-50所示。

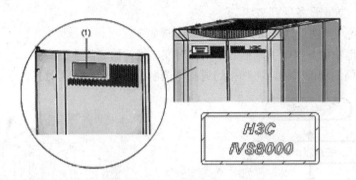

图 5-50　机柜铭牌粘贴在（1）的位置

⑤安装机柜门接地线。机柜前后门安装完成后，需要在其下端轴销的位置附近安装门接地线，使机柜前后门可靠接地。

- 安装门接地线前，先确认机柜前后门已经完成安装。
- 旋开机柜某一扇门下部接地螺柱上的螺母。
- 将相邻的门接地线（一端与机柜下围框连接，一端悬空）的自由端套在该门的接地螺柱上。
- 装上螺母，然后拧紧，如图 5-51 所示，完成一个门接地线的安装。
- 按照上面步骤的顺序完成另外 3 扇门接地线的安装。

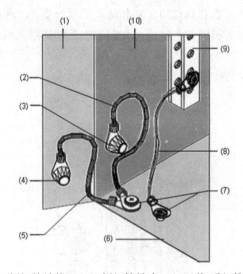

（1）机柜前/后门；（2）侧门接地线；（3）侧门接地点；（4）前/后门接地点；（5）门接地线；
（6）机柜下围框；（7）下围框接地点；（8）下围框接地线；（9）机柜接地条；（10）机柜侧门

图 5-51　机柜门接地线安装后示意图

说明：对于自购机柜，机柜到机房接地的接地线要求采用标称截面积不小于 $6mm^2$ 的黄绿双色多股软线，长度不能超过 30m。

5.3.4　缆线安装工具

缆线安装工具主要包括施工中缆线敷设和缆线端接两个方面所使用的工具。

1. 缆线敷设工具

（1）玻璃钢穿孔器或穿管器、穿线器。如图 5-52 所示是玻璃钢穿孔器，可用于光缆、电缆和塑料子管的布放及电信管道的清洗，具有省时、省力、提高工效等优点。使用时首先将玻璃钢覆杆由导引轮引出，然后与相应的金属头连接，穿入管路内。用于清洗时，引导头带动清理工具，即可清理管道；用于布线时，可由牵引头直接将光缆引入管道内；布放电缆时，可先将钢丝绳或铁线带入，然后用钢丝绳或铁线牵引电缆入管。

（2）电缆放线架。如图 5-53 所示是电缆放线架，适用于电缆线盘、线管盘的支承。液压升降，承受重量大。

图 5-52　玻璃钢穿孔器

图 5-53　电缆放线架

（3）牵引机。当主干布线采用由下往上敷设时，就需要用牵引机向上牵引缆线，牵引机有手摇式牵引机和电动牵引机两种。

如图 5-54 所示是一款电动牵引机。电动牵引机能根据缆线情况通过控制牵引绳的松紧来随意调整牵引力和速度，牵引机的拉力计可随时读出拉力值，并有重负荷警报及过载保护功能。

如图 5-55 所示是手摇式牵引机，它是两级变速棘轮机构，安全省力。

图 5-54　电动牵引机

图 5-55　手摇式牵引机

（4）滑车（滑轮）。如图 5-56 所示是布线施工中常用的滑车，主要用于铺放电缆导线时起到保护的作用，省时省力。光缆专用滑车用于展放复合地线光缆或自承式光缆，在轮槽的底部配有小槽，专为保护光缆而制造。

塑料直滑车　　　　　　环形滑车　　　　　　朝天座挂两用放线滑车

转向滑车　　　　　　地缆滑车　　　　　　多联电缆滑车

图 5-56　滑车

2. 缆线端接工具

（1）对绞电缆端接工具。

1）RJ-45 压线钳。RJ-45 压线钳主要是用于制作对绞电缆跳线的。如图 5-57 所示是一款最常见的 RJ-45 压线钳。它有两个刃口，靠近把手的刃口用于剪断整根对绞电缆，靠近转轴的刃口用于剥掉对绞电缆外面的塑料护套。两个刃口中间有一个 RJ-45 的压制模子，用于把水晶头的 8 个铜片压入，使铜片和插入的对绞电缆的金属导线紧密接触。

2）剥线钳。有刀刃的剥线钳使用起来很容易对缆线金属芯造成损伤，这样就很可能给布线带来故障隐患。

如图 5-58 所示的剥线钳的特点是无损剥线。它采用了六角形设计，这样既可以保证一定的剥线力度，也可以保护金属芯完好无损。当然，这种工具不适用于外壳坚硬缆线的剥线。

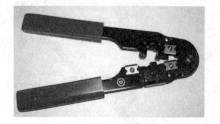

图 5-57　RJ-45 压线钳　　　　　　　　　　　　图 5-58　剥线钳

3）110 打线工具。打线工具分为 110 打线刀（如图 5-59 所示）和 110 五对打线刀（如图 5-60 所示），用于信息模块和配线架的接线。打线刀的打线头部中间有一个凹陷进去的槽，一边有切线刀口，另一边是压线刀口。110 五对打线刀由握把和五对压接头组成，可同时压接 5 对 110 型跳线连接块，刀子可单独更换。

另外还有一种 110 卡块打线工具，适配于不同的插头、卡块、模块和配线架的操作，具有卡、切、剪、打多功能适配，适用于多种类型的弱电布线系统工程的现场施工。

图 5-59 110 单对打线器

图 5-60 110 五对打线器

4）手掌保护器。手掌保护器（如图 5-61 所示）是专门的一种打线保护装置，它包括一个可调松紧带圈和一个在平面端接模块时用的固插件。将信息模块嵌套在保护装置后再对信息模块压接，承受端接工具的冲力，同时保证模块不移位。既方便把对绞电缆卡入到信息模块中，又起到隔离手掌、保护手的作用。

图 5-61 手掌保护器

（2）光纤端接工具。

1）光缆施工工具箱。光缆施工工具箱如图 5-62 所示，主要有以下光缆施工中必备的工具：凯弗拉剪刀、双口米勒钳、松套管剥皮钳、钢丝钳（7 寸）、斜口钳（6 寸）、尖咀钳（6 寸）、活络扳手（8 寸）、光缆加强芯剪断钳、光纤专用镊子、碳化物光纤切割笔、一字螺丝刀、十字螺丝刀、吹气毛刷、酒精泵瓶、横向光缆开剥刀 3-32mm、可调光缆横向剥皮器 2-12mm、纵向开缆刀 KMS-K、中心束管纵剥器、RCS 横纵向光缆开剥刀、精密钟表螺丝批组（6 支组）、六角扳手组（9 支组）、IPA 无尘湿擦拭布、组合套筒起子（10 件组）、美工刀、5 米卷尺、小钢锯等。

图 5-62 光缆施工工具箱

芳纶是一种柔软洁白、纤细蓬松、富有光泽的化学纤维材料，重量轻，但具有高强度、低延展性、高摩数、耐热性及绝缘性等优异特性。杜邦公司称芳纶为凯弗拉（Kevlar）。用在光缆中的凯弗拉线是作为补强材料。凯弗拉（芳纶）剪刀是特别为剪除光缆、电缆外层的凯弗拉线（Kevlar）而打造的工具，它采用单侧锯齿状的刀锋，有效消除剪切凯弗拉线的滑动。

2）光纤剥离钳。如图 5-63 所示是几种光纤剥离钳。

- 精密光纤剥离钳：一次性同时剥除光纤缓冲层以及光纤涂敷层，剥离质量高，对光纤无损伤、无划痕。彩色手柄，便于识别，无需调整：黄色，剥离 250μm 涂敷层；红色，同时剥离 250μm 涂敷层及 900μm 缓冲层；深棕色，剥离 900μm 塑料光纤。

- 光纤松套管剥线钳：工具含 AWG & MM 的雷刻尺寸；工具有剥线、切线、可折弯及切断铁线功能，刃口研磨加工利于剥线；工厂预设，无需调校，防止光纤划伤；孔径分别为 0.8/1.0/1.3/1.6 /2.0/2.6 mm。

- 光纤外护层剥皮钳：高碳钢材质，锋利，且经久耐用；孔径分别为 0.8/1.0/1.3/1.6 /2.0/2.6 mm。

精密光纤剥离钳　　　　　光纤松套管剥线钳　　　　　光纤外护层剥皮钳

图 5-63　光纤剥离钳

3）开缆刀。开缆刀用于缆线外护套的开剥。如图 5-64 所示是在线纵向开缆刀、外护层横向切刀和纵横向开缆刀。

在线纵向开缆刀　　　　外护层横向切刀　　　　纵横向开缆刀

图 5-64　开缆刀

①在线纵向开缆刀，可以在线纵向开剥聚乙烯粘结护套、钢铠甲外护套及非金属加强构件光缆护套。使用时，将光缆或电缆固定，根据护套厚度调节刀头的深度，使在线纵向开缆刀的圆孔套入光缆护套中，在光缆护套的切割标记处，握紧开缆刀两边的把手，使刀头嵌入光缆护套中，沿着护套拉动刀头，实现光缆护套的在线开剥。

在线纵向开缆刀的"开天窗"式施工方法，提高了工作效率且在施工中不影响同条光缆的其他通信线路。

②缆线外护层横向切刀用于横向切割光缆外皮。

③纵横向开缆刀可横向和纵向开剥光缆，可剥单股线或多股线（直径达 44.5mm），可对缆线绝缘层的任一点进行开剥。

4）光纤连接器压接钳。光纤连接器压接钳如图 5-65 所示，用于压接各种光纤连接器，如 FC、

SC、ST 等。采用特殊材质及工艺确保压接钳尺寸公差小、一致性好。

5）光纤接续子。光纤接续子是一种简单、易用的光纤接续工具，可以接续**多模**或单模光纤。

如图 5-66 所示是 CamSplice 光纤接续子，它采用了光纤中心自对准专利技术，能使两光纤接续时保持极高的对准精度。CamSplice 光纤接续子使用起来非常简单，没有太多的附件。操作步骤是：剥纤并把光纤切割好，将需要接续的光纤分别插入接续子内，直到它们互相接触，然后旋转凸轮以锁紧并保护光纤，这个过程中无需任何粘结剂或是其他的专用工具。

图 5-65　光纤连接器压接钳

图 5-66　CamSplice 光纤接续子

6）光纤端面放大镜。如图 5-67 所示是光纤端面放大镜（也称为手持式光纤显微镜），采用白光 LED 进行同轴照明，广泛应用于各种光纤连接器端面的检查，是光纤通信工程施工、维护的良好助手。

图 5-67　光纤端面放大镜

7）光纤切割工具。常用的光纤切割工具有光纤切割刀和光纤切割笔，如图 5-68 和图 5-69 所示。

图 5-68　多步式光纤切割刀

图 5-69　光纤切割笔

多步式光纤切割刀是一款能够高效进行平坦光纤切割的手持式设备，其结构设计简洁便利，采用了多步式平稳操作过程，适用于切割 12 芯及以下的光纤，性价比非常高。

8）光纤熔接机。光纤熔接机如图 5-70 所示，（a）为单芯光纤熔接机，（b）为带状光纤熔接机。光纤熔接机应用于熔接各种光纤，可快速熔接，熔接效率高。

（a）单芯光纤熔接机　　　　　　　　　　　　（b）带状光纤熔接机

图 5-70　光纤熔接机

光纤熔接机的主要功能有：

● 5 英寸 LCD 大屏幕显示，图像超级放大，光纤放大 200 倍及以上；图形操作界面，多窗口显示；图形引导用户操作，同时观察 X 轴和 Y 轴方向。

● 使用夹具熔接新概念，牢固夹持，自动检测光纤端面、自动校准熔接位置，光纤几何尺寸检查功能（切割角度、模场直径、内外径、偏心度、不圆度等）快捷，熔接时间仅 5s。

● 具有抓图功能，存储熔接图片；信息随意传导，USB 接口可传输所有数据。

● 双电源供电系统，内置锂电，即充即用。

● 带状光纤熔接机可熔接 12 芯带状光纤，使熔接更加快速、简单。

实际施工中使用的光纤、光缆工具还有很多，如光纤固化加热炉、手动光纤研磨工具、光纤头清洗工具、FT300 光纤探测器等，并且每种光纤、光缆工具中还有各种不同型号的产品。随着综合布线技术的发展和提高，新的施工工具也在不断地出现。我们应不断地认识和运用各种施工工具，提高综合布线的工效和质量。

（3）其他工具。

1）数字万用表。数字万用表（如图 5-71 所示）主要用于综合布线工程施工中设备间、电信间和工作区电源系统的测量，有时也用于检验铜缆或屏蔽连接的通断状况。

2）接地电阻测量仪。

接地电阻测量仪有多种形式，适用于测量各种接地装置的接地电阻值，如图 5-72 所示是双钳多功能接地电阻测试仪 ET3000。

图 5-71 数字万用表

图 5-72 双钳多功能接地电阻测试仪

该仪器除了具有传统打辅助地极测接地电阻的功能外，还具备了无辅助地极测量的独特功能。采用双钳口非接触测量技术无需打辅助地极，也无需将接地体与负载隔离，实现了在线测量。在单点接地系统、干扰性强等条件下，可以采用打辅助地极的测量方式进行测量。接地电阻测量范围：双钳法为 0.01Ω～1000Ω；地桩法为 0.01Ω～1000Ω。

5.3.5 对绞电缆敷设技术

1. 对绞电缆敷设的基本要求

对绞电缆一般应按下列要求敷设：

（1）缆线的型号、规格应与设计规定相符。

（2）缆线的布放应自然平直，不得产生扭绞、打圈接头等现象，不应受到外力的挤压和损伤。

（3）缆线两端应贴有标签，应标明编号，标签书写应清晰、端正和正确，标签应选用不易损害的材料。

（4）缆线终接后，应留有余量。交接间、设备间对绞电缆预留长度宜为 0.5～1.0m，工作区为 10～30mm；缆线布放宜盘留，预留长度宜为 3～5m，有特殊要求的应按设计要求预留长度。

（5）缆线的弯曲半径应符合下列规定：

- 非屏蔽 4 对对绞电缆的弯曲半径应至少为电缆外径的 4 倍。
- 屏蔽 4 对对绞电缆的弯曲半径应至少为电缆外径的 6～10 倍。
- 主干对绞电缆的弯曲半径应至少为电缆外径的 10 倍。

（6）控制缆线布放时牵引缆线拉绳速度和拉力。有经验的安装者采取慢速而又平稳地拉绳，而不是快速地拉绳，原因是：快速拉绳会造成缆线的缠绕或被绊住。拉力过大，缆线变形，会引起缆线传输性能下降。n 根 4 对对绞电缆允许最大拉力的计算式为：

$$F_{max}=n \times 50+50（kgf）$$

如：

1 根 4 对对绞电缆，拉力为 100N（10kgf）；

2 根 4 对对绞电缆，拉力为 150N（15kgf）；

3 根 4 对对绞电缆，拉力为 200N（20kgf）；

25 对 5 类 UTP 电缆，最大拉力不能超过 40kgf，速度不宜超过 15m/min。

（7）电源线、综合布线系统缆线应分隔布放，缆线间的最小间净距应符合设计要求，应用符合 GB50311-2007 的规定。

（8）建筑物内缆线暗管敷设与其他管线最小净距应符合 GB50311-2007 的规定。

（9）在暗管或线槽中缆线敷设完毕后，要在通道两端出口处用填充材料进行封堵。

2. 对绞电缆牵引

在缆线敷设之前，建筑物内的各种暗敷的管路和槽道已安装完成，因此缆线要敷设在管路或槽道内就必须使用缆线牵引技术。

在安装各种管路或槽道时，为了方便后续缆线牵引，一般内置有一根拉绳（通常为钢绳）。使用拉绳可以方便地将缆线从管道的一端牵引到另一端。

拉绳在电缆上固定的方法有拉环、牵引夹和直接将拉绳系在电缆上 3 种方式。

拉环是将电缆的导线弯成一个环，导线通过带子束在一起，然后束在电缆护套上，拉环可以使所有电缆线对和电缆护套均匀受力。

牵引夹是一个灵活的线夹设备，可以套在电缆护套上，线夹系在拉绳上然后用带子束住，牵引夹的另一端固定在电缆护套上，当在拉绳上加力时，牵引夹可以将力传到电缆护套上。

在牵引大型电缆时，还有一种旋转拉环方式，旋转拉环是一种在用拉绳牵引时可以旋转的设备，在将干线电缆安装在电缆通道内时，旋转拉环可防止拉绳和干线电缆的扭绞。

根据施工过程中敷设的电缆类型，对电缆的牵引可以分为牵引单根 4 对缆线、牵引多根 4 对缆线、牵引单根 25 对电缆、牵引多根 25 对电缆 4 种情况。

（1）牵引单根 4 对缆线。标准的 4 对缆线很轻，通常不需要做更多的准备，只要将它们用电工带子与管路或槽道中内置的拉绳捆扎在一起，然后在管路或槽道另一出口端均匀用力缓慢牵引拉绳即可。

（2）牵引多根 4 对缆线。

如果牵引多根 4 对缆线穿过一条路由，可用下列方法：

1）将多条缆线聚集成一束，并使它们的末端对齐。

2）用电工带或胶布紧绕缆线束末端 50～100mm 长的一段距离。

3）将管路或槽道中内置的拉绳穿过电工带缠好的缆线并打好结，如图 5-73 所示。

4）在管路或槽道的另一出口端缓缓地牵引拉绳。如果在拉缆线过程中，连接点松散了，则要收回缆线和拉绳重新制作更牢固的连接，为此可以采取下列一些措施：

● 除去一些绝缘层以暴露出 50～100mm 的裸线。

● 将裸线分成两束，并将两束导线互相缠绕形成一个环。

● 将拉绳穿过此环并打结，然后将电工带缠到连接部分周围，要缠得结实和不滑，如图 5-74 所示。

● 在管路或槽道的另一出口端缓缓地牵引拉绳。

（3）牵引单根 25 对电缆。

1）将电缆向后弯曲形成一个环，并使电缆末端与缆本身绞紧。

2）用电工带紧紧地缠在绞好的电缆上，以加固此环，如图 5-75 所示。

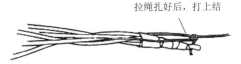

图 5-73　将对绞电缆与拉绳绑扎固定

图 5-74　编织金属环供拉绳牵引

3）把拉绳拉接到电缆环上固定好，用拉绳牵引单根 25 对电缆，如图 5-76 所示。

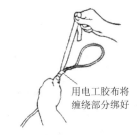

图 5-75　用电工胶布缠绕绞接部分

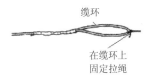

图 5-76　在电缆环上固定好拉绳

（4）牵引多根 25 对电缆。操作方法是将缆线表皮剥除后，将缆线末端与拉绳绞合固定，然后通过拉绳牵引电缆。具体操作步骤如下：

1）将缆线外表皮剥除后，将线对均匀分为两组缆线，如图 5-77 所示。

2）将两组缆线交叉地穿过接线环，如图 5-78 所示。

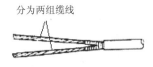

图 5-77　分为两组缆线并缠绕

图 5-78　两组缆线交叉穿过拉线环

3）把两组缆线扭绞在自身电缆上，加固与接线环的连接，如图 5-79 所示。

4）在缆线扭绕部分紧密缠绕多层电工胶布，以进一步加固电缆与接线环的连接，如图 5-80 所示。

图 5-79　缆线扭绕在自身电缆上

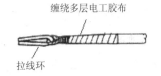

图 5-80　在电缆扭绕部分缠绕电工胶布

布放缆线数量较多时，要采用缆线牵引。所用方法取决于要完成作业的类型、缆线的质量、布线路由的难度，还与管道中要穿过的缆线的数目有关，在已有缆线拥挤的管道中穿线要比空管道难。不管在哪种场合都应遵循一条规则：使牵引时拉绳与缆线的连接处尽量平滑，以减小牵引阻力。

3．水平对绞电缆敷设

现在，大中型综合布线工程对电信间至工作区的水平布线路由设计通常是从电信间楼层配线架引出后，沿楼层走道顶面安装金属线槽，在进入各房间处，从线槽引出金属管或 PVC 管，以埋入方式沿墙壁到达各个信息点。沿走道吊顶内架设桥架，引至相应房间和部位；或吊顶内桥架通过 φ8 钢筋吊杆和角铁支托架与顶棚结构层连接，保证安装的牢固性。考虑到施工和运维的便利性及大楼内装修整体的协调性，某些线槽可在地板下安装和敷设。

建筑物内水平布线是指从电信间配线架到工作区信息插座的布线，通常选用暗道、天花板吊顶内、墙壁线槽等多种布设方式。在决定采用哪种方法之前，应到施工现场进行比较，从中选择一种最佳的施工方案。

（1）已有管道布线。对中小型综合布线工程，根据设计，在建筑施工时，通常从电信间到工作区就要预埋布线管道，管道内附有牵引电缆线的钢丝或铁丝。施工人员只需根据建筑物的管道图纸来了解水平布线管道系统，实施缆线牵引即可。

（2）已有槽道布线。大中型综合布线工程的水平布线金属线槽道从电信间内出发，沿楼层走道架设主干，在进入各工作区处，用金属管或 PVC 管从金属线槽道主干引出，以埋入方式沿墙壁去抵达各个信息点。

在槽道中敷设缆线应采用人工牵引，牵引速度要慢，不宜猛拉紧拽，以防止缆线外护套被磨、刮、拖等损伤。在分线处利用预放的钢丝或铁丝绑扎电缆，在工作区信息插座端牵引。

（3）天花板吊顶内布线。天花板吊顶内布线方式是水平布线中最常使用的方式，具体施工步骤如下：

1）根据建筑物的结构确定布线路由。

2）沿着所设计的布线路由，打开天花板吊顶，用双手推开每块镶板，如图 5-81 所示。

3）假设一楼层内共有 12 个房间，每个房间有两个信息插座，则共需要布设 24 条 UTP 对绞电缆。为了提高布线效率，可将缆线箱集中放在一处，6 箱一组将缆线接管嘴向上。

4）在电缆的末端应贴上标签以注明来源地，在对应的缆线箱上也写上相同的标注。

5）从离楼层电信间最远的一端开始，用带子扎好缆线分组并拉过天花板，拉到电信间，如图 5-82 所示。

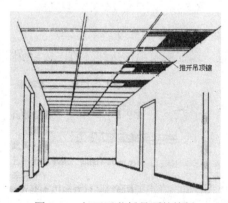

图 5-81　打开天花板吊顶的镶板

图 5-82　用带子扎好缆线分组并拉过天花板

6）电缆从信息插座布放到电信间并预留足够的长度后，从缆线箱一端切断电缆，贴上标签并标注相应的信息。

楼层布线的信息点较多的情况下，多根水平缆线比较重。在天花板吊顶内，可使用 J 形钩、吊索或其他方式来支撑缆线，以减小缆线对天花板吊顶直接的压力。

（4）墙壁线槽布线。墙面线槽布线是一种短距离、明铺方式。如已建成的建筑物中没有暗敷管槽时，只能采用明敷线槽敷设缆线。在施工中应尽量把缆线固定在隐蔽的装饰线下或不易被碰触的地方，以保证缆线安全。墙壁线槽布线一般如下施工：

1）确定布线路由。

2）沿着布线路由方向安装线槽，线槽安装要讲究直线美观。

3）线槽每隔 50cm 要安装固定镙钉。

4）布放缆线时，线槽内的缆线容量不超过线槽截面积的 70%。

5）布放缆线的同时盖上线槽的塑料槽盖。

4. 垂直主干对绞电缆敷设

垂直主干缆线通常安装在竖井通道中。在竖井中敷设干线缆线一般有两种方法：向下垂放缆线和向上牵引缆线。相比较而言，向下垂放比向上牵引容易。当缆线盘比较容易搬运上楼时，采用向下垂放缆线。

（1）向下垂放缆线。向下垂放缆线的一般步骤如下：

1）对垂直干线缆线路由进行检查，确定至管理间的每个位置都有足够的空间敷设和支持干线缆线。

2）把缆线卷轴放到最顶层。

3）在离房子的开口处（孔洞处）3～4m 处安装缆线卷轴，并从卷轴顶部馈线。

4）在缆线卷轴处安排所需的布线施工人员（数目视卷轴尺寸及缆线质量而定），每层上要有一个施工人员以便引寻下垂的缆线。

5）开始旋转卷轴，将缆线从卷轴上拉出。

6）将拉绳固定在拉出的缆线上，引导进竖井中的孔洞。

7）从卷轴上放缆并进入孔洞向下垂放，注意不要快速放缆。

8）继续放缆，直到下一楼层布线人员能将缆线引入电信间。

9）按前面的步骤，并将缆线引入各层的孔洞，各层的孔洞也安放一个塑料的套状保护物，以防止孔洞不光滑的边缘擦破或划破缆线外皮。

10）当缆线引入到每层的目的位置时，将缆线绕成卷放在架子上固定起来，等待以后的端接。

11）对电缆的两端进行标记，如果没有标记的话，要对干线电缆通道进行标记。

（2）向上牵引缆线。向上牵引缆线可用电动牵引绞车。

1）对垂直干线电缆路由进行检查，确定至管理间的每个位置都有足够的空间敷设和支持干线电缆。

2）按照缆线的质量选定绞车型号，并按绞车制造厂家的说明书进行操作。

3）启动绞车，并往下垂放拉绳，拉绳向下垂放直到安放缆线的底层。

4）如果缆线上有一个拉眼，则将绳子连接到此拉眼上。

5）启动绞车，慢慢地将缆线通过各层的孔向上牵引。

6）缆线的末端到达顶层时，停止绞车。

7）在地板孔边沿上用夹具将缆线固定。

8）当所有连接制作好之后，从绞车上释放缆线的末端。

9）对电缆的两端进行标记，如果没有标记的话，要对干线电缆通道进行标记。

5.3.6 对绞电缆端接技术

在综合布线系统中,对绞电缆的端接指的是对绞电缆与信息模块的连接或对绞电缆与配线架的连接。

1. 对绞电缆与信息模块的端接

（1）底盒的安装。在工作区都要安装信息插座。信息插座安装在信息面板上,信息面板安装在信息插座上。如图 5-83 所示是信息插座底盒与信息插座面板。

　（a）暗装盒　　　　　（b）明装盒　　　　　（c）面板

图 5-83　通用 86 型底盒与面板

市场上的底盒主要规格有 86 系列、118 系列、120 系列等,其中 86 系列为国家标准。86 系列是指信息插座面板的长度为 86mm,宽度为 86mm。120 系列是指信息插座面板长度为 120 mm,宽度为 78 mm。118 系列是指信息插座面板长度为 118 mm,宽度为 78 mm。118 系列产品横放式安装,120 系列竖立式安装。信息插座面板与底盒要配套使用。

信息插座底盒的安装方式是将底盒放入到墙体上已做好的盒体孔位中,注意底盒口与墙面齐平,并与暗埋线管相通,再用水泥灰浆固定。

信息插座底盒安装要满足信息插座的安装要求。

1）工作区信息插座的安装宜符合下列规定:

● 安装在地面上的接线盒应防水和抗压。

● 安装在墙面的信息插座底盒的底边线离地面（或活动地面）的高度宜为 300mm。

信息插座应有明显的标志,可采用颜色、图形和文字符号来表示所接终端设备的类型,以便使用时区别。

2）工作区的电源应符合下列规定:

● 每一个工作区至少应配置一个 220V 交流电源插座。交流电源插座一般水平距离信息插座 200 mm。

● 工作区的电源插座应选用带保护接地的单相电源插座,保护接地与零线应严格分开。

安装在墙上的信息插座和电源插座的位置如图 5-84 所示。

3）地面信息插座。

安装在地面上或活动地板上的地面信息插座由接线盒体和插座面板两部分组成。在不使用时,插座面板与地面齐平,不影响人们正常行动。地面插座面板有直立式（面板与地面成 45°,可以倒下成平面）和水平式等几种,如图 5-85 所示。

缆线连接固定在接线盒体内的装置上,接线盒体均埋在地面下,其盒盖面与地面平齐,可以开启，要求必须有严密防水、防尘和抗压功能。如图 5-86 所示为地面信息插座的几种安装方法示意图。

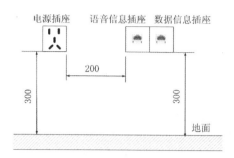

图 5-84　信息插座和电源插座的安装位置

图 5-85　直立式和水平式地面信息插座

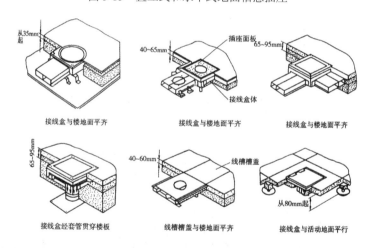

图 5-86　地面信息插座的几种安装方法示意图

（2）信息模块的端接。信息模块是信息插座的主要组成部件，它提供了与各种终端设备连接的接口。连接终端设备类型不同，安装的信息模块的类型也不同。

对绞电缆与 RJ-45 信息模块的端接方法参见实训 8：对绞电缆与信息模块连接。

2．对绞电缆与配线架的端接

综合布线的干线子系统和配线子系统的对绞电缆都要在电信间的对绞电缆配线架上进行端接，以实现连接管理。RJ-45 型模块式配线架是当今的主流配线架，它的特点主要有以下几点：

（1）配线架中的模块可以与信息插座面板中的模块共享。

（2）单个模块的损坏只需更换模块即可，不会造成整个配线架的报废。

（3）不同颜色、不同类型的模块只要安装尺寸相同，就可以安装在同一个配线架内，还可以使用空盖板封闭多余的模块孔。

对绞电缆与 RJ-45 型模块式配线架的端接方法参见实训 9：对绞电缆与数据配线架端接。

对绞电缆与 110A 配线架的端接方法参见实训 10：对绞电缆与 110A 配线架的端接。

5.3.7 光缆施工技术

综合布线的主干通道和水平通道常用光缆。光缆施工技术可分为光缆的敷设技术和光纤接续与端接技术。光缆施工技术的基本点是保护光缆不受损伤和实现光缆通道畅通。

1. 光缆敷设施工特点

光缆的纤芯是石英玻璃，施工中要注意保护，不要损坏。如果在敷设光缆时违反了弯曲半径和抗拉强度的规定，则会引起光缆内光纤纤芯的石英玻璃断裂，导致光缆不能使用。

注意：（1）在施工中弯曲光缆和纤芯时，决不允许超过最小的弯曲半径。

（2）在牵拉光缆时，不允许超过各种类型光缆的拉力强度。

用什么方式来牵引光缆将依赖于作业的类型、光缆的重量、布线通道的质量（在有尖拐角的管道中牵引光缆就比在直的管道中牵引光缆困难），以及管道中其他缆线的数量。

为了满足弯曲半径和抗拉强度的要求，在施工的时候，光缆通常是绕在卷轴上的。为了使卷轴转动以便拉出光缆，该卷轴可装在专用的支架上。光缆的弯曲半径至少应为光缆外径的 15 倍（指静态弯曲，动态弯曲要求不小于 30 倍）。

用线（或绳子）将光缆系在管道或线槽内的牵引绳上，再牵引光缆。放线总是从卷轴的顶部去牵引光缆，而且是缓慢而平稳地牵引，而不是急促地抽拉光缆。

（3）光缆和对绞电缆的接续方式不同。光纤的连接比较困难，它不仅要求连接处的接触面光滑平整，且要求两端光纤的接触端中心完全对准，其偏差极小，因此技术要求较高，且要求有较高新技术的接续设备和相应的技术力量，否则将使光纤产生较大的衰减而影响通信质量。

2. 光缆施工维护注意事项

（1）环境应保持干净；如果无法远离人群，则应采取防护措施。

（2）不要用眼睛观看已运行的光纤传输系统中的光纤及其连接器的端面。

（3）维护光纤传输系统，只有在断开所有光源的情况下才能进行操作。

3. 光缆施工要求

（1）判定并确定 A、B 端。必须在施工前对光缆的端别予以判定并确定 A、B 端。A 端应是网络枢纽方向，B 端是其他建筑物一侧，敷设光缆的端别应方向一致，不得使端别排列混乱。

（2）利用光缆的盘长。根据运到施工现场的光缆情况，结合工程实际，合理配盘与光缆敷设顺序相结合，应充分利用光缆的盘长，施工中宜整盘敷设，以减少中间接头，不得任意切断光缆。室外管道光缆的接头位置应避开繁忙路口或有碍正常工作处，直埋光缆的接头位置宜安排在地势平坦和地基稳固地带。

（3）上岗要求。光纤的接续人员必须经过严格培训，取得合格证书才能上岗操作。

（4）装卸光缆盘。在装卸光缆盘作业时，应使用叉车或吊车，如图 5-87 所示是光缆盘和叉车。如采用跳板时，应小心细致地从车上滚卸，严禁将光缆盘从车上直接推落到地上。在工地滚动光缆盘的方向必须与光缆的盘绕方向（箭头方向）相反，其滚动距离规定在 50m 以内，当滚动距离大于 50m 时，应使用运输工具。在车上装运光缆盘时，应将光缆固定牢靠，不得歪斜和平放。用车辆运输时车速宜慢，以减小震动。

图 5-87　光缆盘和叉车

（5）光缆牵引。光缆如采用机械牵引时，牵引力应用拉力计监视，不得大于规定值。光缆盘转动速度应与光缆布放速度同步，要求牵引的最大速度为 15m/min，并保持恒定。光缆出盘处要保持松弛的弧度，留有缓冲的余量，又不宜过长，避免光缆出现背扣、扭转或小圈。牵引过程中不得突然启动或停止，严禁超力拉扯，以免光纤受力过大而损坏。在敷设光缆的全过程中，应保证光缆外护套不受损伤，确保密封性能良好。

（6）应用子管。光缆不论是在建筑物内还是在建筑群间敷设，应单独占用管道管孔。如利用原有管道与铜缆安装在一起时，应在管孔中穿放塑料子管，塑料子管的内径应为光缆外径的 1.5 倍以上。光缆在塑料子管中敷设，不应与铜缆合用同一管孔。在建筑物内光缆与其他弱电系统平行敷设时，应有间距分开敷设。当小芯数光缆在建筑物内采用暗管敷设时，管道的截面利用率应为 25%～30%。

4. 光缆敷设前的检查准备

光缆施工前应对工程所用的光缆、跳线和配线设备进行检查准备。

（1）光缆的检验。认真做好单盘光缆的检验，才能保证施工质量。其主要程序如下：

1）检查资料。光缆到达测试现场后，应首先检查光缆出厂质量合格证，并检查厂方提供的单盘测试资料是否齐全，其内容包括光缆的型号、芯数、长度、端别、结构剖面图及光纤的纤序、衰减系数、折射率等，看其是否符合订货合同的规定要求。

2）检查外观。主要检查光缆盘包装在运输过程中是否损坏，然后开盘检查光缆的外皮有无损伤，缆皮上打印的字迹是否清晰、耐磨，光缆端头封装是否完好。对存在的问题，应做好详细记录，在光缆指标测试时应做重点检验。

3）核对端别。从外端头开剥光缆约 30cm，根据光纤束（或光纤带）的色谱判断光缆的外端端别，并与厂方提供的资料相对照，看是否有误。然后在光缆盘的侧面标明光缆的 A、B 端，以方便光缆布放。

4）光纤检查。开剥光纤松套管约 20cm，清洁光纤，核对光纤芯数和色谱是否有误，并确定光纤的纤序。

5）技术指标测试。用活动连接器把被测光纤与测试尾纤相连，然后用 OTDR 测试光纤的长度、平均损耗，并与光纤的出厂测试指标相对照，看是否有误。同时应查看光纤的后向散射曲线上是否有衰减台阶和反射峰。整条光缆里只要有一根光纤出现断纤、衰减严重超标、明显的衰减台阶或反射峰（不包括光纤尾端的反射峰），应视为不合格产品。

6）电特性检查。如果光缆内有用于远供或监测的金属线对，应测试金属线对的电特性指标，看是否符合国家标准。

7）防水性能检查。测试光缆的金属护套、金属加强件等对地绝缘电阻，看是否符合出厂标准。

8）恢复包装。测试完成后，把光端端头剪齐，用热可缩管对端头进行密封处理，然后把拉出的光缆缠绕在缆盘上并固定在光缆盘内，同时恢复光缆盘包装。

（2）光纤跳线的检验。光纤跳线检验应符合下列规定：具有经过防火处理的光纤保护包皮，两端的活动连接器端面应装配合适的保护盖帽；每根光纤接插线的光纤类型应有明显的标记，应符合设计要求。

（3）配线设备的使用应符合的规定。

● 光缆交接设备的型号、规格应符合设计要求。

● 光缆交接设备的编排及标记名称应与设计相符。各类标记名称应统一，标记位置应正确、清晰。

5．光缆敷设技术

综合布线系统的主干线通常都采用光缆传输，可分为建筑群之间的主干光缆和建筑物内的主干光缆。它们的施工客观环境带来具体施工操作的明显不同。

（1）施工人员的配合。对于给定的敷设光缆作业，需要施工人员互相配合。下面给出敷设光缆的施工人员人数的建议：

1）牵引一条光缆。如果被牵引的光缆要通过比较狭窄的区域，最好考虑用两个人，即一个人在卷轴处放光缆，另一个人用拉绳牵引光缆。如果是往一个空的管道中敷设光缆，而且光缆卷轴（如图 5-88 所示）放在管道的入口点处，则一个人就可以放光缆并牵引光缆，但在这种情况下必须保证光缆承受的张力在规定范围之内（如敷设的是 8 芯单模光缆，光缆承受的张力要小于 60kgf）。若管道不是空的或光缆卷轴无法对准管道的入口点，那么就需要两个人，一个人负责将光缆馈送到管道入口处，另一个人负责牵引光缆。

图 5-88　光缆卷轴

2）牵引多条光缆。当在比较狭窄的区域或在管道中人工同时安装多条光缆时，应配备两个人。一个人负责牵引光缆进入狭窄的区域或管道（站在牵引绳的一端）。布放光缆的一侧分两种情况：如果光缆是通过管道，则另一个人在光缆卷轴的一端把光缆馈送进管道，为了避免在牵引时超过最大张力应将光缆对准管道。若光缆要敷设在狭窄的区域里,另一个人负责将多根光缆馈送进此区内,同时要保证不能在带尖的边沿上拖动光缆。

3)经由建筑物各层楼的竖井向下敷设光缆。如果光缆经建筑物电信间竖井的槽孔向下敷设,则最少需要四个人。要安排两个人来负责从卷轴上放光缆,在最底层的光缆入口处需要一个人,并且还要安排人在楼层电信间处牵引光缆。

（2）建筑群光缆敷设

建筑群之间的光缆常有 3 种敷设方法:一是直埋敷设光缆,二是架空敷设光缆,三是管道敷设光缆。

1)直埋敷设光缆。直埋光缆是隐蔽工程,技术要求较高,在敷设时应注意以下几点:

● 直埋光缆的埋深应符合表 5-1 所示的规定。

表 5-1 直埋光缆的埋设深度

序号	光缆敷设的地段或土质	埋设深度（m）	备注
1	市区、村镇的一般场合	≥1.2	不包括车行道
2	街坊和智能化小区内、人行道下	≥1.0	包括绿化地带
3	穿越铁路、道路	≥1.2	距道碴底或距路面
4	普通土质（硬土路）	≥1.2	—
5	砂砾土质（半石质土等）	≥1.0	—

● 在敷设光缆前应先清洗沟底,沟底应平整,无碎石和硬土块等有碍于施工的杂物。

● 在同一路由上,且同沟敷设光缆或电缆时,应同期分别牵引敷设。

● 直埋光缆的敷设位置,应在统一的管线规划综合协调下进行安排布置,以减少管线设施之间的矛盾。直埋光缆与其他管线及建筑物间的最小净距如表 5-2 所示。

表 5-2 直埋光缆与其他管线及建筑物间的最小净距

序号	其他管线及建筑物名称及其状况		最小净距（m）		备注
			平行时	交叉时	
1	市话通信电缆管道边线（不包括人孔或手孔）		0.75	0.25	
2	非同沟敷设的直埋通信电缆		0.50	0.50	
3	直埋电力电缆	<35kV	0.50	0.50	
		>35kV	2.00	0.50	
4	给水管	管径<35cm	0.50	0.50	光缆采用钢管保护时,交叉时的最小径距可降为 0.15m
		管径为 30～50cm	1.00	0.50	
		管径>35cm	1.50	0.50	
5	燃气管	压力小于 3kg/cm²	1.00	0.50	同给水管备注
		压力 3～8kg/cm²	2.00	0.50	
6	树木	灌木	0.75		
		乔木	2.00		

序号	其他管线及建筑物名称及其状况	最小净距（m）		备注
		平行时	交叉时	
7	高压石油天然气管	10.00	0.50	同给水管备注
8	热力管或下水管	1.00	0.50	
9	排水管	0.80	0.50	
10	建筑红线（或基础）	1.0		

- 在道路狭窄操作空间小的时候，宜采用人工抬放敷设光缆。敷设时不允许光缆在地上拖拉，也不得出现急弯、扭转、浪涌或牵引过紧等现象。
- 光缆敷设完毕后，应及时检查光缆的外护套，如有破损等缺陷应立即修复，并测试其对地绝缘电阻。具体要求参照国标中的规定。

直埋光缆的接头处、拐弯点或预留长度处以及与其他地下管线交越处，应设置标志，以便今后维护检修。标志可以专制标石，也可利用光缆路由附近的永久性建筑的特定部位测量出距直埋光缆的相关距离，在有关图纸上记录，作为今后查考资料的依据。

2）架空敷设光缆。即在空中从电线杆到电线杆敷设，因为光缆暴露在空气中会受到恶劣气候的破坏，工程中较少采用架空敷设方法。

3）管道敷设光缆。在地下管道中敷设光缆是 3 种方法中最好的一种方法。因为管道可以保护光缆，防止挖掘、有害动物及其他故障源对光缆造成损坏。管道敷设光缆施工主要应注意以下方面：

①在敷设光缆前，根据设计文件和施工图纸对选用光缆穿放的管孔大小及其位置进行核对。

②敷设光缆前，应逐段将管孔清刷干净和试通。清扫时应用专制的清刷工具，清扫后应用试通棒试通检查合格，才可穿放光缆。如采用塑料子管，要求对塑料子管的材质、规格、盘长进行检查，均应符合设计规定。一般塑料子管的内径为光缆外径的 1.5 倍以上，一个 90mm 管孔中布放两根以上的子管时，其子管等效总外径不宜大于管孔内径的 85%。

③当穿放子管时，其敷设方法与光缆敷设基本相同，但必须符合以下规定：

- 布放两根以上的塑料子管，如管材已有不同颜色可以区别时，其端头可不必做标志。如无颜色的塑料子管，应在其端头做好有区别的标志。
- 布放子管的环境温度应在-5℃～+35℃之间，在过低或过高的温度时，尽量避免施工，以保证子管的质量不受影响。
- 连续布放子管的长度不宜超过 300m，子管不得在管道中间有接头。
- 牵引子管的最大拉力不应超过管材的抗张强度，在牵引时的速度要均匀。
- 子管布放完毕，应将子管口临时堵塞，以防异物进入管内；本次工程中不用的冗余子管，必须在子管端部安装堵帽堵塞；应根据设计的规定留足子管的长度。

④为防止在牵引过程中发生扭转而损伤光缆，在牵引端头与牵引索之间应加装转环。

⑤光缆采用人工牵引布放时，应有人值守帮助牵引；机械布放光缆时，在拐弯处应有专人照看。整个敷设过程中，必须严密组织，统一指挥。

⑥光缆一次牵引长度一般不应大于 1000m。超长距离时，应将光缆采取盘成倒 8 字形分段牵引或中间适当地点增加辅助牵引，以减少光缆张力和提高施工效率。

⑦为了在牵引工程中保护光缆外护套等不受损伤。在光缆穿入管孔或管道拐弯处与其他障碍物有交叉时，应采用导引装置或喇叭口保护管等保护。

⑧光缆敷设后，应逐个将光缆放置在规定的托板上，并应留有适当余量，避免光缆过于绷紧。

⑨光缆需要接续时，其预留长度应符合规定。在施工中如有要求做特殊预留的长度（例如预留光缆是为将来引入新建的建筑），应按规定位置妥善放置。光缆接续应有识别标志，标志内容有编号、光缆型号和规格等。

⑩光缆穿放的管孔出口端应封堵严密，以防水或杂物进入管内。

⑪光缆有可能被碰损伤时，可在其上面或周围采取保护措施。

（3）建筑物光缆敷设

1）通过电信间竖井垂直地敷设光缆。如建筑物内有专用的弱电竖井，可在这个竖井内敷设综合布线系统所需的主干光缆。在电信间竖井中敷设光缆有两种选择：向上牵引和向下垂放。通常向下垂放比向上牵引容易些。但如果将光缆卷轴机搬到高层上去很困难，则只能由下向上牵引。当准备向下垂放敷设光缆时，应按以下步骤进行工作：

①在建筑顶层电信间的竖井1～1.5m处安放光缆卷轴，使卷筒在转动时能控制光缆。将光缆卷轴安置于平台上，以便保持在所有时间内光缆与卷筒轴心都是垂直的，放置卷轴时要使光缆的末端在其顶部，然后从卷轴顶部牵引光缆。

②转动光缆卷轴，并将光缆从其顶部牵出。牵引光缆时，要保持不超过最小弯曲半径和最大张力的规定。

③引导光缆进入架设好的电缆桥架中。

④慢慢地从光缆卷轴上牵引光缆，直到下一层的施工人员可以接到光缆并引入下一层。在每一层楼均重复以上步骤，当光缆达到最底层时，要使光缆松弛地盘在地上。在电信间敷设光缆时，为了减少光缆上的负荷，应在一定的间隔上（如 5.5m）用缆带将光缆扣牢在墙壁上。用这种方法，光缆不需要中间支持，但要小心地捆扎光缆，不要弄断光纤。为了避免弄断光纤及产生附加的传输损耗，在捆扎光缆时不要碰破光缆外护套，固定光缆的步骤如下：

a. 使用塑料扎带，由光缆的顶部开始，将干线光缆扣牢在桥架上。

b. 由上往下，在指定的间隔（5.5m）安装扎带，直到干线光缆被牢固地扣好。

c. 检查光缆外套有无破损，盖上桥架的外盖。

2）通过吊顶敷设光缆。光缆敷设走吊顶的施工方式如下：

①沿着所建议的光纤敷设路径打开吊顶。

②利用工具由一端开始的0.3m处环切光缆的外护套，去掉这段外护套。

③将光纤及加固芯切去，只留下纱线。对需要敷设的每条光缆重复此过程。

④将纱线与带子扭绞在一起，再用胶布紧紧地将长20cm范围的光缆护套缠住。

⑤将纱线馈送到合适的夹子中去，直到被带子缠绕的护套全塞入夹子中为止。

⑥将带子绕在夹子和光缆上，将光缆牵引到所需的地方，并留下足够长的光缆供后续处理用。

（4）在设备间、电信间等处。光缆布放宜盘留，预留长度宜为3～5m；有可能挪动位置时应预留长度视现场情况而定。

（5）气送光缆技术。气送光缆是一种光缆敷设技术。它利用来自空气压缩机的高压空气（约10kg/cm²），通过吹气头沿着已安装的空心光缆管吹送光缆，用一个吹气头可以实现几十米至十几千米的敷设距离。如图 5-89 所示是在野外用气吹法敷设光缆。

图 5-89　在野外用气吹法敷设光缆

注：通信光缆气吹敷设法是指在事先埋设好的硅芯管内注入高压气流，并依靠高压气流将光缆带入硅芯管内。

1）气送光缆系统。气送光缆系统主要由空气压缩机、吹缆机、空心光缆管、光缆等组成。典型的气送光缆敷设系统如图 5-90 所示。

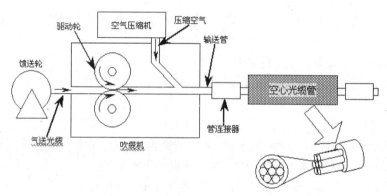

图 5-90　气送光缆敷设系统示意图

空心光缆管由微管和母管两部分组成。微管的直径相当小，通常能为 6mm 甚至更低（主要是为了和气送光缆相匹配）。微管的内壁平滑，有较低的摩擦导气性能。几根微管（一般为 2、4、7 根）捆扎在一起形成微管束，在管束外表面覆以 PE（室外场合）管或 PVC（有阻燃需求的室内场合）管，即母管。

空气压缩机产生高压空气。

吹缆机是气送光缆系统中一个核心部分之一。气送光缆被导入吹缆机之后，由吹缆机的两个橡皮驱动轮进行驱动牵引。橡皮轮具有足够的扭矩，足以将气送光缆从馈送轮上牵引下来并克服因气送机气密性而产生在缆上的压力。

气送光缆进入微管以后，就开始受到管内强大的压缩空气流的影响，分布于气送光缆所通过长度的管内的空气动力和流体静力的相互作用，一起将缆向前推进，光缆敷设速度一般约为 30m/min。

2）气送光缆具备以下 4 个显著优点：

● 可以降低初期投资成本并减少光纤闲置，一旦光纤数需要增加，即可在所需处吹入相应的光纤数。

- 由于光纤单元是由压缩空气输送，整个光纤单元长度上由吹气压力分布引起的拉伸应力是十分微小的。
- 可以在所需的光缆长度内持续敷设，所安装的是连续的光纤单元，从而明显减少了光纤的接头数。
- 与传统管道敷设光缆相比，施工简单，系统成本低廉。

6. 光纤接续技术

在安装任何光缆系统时，都必须考虑以低损耗的方法把光缆相互连接起来，以实现光链路的接续。光纤链路的接续又可以分为永久性的和活动性的两种。永久性的接续，大多采用熔接法、粘接法或固定连接器来实现；活动性的接续，一般采用活动连接器来实现。

永久性的光纤接续又叫热熔，这种连接是用放电的方法将两根光纤的连接点熔化并连接在一起。一般用在长途接续、永久或半永久固定连接。其主要特点是连接衰减在所有的连接方法中最低，典型值为 0.01～0.03dB/点。但连接时，需要专用设备（光纤熔接机）和专业人员进行操作，连接点也需要专用容器保护起来。

综合布线系统中，两根长距离光缆的接续是在光缆接续盒里完成熔接和固定，如图 5-91 所示。主干多芯光缆通常是在光纤配线架、光缆终端盒、光缆分线箱里分芯后与尾纤对应进行熔接。每根尾纤的另一端通过连接器在内部接入到适配器上。如图 5-92 所示是 24 芯室内光缆终端盒接续示意图。

图 5-91　光缆接续盒

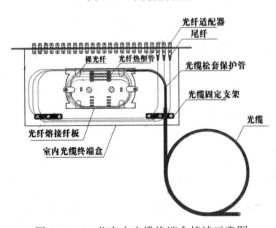

图 5-92　24 芯室内光缆终端盒接续示意图

光纤端接和光纤熔接的方法参见实训 11：光纤连接器的互连和实训 12：光纤熔接。

5.4 项目实施

5.4.1 用户需求

1. 用户要求

对该小区 10 栋建筑之间和楼内进行综合布线，为语音信号、数据信号、图像信号与监控信号提供传输通道，支持多种应用系统的使用，并能实现与外部信号传输通道的连接。建筑群网络骨干采用 10000Mb/s 光纤传输，建筑群至建筑物主干采用 1000Mb/s 光纤传输，配线子系统采用 100Mb/s 对绞电缆传输。

2. 信息点种类和数量

小区每栋楼有 9 层，5 个单元，每个单元每楼层有 3 户，每栋楼共有 27×5=135 户。按每户设 1 个数据集合点和 1 个语音集合点，每层楼留数据和语音冗余线各 1 根，这样每栋楼相当于共有 135×2+2×9×5=360 个集合点。小区共有 10 栋楼，总共需要设置 360×10=3600 个集合点（其中数据信息点和语音集合点各 1800 个）。

5.4.2 设计依据原则

1. 本设计方案依据的标准

- GB50311-2007《综合布线系统工程设计规范》
- GB50312-2007《综合布线系统工程验收规范》

2. 设计的原则

（1）标准化。本设计综合了楼内所需的所有语音、数据、图像等设备的信息的传输，并将多种设备终端插头插入标准的信息插座或配线架上。

（2）兼容性。本设计对不同厂家的语音、数据设备均可兼容，且使用相同的电缆与配线架、相同的插头和模块插孔。因此，无论布线系统多么复杂、庞大，不再需要与不同厂商进行协调，也不再需要为不同的设备准备不同的配线零件，以及复杂的线路标志与管理线路图。

（3）模块化。综合布线采用模块化设计，布线系统中除固定于建筑物内的水平缆线外，其余所有的接插件都是积木标准件，易于扩充及重新配置，因此当用户因发展而需要增加配线时，不会因此而影响到整体布线系统，可以保证用户先前在布线方面的投资。综合布线为所有话音、数据和图像设备提供了一套实用的、灵活的、可扩展的模块化的介质通路。

（4）先进性。本设计将采用美国 AMP 的综合布线产品构筑楼内的高速数据通信通道，能将当前和未来相当一段时间的语音、数据、网络、互连设备以及监控设备很方便地扩展进去。

5.4.3 产品选型和产品的特点

AMP 是美国泰科电子公司的品牌。泰科电子公司是世界上最大的无源电子元件制造商，是无线元件、电源系统、建筑物结构化布线器件和系统方面前沿技术的领导者，是陆地移动无线电行业的关键通讯系统的供应商，泰科电子提供先进的技术产品，旗下拥有超过 40 个品牌，包括 AMP NETCONNECT。

5.4.4 系统设计

1. 系统采用三级星型拓扑结构

中心机房也是小区的外网进线间和设备间。在中心机房放置网络和电话通信总配线架 CD（建筑群配线架，这是第一级。在各栋楼的中间单元（三单元）底楼的电信间设置 CD（建筑物配线架）连接中心机房的 CD（建筑群配线架）。在各栋楼的各个单元底楼的电信间设置 BD（建筑物配线架），这是第二级。在各户门内附近位置设置集合点，由集合点分线进入各个房间，这是第三级。

2. 缆线选用

建筑群子系统数据主干线（从中心机房 CD 至各栋楼的 CD）采用 AMP 室外 24 芯（50/125μm）多模光缆连接；从楼栋 CD/BD 至各单元的交换机光口采用单芯光缆连接，省用光纤配线架。从配线子系统数据 FD 连接到各个用户集合点处的缆线采用 AMP 超 5 类 4 对低烟无卤非屏蔽对绞电缆。

所有语音主干（建筑群子系统和干线子系统）采用 AMP 3 类 100 对大对数电缆。从配线子系统数据 FD 连接到各个用户集合点处的语音缆线采用 3 类 2 芯对绞电缆。

3. 配线架选用

CD 和 BD 数据配线架选用 24 口的光纤配线架。数据用 FD 采用 AMP 24 口超 5 类模块化配线架；语音用 FD 和语音用 BD 采用 AMP 110 型 50 对配线架；语音用 CD 采用 AMP 110 型 100 对配线架。

连接网络时需要使用带有 1000M 光口交换机。

全部配线架和网络通信设备安装在机柜里。

各户入户门口附近安装集合点设备。

5.4.5 子系统设计

1. 工作区

在用户房间门内附近设置一个 AMP 集合点。由集合点到各个房间工作区的布线待将来家装时根据用户的需求完成，本设计不考虑。

2. 配线子系统和干线子系统

如图 5-93 所示是各个楼层的平面示意图。

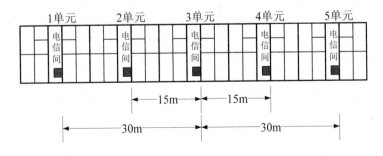

图 5-93　各个楼层的平面示意图

在每栋楼各个单元的一楼电信间放置一台 6U 挂壁式机柜，内置 2 台 AMP 24 口的模块式数据配线架作数据 FD 和 1 台 AMP 50 对 110 配线架作语音 FD，放置 2 台交换机（每台有 24 个电口和 4 个光口）。又在第 3 单元一楼电信间放置一台 6U 挂壁式机柜，放置 5 台 AMP 50 对 110 配线架作语音 BD/CD，放置 1 台 AMP 24 口的光纤配线架作数据 BD/CD。

在用户房间门内附近设置一个 AMP 集合点。分别从各户的集合点接一根 AMP 超 5 类 4 对低烟无卤非屏蔽对绞电缆（UTP）至本楼电信间电缆竖井，再至一楼电信间机柜中的数据配线架端接。数据配线架共端接 36 根对绞电缆，其中 27 根连接到各户集合点，另外每层楼冗余 1 根备用。使用 36 根设备缆线（对绞电缆）需要 2 台 24 口的配线架。同时需要 2 台交换机（每台有 24 个电口和 4 个光口）。交换机的 2 个光口用于 2 台级联，另外 2 个光口使用 2 根单芯光缆连接到位于楼栋第 3 单元底楼电信间机柜中的光纤配线架上。将 20 根单芯光缆（两端带连接器）连接到这里的 24 口光纤配线架上。

如表 5-3 所示是计算出的各楼层需要使用对绞电缆的情况。

表 5-3　计算各楼层使用对绞电缆的情况

楼层	层高（m）	楼层水平端预留长度（m）	接入配线架端预留长度（m）	每户用线长度（m）	数据对绞电缆长度（3 入户，1 冗余）（m）	2 芯语音电缆长度（3 入户，1 冗余）（m）
1	1×3.2=3.2	5	5	13.2	13.2×4≈53	13.2×4≈53
2	2×3.2=6.4	5	5	16.4	16.4×4≈66	16.4×4≈66
3	3×3.2=9.6	5	5	19.6	19.6×4≈79	19.6×4≈79
4	4×3.2=12.8	5	5	22.8	22.8×4≈92	22.8×4≈92
5	5×3.2=16.0	5	5	26.0	26.0×4≈104	26.0×4≈104
6	6×3.2=19.2	5	5	29.2	29.2×4≈117	29.2×4≈117
7	7×3.2=22.4	5	5	32.4	32.4×4≈130	32.4×4≈130
8	8×3.2=25.6	5	5	35.6	35.6×4≈143	35.6×4≈143
9	9×3.2=28.8	5	5	38.8	38.8×4≈156	38.8×4≈156
合计					940 m	940 m

如表 5-4 所示是每栋楼各单元间连接缆线和配线设备的使用情况。

表 5-4　每栋楼各单元间连接缆线和配线设备的使用情况

单元	挂壁式机柜（台）	24 口模块配线架（台）	50 对 110 配线架（台）	0.6m 跳线（根）	需要 0.6m 跳线长度（m）	RJ-45 连接器（个）	24 口光纤配线架（台）	由交换机光口连到 3 单元光纤配线架单芯光缆（m）	单芯光缆连接器（个）	3 类 50 对大对数语音电缆（m）
1	1	2	1	36	36×0.6≈22	36×2=72	—	(30+10)×4=160	8	30+10=40
2	1	2	1	36	36×0.6≈22	36×2=72	—	(15+10)×4=100	8	15+10=25
3	2	2	5	36	36×0.6≈22	36×2=72	1	1×4=4	8+20	10

单元	挂壁式机柜（台）	24口模块配线架（台）	50对110配线架（台）	0.6m跳线（根）	需要0.6m跳线长度（m）	RJ-45连接器（个）	24口光纤配线架（台）	由交换机光口连到3单元光纤配线架单芯光缆（m）	单芯光缆连接器（个）	3类50对大对数语音电缆（m）
4	1	2	1	36	36×0.6≈22	36×2=72	—	(15+10)×4=100	8	15+10=25
5	1	2	1	36	36×0.6≈22	36×2=72	—	(30+10)×4=160	8	30+10=40
合计	6	10	9	180	110	360	1	524	60	140

如图 5-94 所示是各单元配线机柜中安装设备的示意图。

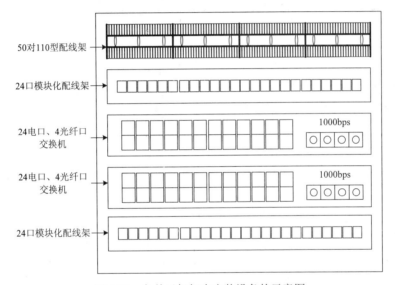

图 5-94　各单元机柜中安装设备的示意图

如图 5-95 所示是各栋楼连接中心机房的配线架安装示意图。

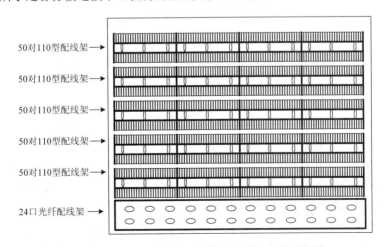

图 5-95　各栋楼连接中心机房的配线架安装示意图

由表5-3已计算出各单元需要使用对绞电缆940m，由表5-4已计算出各单元需要使用跳线22m。从而可知各栋楼需要使用对绞电缆总长度为(940+22)×5=4810m，进而可知小区 10 栋楼共需要使用对绞电缆 4810×10=48100m。同样地，各栋楼要使用 2 芯语音对绞电缆 940×5=4700m，小区 10栋楼使用 2 芯语音对绞电缆 4700×10=47000m，小区 10 栋楼需要使用单芯光缆跳线 524×10=5240m。如表 5-5 所示是 10 栋楼所需缆线和配线设备的情况。

表 5-5　10 栋楼所需缆线和配线设备的情况

楼栋	挂壁式机柜（台）	24 口模块配线架（台）	24 口交换机（台）	对绞电缆（m）	RJ-45连接器（个）	24 口光纤配线架（台）	由交换机光口连到 3 单元光纤配线架单芯光缆（m）	单芯光缆连接器（个）	50 对 110型配线架（台）	3 类 2 芯语音电缆（m）	3 类 50对语音电缆（m）
每栋用量	6	10	10	4810	360	1	524（40m和 25m 各 8 根；1m的 4 根）	60	9	940×5=4700	140
10 栋楼总用量	60	100	100	48100	3600	10	5240	600	90	47000	1400

本系统管槽路由是从单元楼底楼电信间使用金属线槽沿着已建成的电缆竖井至各楼层的电信间，再由各楼层的电信间暗埋 PVC 线管至该层各户的集合点。从 1、2、4、5 单元电信间至设备间（3 单元的电信间）也使用金属线槽。金属线槽需要量计算为：

1 栋楼金属线槽需要量=3.2（层高）×9（最高层）×5（单元数）+(30×2)（1、5 单元至 3 单元距离）+(15×2)(2、4 单元至 3 单元距离)+10×5(1～5 单元入电信间距离)=144+90+50=284m

10 栋楼金属线槽需要量=284×10=2840m

金属线槽的材料为冷轧合金板，表面可进行镀锌处理。线槽可以根据情况选用不同规格。为保证缆线的弯曲半径，线槽必须配以相应规格的分支辅件，以提供线路路由的弯转自如。为了确保线路的安全，应使槽体有良好的接地端。金属线槽、金属软管、电缆桥架及各配线架机柜均需要整体连接，然后接地。

若强电线路可以与线路平行配置，但需要隔离在不同的线槽中，且线槽之间需要相隔 30cm 以上的距离。

3. 建筑群子系统

凤凰山 A 区的 10 栋楼和中心机房构成建筑群。在中心机房设置 19 英寸 42U（=187cm）立式机柜 2 台：1 台机柜内置 24 口的光纤配线架 10 台和 24 口（千兆接口）汇聚交换机 10 台，另一台机柜内置 AMP 110 型 100 对语音配线架 20 台作为语音 CD。

中心机房与 10 栋楼之间的数据传输分别使用 1 根 AMP 室外 24 芯（50/125μm）多模光缆（使用 20 芯，冗余 4 芯）从中心机房光纤配线架 CD 连接至每栋楼的第 3 单元第一层楼电信间的光纤配线架 BD/CD 上。

中心机房与 10 栋楼之间的语音传输分别使用 2 根 AMP 3 类 100 对大对数电缆（使用 180 对，

冗余 20 对）。

　　全部干线光缆和干线大对数电缆沿中心机房到各栋楼的电缆沟管道敷设。如表 5-6 所示是从中心机房到各楼栋所需缆线的情况。

表 5-6　从中心机房到各楼栋所需缆线的情况

中心机房去到楼栋	距离（m）	两端入室端接预留长度（m）	室外 24 芯多模光缆需要量（m）	3 类 100 对大对数电缆需要量（m）
1	150	20	150+20=170	170×2=340
2	110	20	110+20=130	130×2=260
3	130	20	130+20=150	150×2=300
4	170	20	170+20=190	190×2=380
5	250	20	250+20=270	270×2=540
6	210	20	210+20=230	230×2=460
7	170	20	170+20=190	190×2=380
8	170	20	170+20=190	190×2=380
9	210	20	210+20=230	230×2=460
10	250	20	250+20=270	270×2=540
合计			2020	4040

　　4．中心机房进线间、设备间

　　中心机房设备间兼作进线间。多家电信业务经营者（中国电信和中国网通）的电信缆线已接入进线间，重庆电信宽带的专用光缆也已接入小区进线间，并都在进线间设置了各自的入口设施。

　　在中心机房，采用 3 类 100 对大对数电缆一端连接到电信运营商的入口设施上，与电信外来缆线连接，另一端连接到语音 CD 上。

　　各汇聚交换机上连接口接入核心交换机，核心交换机上连接口接入小区路由器，小区路由器接入电信运营商入口处的光缆，实现小区网络与外网的连接。注意入口设施、网络设备、配线设备的容量相统一及传输性能的一致性和冗余性。入口处应留有 2～4 孔的余量。

　　5．管理

　　应对工作区、电信间、设备间、进线间的配线设备、缆线、信息插座模块等设施按一定的模式进行标识和记录。

5.4.6　工程施工

　　此处工程实施主要表述系统施工的步骤和注意事项，侧重工程技术，而在工程实施方案书中更多表述本公司的项目管理模式和措施，侧重组织和协调。

　　1．施工步骤

　　综合布线系统是一个实用性很强的技术，要保证布线系统完工后达到标准规定的性能指标，必须保证按规范施工，抓好工程管理。

　　本综合布线系统工程施工按以下步骤进行：

　　（1）施工前的准备。施工前认真进行环境检查及器材检验，发现不符合条件应向甲方提出并会同有关施工单位协调处理。

（2）施工前的环境检查。在安装工程开始以前应对交接间、设备间的建筑和环境条件进行检查，具备下列条件方可开工：

- 交接间、设备间、工作区土建工程已全部竣工。房屋地面平整、光洁，门的高度和宽度应不妨碍设备和器材的搬运，门锁和钥匙齐全。
- 房屋预留地槽、暗管、孔洞的位置、数量、尺寸均应符合设计要求。
- 对设备间铺设活动地板应专门检查，地板板块铺设严密坚固。每平方米水平允许偏差不应大于 2mm，地板支柱牢固，活动地板防静电措施的接地应符合设计和产品说明要求。
- 交接间、设备间应提供可靠的电源和接地装置。
- 交接间、设备间的面积、环境温湿度均应符合设计要求和相关规定。

（3）施工前的器材检验。器材检验一般要求。经检验的器材应做好记录，对不合格的器材应单独存放，以备检查和处理；型材、管材与铁件的检验要求：各种型材的材质、规格、型号应符合设计文件的规定，表面应光滑、平整。

（4）施工注意点。

- 桥架及槽道的安装位置应符合施工图规定，左右偏差不应超过 50mm，水平度每平米偏差不应超过 2mm。
- 垂直桥架及槽道应与地面保持垂直，且无倾斜现象，垂直度偏差不应超过 3 mm。
- 两槽道拼接处节与节间应接触良好，安装牢固，水平偏差不应超过 2 mm。
- 各种管道内应无阻挡，管道口应无毛刺，并安置牵引线或拉线。
- 敷设管道的两端应标志，表示出房号、序号和长度。
- 安装机柜、配线设备及金属管/槽要接地，接地体应符合设计要求，并保持良好的电气连接。
- 缆线布放前应核对规格、程序、路由及位置与设计规定相符。
- 缆线的布放应平直，不得产生扭绞、打圈等现象，不应受到外力的挤压和损伤。
- 缆线布放前两端应贴有标签，以表明起始和终端位置，标签书写应清晰、端正和正确。
- 电源线、信号电缆、对绞电缆、光缆及建筑物内其他弱电系统的缆线应分离布放，各缆线间的最小净距应符合设计要求。
- 缆线布放时应有冗余，在交接间、设备间对绞电缆预留长度一般为 3～6m，工作区为 0.3～0.6m，光缆在设备端预留长度一般为 5～10m，有特殊要求的应按设计要求预留长度。
- 缆线的弯曲半径应符合下列规定：
  - ➢ 非屏蔽 4 对对绞电缆的弯曲半径应至少为电缆外径的 4 倍，在施工过程中应至少为 8 倍。
  - ➢ 屏蔽对绞电缆的弯曲半径应至少为电缆外径的 6～10 倍。
  - ➢ 主干对绞电缆的弯曲半径应至少为电缆外径的 10 倍。
- 在进行缆线端接时应满足以下要求：
  - ➢ 对绞电缆在与信息插座和配线架模块连接时必须符合 568A 或 568B 线序要求。
  - ➢ 打线时认准线号、线位色标，不得颠倒和错接。
  - ➢ 在对绞电缆端接时尽量保留其扭绞状态。
  - ➢ 拔除保护套均不能剐伤绝缘层，必须使用专用工具剥除。
  - ➢ 在信息插座和配线架端接完毕后，必须做标志，并记录入档。

2. 施工质量管理

施工的质量对保证综合布线系统的整体性能至关重要，所以必须严格施工质量管理。要保证施工的质量，主要从以下几个方面进行：一是要有一个完善的组织体制，二是要严格按施工工序实施，三是要符合施工规范，四是认真进行现场记录，发现问题及时分析解决。

现场施工队除了综合布线系统施工队之外，还有空调、水电、土建装修等施工单位。综合布线施工的空间安排、工序安排都要与这些施工单位协调后才不会产生矛盾，保证工程如期完成。要制定好详尽的施工流程，以便于对工程施工进行管理。

5.4.7 工程造价清单

工程造价清单如表 5-7 所示。

表 5-7 工程造价清单

序号	名称	数量	单位	参考单价（元）	总价
1	安普 24 芯室外光缆	2020m	1000 米/轴	32000	64640
2	安普超 5 类 4 对 UTP 线	48100m	箱（305 米）	720	113760
3	3 类 50 对大对数电缆	1400m	箱（305 米）	8000	36721
4	3 类 100 对大对数电缆	4040m	箱（305 米）	11000	145704
5	2 芯电话线	47000m	卷（200 米）	100	23500
6	AMP 110 型 50 对跳线架	90	台	90	8100
7	AMP 110 型 100 对跳线架	20	台	144	2880
8	安普 24 口模块配线架	100	台	540	54000
9	AMP 24 口光纤配线架（有耦合器）	20	台	2350	47000
10	单芯光缆	5240m	卷（200 米）	220	5764
11	单芯光缆连接器	650	盒（100 个）	450	2925
12	RJ-45 连接器	3700	盒（100 个）	150	5550
13	奥科 19 英寸 42U 标准机柜	2	台	1980	3960
14	奥科 12U 19 英寸挂墙机柜	60	台	580	34800
15	金属线槽	2840	米	20	56800
16	其他设备材料估计	—	—	—	100000
17	24 口带 4 个千兆光口交换机	100	台	将来根据网络工程考虑	
设备总价（不含测试费）		706104			
设计费（5%）		35305			
测试费（5%）		35305			
督导费（5%）		35305			
施工费（20%）		141220			
税金（3.4%）		24007			
总计		977246			

5.5 项目实训

实训6：对绞电缆接入 RJ–45 水晶头

RJ-45 水晶头由金属触片和塑料外壳构成，其前端有 8 个凹槽，简称 8P（Position，位置），凹槽内有 8 个金属接触片，简称 8C（Contact），因此 RJ-45 水晶头又称为 8P8C 接头。端接水晶头时，要注意它的引脚次序，当金属片朝上时，1～8 的引脚次序应从左往右数。

连接水晶头虽然简单，但它是影响通信质量的非常重要的因素：开绞过长会影响近端串扰指标；压接不稳会引起通信的时断时续；剥皮时损伤线对线芯会引起短路、断路等故障等。

RJ-45 水晶头连接按 T568A 和 T568B 排序。T568A 的线序是：白绿、绿、白橙、蓝、白蓝、橙、白棕、棕；T568B 的线序是：白橙、橙、白绿、蓝、白蓝、绿、白棕、棕。下面以 T568B 标准为例介绍 RJ-45 水晶头的连接步骤。

1. 制作步骤

（1）剥线。用对绞电缆剥线器将对绞电缆塑料外皮剥去 2～3cm，如图 5-96（a）所示。

（2）排线。将绿色线对与蓝色线对放在中间位置，而橙色线对与棕色线对放在靠外的位置，形成左一橙、左二蓝、左三绿、左四棕的线对次序，如图 5-96（b）所示。

（3）理线。小心地剥开每一线对（开绞），并将线芯按 T568B 标准排序，特别是要将白绿线芯从蓝和白蓝线对上交叉至 3 号位置，将线芯拉直压平、挤紧理顺（朝一个方向紧靠），如图 5-96（c）所示。

（4）剪切。将裸露出的对绞电缆芯用压线钳、剪刀、斜口钳等工具整齐地剪切，只剩下约 13mm 的长度，如图 5-96（d）所示。

（5）插入。一手以拇指和中指捏住水晶头，并用食指抵住，水晶头的方向是金属引脚朝上、弹片朝下；另一只手捏住对绞电缆，用力缓缓将对绞电缆 8 条导线依序插入水晶头，并一直插到 8 个凹槽顶端，如图 5-96（e）所示。

（6）检查。检查水晶头正面，查看线序是否正确；检查水晶头顶部，查看 8 根线芯是否都顶到了顶部，如图 5-96（f）所示。

注意：为减少水晶头的用量，（a）～（f）可重复练习，熟练后再进行下一步。

（7）压接。确认无误后，将 RJ-45 水晶头推入压线钳夹槽并用力握紧压线钳，将突出在外面的针脚全部压入 RJ-45 水晶头内，RJ-45 水晶头连接完成如图 5-96（g）～（i）所示。

（8）制作跳线。用同一标准在对绞电缆另一侧安装水晶头，完成直通网络跳线的制作。另一侧用 T568A 标准安装水晶头，则完成一条交叉网线的制作。

（9）测试。用综合布线实训台上的测试装置或工具箱中的简单线序测试仪对网络进行测试，会有直通网线通过、交叉网线通过、开路、短路、反接、跨接等显示结果。

RJ-45 水晶头的保护胶套可防止跳线拉扯时造成接触不良，如果水晶头要使用这种胶套，需要在连接 RJ-45 水晶头之前将胶套插在对绞电缆上，连接完成后再将胶套套上。

2. 实训材料

UTP 对绞电缆每人一条（1～2 米），水晶头每人 4 个。

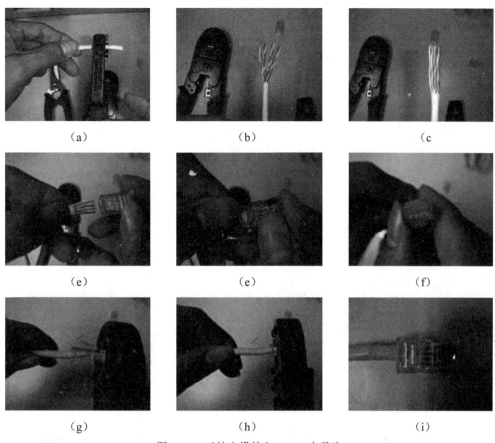

图 5-96 对绞电缆接入 RJ-45 水晶头

3. 实训工具

VCOM 综合布线工具箱中的剥线钳、压线钳、简单线序测试仪。

4. 实训环境

VCOM 多功能综合布线实训台。

实训 7：打线训练

打线是布线工程师必须熟练掌握的基本技能，安装打线式信息模式、打线式数据配线架、110 语音配线架都需要打线操作。打线质量直接影响到通信质量。

多功能综合布线实训台上有 4 套打线训练装置，可满足 4 人同时进行打线实训，每套打线训练装置上下接 6 条 4 对 8 芯 UTP，每人一次可打线 48 次，打线训练装置配实时指示灯，当对齐的上下线芯打线连接成功后对应指示灯亮。

1. 实训步骤

（1）准备。每人一次准备 6 条 UTP 对绞电缆线段，长约 10cm（可以更长），如图 5-97（a）所示。

（2）剥皮。用对绞电缆剥线器将线段一端的对绞电缆塑料外皮剥去 1.5～2cm，如图 5-97（b）所示。

（3）开绞。小心地剥开每一线对，按打线装置上规定的线序排序。如图 5-97（c）所示。

（4）打线。从左起第一个接口开始打线，先打上排接口，按打线装置上规定的线序打线：先将 8 根线芯按序轻轻卡入槽口中，右手紧握 110 打线工具（刀口朝外），将线芯逐一打入槽口的卡槽触点上，每打一次都有一声清脆的响声，同时将多余的线头剪断；然后打接下排接口，每根线芯打接至下排对应槽口，每完成一条打接对应指示灯亮起，如图 5-97（d）～（1）所示。

（5）重复步骤（1）～（4）5 次，完成 6 条 UTP 对绞电缆共 48 次的打线。

（6）重复步骤（1）～（5），每位同学可进行多轮次的打线训练。

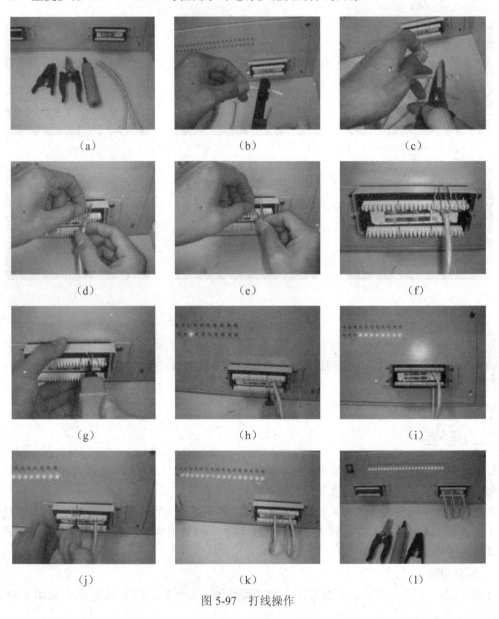

（a）　　　　　　　　　（b）　　　　　　　　　（c）

（d）　　　　　　　　　（e）　　　　　　　　　（f）

（g）　　　　　　　　　（h）　　　　　　　　　（i）

（j）　　　　　　　　　（k）　　　　　　　　　（1）

图 5-97　打线操作

2.　实训材料

UTP 对绞电缆。

3．实训工具

综合布线工具箱中的剥线钳、压线钳、110 打线工具。

4．实训环境。

多功能综合布线实训台。

实训 8：对绞电缆与信息模块连接

信息插座由面板、信息模块和盒体底座几部分组成，信息模块端接是信息插座安装的关键。先介绍信息模块端接步骤。

1．端接信息模块

信息模块分打线模块（又称冲压型模块）和免打线模块（又称扣锁端接帽模块）两种，打线模块需要用打线工具将每个电缆线对的线芯端接在信息模块上，扣锁端接帽模块使用一个塑料端接帽把每根导线端接在模块上，也有一些类型的模块既可用打线工具也可用塑料端接帽压接线芯（如下面介绍的 MOU456-WH 模块）。所有模块的每个端接槽都有 T568A 和 T568B 接线标准的颜色编码，通过这些编码可以确定对绞电缆每根线芯的确切位置。下面以两种信息模块的端接为例介绍信息模块的端接步骤。

（1）打线信息模块端接步骤。

1）把线的外皮用剥线器剥开，如图 5-98（a）所示。

2）用剪刀把撕裂绳剪掉，如图 5-98（b）所示。

3）按照模块上的 B 色标分好线对剥去 2～3cm 并放入相应的位置，如图 5-98（c）所示。

4）各个线对不用打开直接插入相应位置，如图 5-98（d）所示。

5）当线对都放入相应的位置后检查各线对是否正确，如图 5-98（e）所示。

6）用准备好的单用打线刀（刀要与模块垂直，刀口向外）逐条压入并打断多余的线，如图 5-98（f）所示。

7）把各线压入模块后再检查一次，如图 5-98（g）所示。

8）确认无误后给模块安装保护帽，如图 5-98（h）所示，一个模块安装完毕，如图 5-98（i）所示。

（2）免打线信息模块端接步骤。免打线信息模块如图 5-99（a）所示。

1）用对绞电缆剥线器将对绞电缆塑料外皮剥去 2～3cm。

2）按信息模块扣锁端接帽上标定的 B 色标（或 A 色标）线序打开对绞电缆，理平、理直缆线，斜口剪齐导线（便于插入），如图 5-99（b）所示。

3）缆线按标示线序方向插入至扣锁端接帽，注意开绞长度（至信息模块底座卡接点）不能超过 13mm，如图 5-99（c）所示。

4）将多余导线拉直并弯至反面，如图 5-99（d）所示。

5）从反面顶端处剪平导线，如图 5-99（e）所示。

6）用压线钳的硬塑套将扣锁端接帽压接至模块底座，如图 5-99（f）所示，也可以用如图 5-99（g）所示的钳子压接。模块端接完成，如图 5-99（h）所示。

2．信息插座安装步骤

（1）将对绞电缆从线槽或线管中通过进线孔拉入信息插座底盒中。

（2）为便于端接、维修和变更，缆线从底盒拉出后预留 15cm 左右后将多余部分剪去。

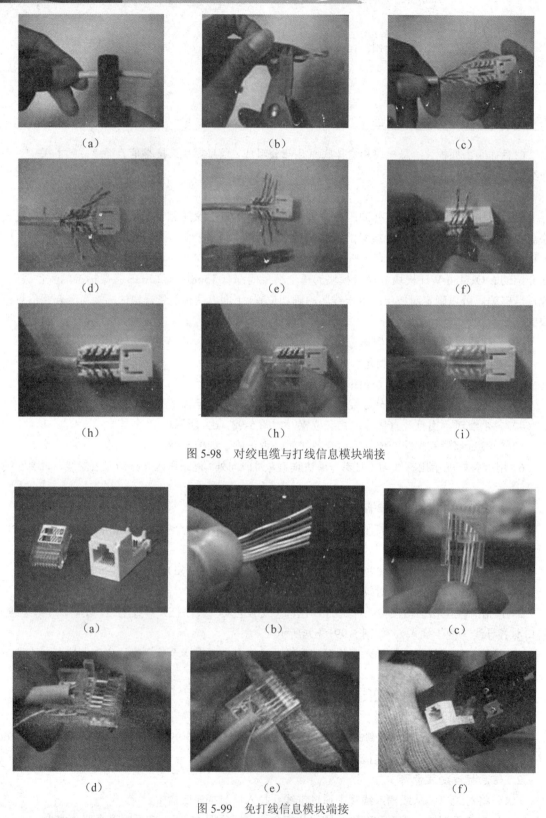

（a） （b） （c）

（d） （e） （f）

（h） （h） （i）

图 5-98　对绞电缆与打线信息模块端接

（a） （b） （c）

（d） （e） （f）

图 5-99　免打线信息模块端接

（g）　　　　　　　　　　　　　（h）

图 5-99　免打线信息模块端接（续图）

（3）端接信息模块。

（4）将冗余缆线盘于底盒中。

（5）将信息模块插入面板中。

（6）合上面板，紧固螺钉，插入标识，完成安装。

3．实训材料

UTP 对绞电缆、打线式信息模块、免打式信息模块。

4．实训工具

综合布线工具箱中的剥线钳、压线钳、110 打线工具。

5．实训环境

多功能综合布线实训台。

实训 9：对绞电缆与数据配线架端接

配线架是配线子系统关键的配线接续设备，它安装在配线间的机柜（机架）中，配线架在机柜中的安装位置要综合考虑机柜缆线的进线方式、有源交换设备散热、美观、便于管理等要素。

1．数据配线架安装基本要求

（1）为了管理方便，配线间的数据配线架和网络交换设备一般都安装在同一个 19 英寸的机柜中。

（2）根据楼层信息点标识编号按顺序安放配线架，并画出机柜中配线架信息点分布图，便于安装和管理。

（3）缆线一般从机柜的底部进入，所以通常配线架安装在机柜下部，交换机安装在机柜上部，也可根据进线方式作出调整。

（4）为了美观和管理方便，机柜正面配线架之间和交换机之间要安装理线架，跳线从配线架面板的 RJ-45 端口接出后通过理线架从机柜两侧进入交换机间的理线架，然后再接入交换机端口。

（5）对于要端接的缆线，先以配线架为单位，在机柜内部进行整理、用扎带绑扎、将冗余的缆线盘放在机柜的底部后再进行端接，使机柜内整齐美观、便于管理和使用。

数据配线架有固定式（横、竖结构）和模块化配线架。下面分别给出两种配线架的安装步骤，同类配线架的安装步骤大体相同。

2．固定式配线架安装步骤

（1）将配线架固定到机柜的合适位置，在配线架背面安装理线环。

（2）从机柜进线处开始整理对绞电缆，对绞电缆沿机柜两侧整理至理线环处，使用绑扎带固定好电缆，一般 6 根对绞电缆作为一组进行绑扎，将对绞电缆穿过理线环摆放至配线架处。

（3）根据每根对绞电缆连接接口的位置测量端接电缆应预留的长度，然后使用压线钳、剪刀、斜口钳等工具剪断电缆。

（4）根据选定的接线标准将 T568A 或 T568B 标签压入模块组插槽内。

（5）根据标签色标排列顺序将对应颜色的线对逐一压入槽内，然后使用打线工具固定线对连接，同时将伸出槽位外多余的导线截断，如图 5-100 所示。

（6）将每组缆线压入槽位内，然后整理并绑扎固定缆线，如图 5-101 所示。固定式配线架安装完毕。

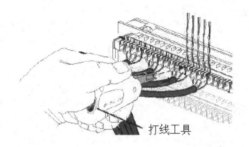

打线工具

图 5-100　将线对逐次压入槽位并打压固定

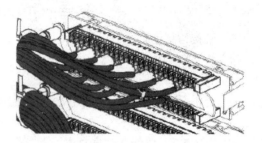

图 5-101　整理并绑扎固定缆线

3. 模块化配线架的安装步骤

（1）～（3）步同固定式配线架安装过程的（1）～（3）步。

（4）按照上述信息模块的安装过程端接配线架的各信息模块。

（5）将端接好的信息模块插入到配线架中，模块式配线架安装完毕。

4. 配线架端接实例

如图 5-102 所示为模块化配线架端接后的机柜内部示意图（信息点多），图 5-103 所示为固定式配线架（横式）端接后的机柜内部示意图（信息点少），图 5-104 所示为固定式配线架（竖式）端接后的配线架背部示意图。

图 5-102　模块化配线架端接后的机柜内部示意图

5. 实训材料

UTP 对绞电缆、固定式数据配线架、模块式数据配线架。

图 5-103　固定式配线架（横式）端接后的机柜内部示意图

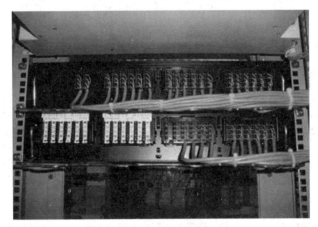

图 5-104　固定式配线架（竖式）端接后的配线架背部示意图

6. 实训工具

综合布线工具箱中的剥线钳、压线钳、110 打线工具。

7. 实训环境

多功能综合布线实训台。

实训 10：对绞电缆与 110A 配线架的端接

1. 安装步骤

在配线加上卡接大对数电缆（如图 5-105 所示）的安装步骤如下。

（1）将配线架固定到机柜的合适位置。

（2）从机柜进线处开始整理电缆，电缆沿机柜两侧整理至配线架处，并留出大约 25cm 的大对数电缆，用电工刀或剪刀把大对数电缆的外皮剥去，使用绑扎带固定好电缆，将电缆穿 110 语音配线架左右两侧的进线孔，摆放至配线架打线处。

（3）25 对缆线进行线序排线，首先进行主色分配，再进行配色分配。

通信电缆色谱排列：缆线主色为白、红、黑、黄、紫；缆线配色为蓝、橙、绿、棕、灰。

（a）把25对线固定在机柜上

（b）用刀把大对数电缆外皮剥去

（c）把线的外皮去掉

（d）用剪刀把线对撕裂绳剪掉

（e）把所有线对插入110配线架进线口

（f）按大对数分线原则进行分线

（g）先按主色排列

（h）按主色里的配色排列

（i）排列后把线卡入相应位置

（j）卡好后的效果图

（k）用准备好的单用打线刀

（l）完成后的效果图

图 5-105　在配线架上卡接大对数电缆

一组缆线为 25 对，以色带来分组，一共有 25 组，分别为：

- 白蓝、白橙、白绿、白棕、白灰。
- 红蓝、红橙、红绿、红棕、红灰。
- 黑蓝、黑橙、黑绿、黑棕、黑灰。
- 黄蓝、黄橙、黄绿、黄棕、黄灰。
- 紫蓝、紫橙、紫绿、紫棕、紫灰。

1～25 对线为第一小组，用白蓝相间的色带缠绕；26～50 对线为第二小组，用白橙相间的色带缠绕；51～75 对线为第三小组，用白绿相间的色带缠绕；76～100 对线为第四小组，用白棕相间的色带缠绕。此 100 对线为 1 大组用白蓝相间的色带把 4 小组缠绕在一起。200 对、300 对、400 对……2400 对依此类推。

（4）根据电缆色谱排列顺序将对应颜色的线对逐一压入槽内，然后使用打线工具固定线对连接，同时将伸出槽位外多余的导线截断。逐条压入并打断多余的线（刀要与配线架垂直，刀口向外）。

（5）当线对逐一压入槽内后，再用 5 对打线刀把 110 语音配线架的连接端子压入槽内，并贴上编号标签，如图 5-106 所示。

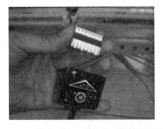
（a）5 对打线刀和 110 连接端子

（b）把端子放入打线刀里

（c）把端子垂直打入配线架里

（d）5 个 4 对和 1 个 5 对共 25 对

（e）完成的效果图

（f）完成后可以安装语音跳线

图 5-106　在配线架上压入连接端子

2．实训材料

25 对大对数对绞电缆、4 对 UTP 对绞电缆、19 英寸 110 语音配线架确。

3．实训工具

综合布线工具箱中的剥线钳、压线钳、110 打线工具。

4．实训环境

多功能综合布线实训台。

实训 11：光纤连接器的互连

1．ST 连接器互连步骤

光纤连接器的互连端接较简单，下面以 ST 光纤连接器为例说明其互连方法。

（1）清洁 ST 连接器。拿下 ST 连接器头上的黑色保护帽，用蘸有光纤清洁剂（如酒精）的棉花签轻轻擦拭连接器头。

（2）清洁耦合器。摘下光纤耦合器两端的红色保护帽，用蘸有光纤清洁剂的杆状清洁器穿过耦合器孔擦拭耦合器内部以除去其中的灰尘或碎片，如图 5-107 所示。

（3）使用罐装气吹去耦合器内部的灰尘，如图 5-108 所示。

（4）ST 光纤连接器插到一个耦合器中。将光纤连接器头插入耦合器的一端，耦合器上的突起对准连接器槽口，插入后扭转连接器以使其锁定。如经测试发现光能量耗损较高，则需要摘下连接器并用罐装气重新净化耦合器，然后再插入 ST 光纤连接器。在耦合器的两端插入 ST 光纤连接器，并确保两个连接器的端面在耦合器中接触，如图 5-109 所示。

图 5-107　用杆状清洁器除去碎片　　　　　图 5-108　用罐装气吹除耦合器中的灰尘

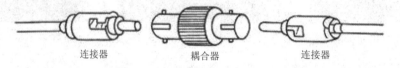

图 5-109　将 ST 光纤连接器插入耦合器

（5）重复以上步骤，直到所有的 ST 光纤连接器都插入耦合器为止。

注意：①每次重新安装时，都要用罐装气吹去耦合器的灰尘，并用蘸有试剂级的丙醇酒精的棉签擦净 ST 光纤连接器；②若一次来不及装上所有的 ST 光纤连接器，则连接器头上要盖上黑色保护帽，而耦合器空白端或未连接的一端（另一端已插上连接头的情况）要盖上红色保护帽。

2. 实训材料

光纤配线架、ST 光纤跳线（或 ST 连接器）、ST 耦合器。

3. 实训工具

光纤工具箱。

4. 实训环境

多功能综合布线实训台。

实训 12：光纤熔接

光纤熔接是目前普遍采用的光纤接续方法，光纤熔接机通过高压放电将接续光纤端面熔融后，将两根光纤连接到一起成为一段完整的光纤。这种方法接续损耗小（一般小于 0.1dB），而且可靠性高。熔接连接光纤不会产生缝隙，因而不会引入反射损耗，入射损耗也很小，在 0.01～0.15dB之间。在光纤进行熔接前要把涂敷层剥离。机械接头本身是保护连接的光纤的护套，但熔接在连接处却没有任何的保护。因此，熔接光纤机采用重新涂敷器来涂敷熔接区域和使用熔接保护套管两种方式来保护光纤。现在普遍采用熔接保护套管的方式，它将保护套管套在接合处，然后对它们进行加热，套管内管是由热缩材料制成的，因此这些套管就可以牢牢地固定在需要保护的地方。加固件可避免光纤在这一区域弯曲。

1. 光纤熔接步骤

（1）开启光纤熔接机，确定要熔接的光纤是多模光纤还是单模光纤。

（2）测量光纤熔接距离。

（3）用开缆工具去除光纤外部护套及中心束管，剪除凯弗拉线，除去光纤上的油膏。

（4）用光纤剥离钳剥去光纤涂覆层，其长度由熔接机决定，大多数熔接机规定剥离的长度为 2～5cm。

（5）将光纤一端套上热缩套管。

（6）用酒精擦拭光纤，用切割刀将光纤切到规范距离，制备光纤端面，将光纤断头扔在指定的容器内。

（7）打开光纤熔接机电极上的护罩，将光纤放入 V 形槽，在 V 形槽内左右滑动光纤，使光纤端头在两电极之间靠近并基本对准。

（8）两根光纤放入 V 形槽后，合上 V 形槽和电极护罩，观察光纤熔接机显示屏，自动或手动对准光纤，直到完全对准。

（9）开始光纤的预熔。

（10）按下熔接按钮，通过高压电弧放电把两光纤的端头熔接在一起。如果显示"重新制作端面"，表明熔接失败，就要取出光纤，重新切割端面后再进行熔接。

（11）若光纤熔接成功，会测试熔接头的损耗，并显示在显示屏上，记下熔接头的损耗值。

（12）符合要求后，小心地从 V 形槽中取出熔接好的光纤，将先套上的热缩套管移到接头处，置接头于热缩套管中间位置后，将热缩套管置于熔接机的加热器中加热收缩，保护接头。

（13）将已做好接头热缩保护后的热缩套管从熔接机上取出后放于接续盒内的固定槽中固定好。

通过以上步骤就熔接完成了一根光纤芯。重复这些步骤，继续熔接其他光纤芯。

说明：

① 开缆就是剥离光缆的外护套、缓冲管。光纤在熔接前必须去除涂覆层，为提高光纤成缆时的抗张力，光纤有两层涂覆。由于不能损坏光纤，所以剥离涂覆层是一个非常精密的程序，去除涂覆层应使用专用剥离钳，不得使用刀片等简易工具，以防损伤纤芯。去除光纤涂覆层时要特别小心，不要损坏其他部位的涂覆层。

② 熔接光纤的末端需要进行切割。要用专业的工具切割光纤以使末端表面平整、清洁，并使与之光纤的中心线垂直。切割对于接续质量十分重要，它可以减少连接损耗。任何未正确处理或处理不好的端面都会引起熔接失败。

③ 在光纤熔接中应严格执行操作规程的要求，以确保光纤熔接的质量。

光纤熔接过程中由于熔接机的设置不当，熔接机会出现异常情况，对光纤操作时，光纤不洁、切割或放置不当等因素会引起熔接失败，具体情况如表 5-8 所示。

表 5-8　光纤熔接时熔接机的异常信息和不良接续结果

信息	原因	提示
设定异常	光纤在 V 形槽中伸出太长	参照防风罩内侧的标记，重新放置光纤在合适的位置
	切割长度太长	重新剥除、清洁、切割和放置光纤
	镜头或反光镜脏	清洁镜头、升降镜和防风罩反光镜
光纤不清洁或者镜头不清洁	光纤表面、镜头或反光镜脏	重新剥除、清洁、切割和放置光纤清洁镜头、升降镜和风罩反光镜
	清洁放电功能关闭时间太短	如必要时增加清洁放电时间

信息	原因	提示
光纤端面质量差	切割角度大于门限值	重新剥除、清洁、切割和放置光纤，如仍发生切割不良，确认切割刀的状态
超出行程	切割长度太短	重新剥除、清洁、切割和放置光纤
	切割放置位置错误	重新放置光纤在合适的位置
	v 形槽脏	清洁 V 形槽
气泡	光纤端面切割不良	重新制备光纤端面或检查光纤切割刀
	光纤端面脏	重新制备光纤端面
	光纤端面边缘破裂	重新制备光纤端面或检查光纤切割刀
	预熔时间短	调整预熔时间
太细	锥形功能打开	确保"锥形熔接"功能关闭
	光纤送入量不足	执行"光纤送入量检查"指令
	放电强度太强	如不用自动模式时，减小放电强度
太粗	光纤送入量过大	执行光纤送入量检查指令

2．实训材料

光纤配线架、ST 光纤尾纤、ST 耦合器、多模光缆、热缩套管。

3．实训工具

光纤工具箱（开缆工具、光纤切割刀、光纤剥离钳、凯弗拉线剪刀、斜口剪、螺丝刀、酒精棉等）、光纤熔接机。

4．实训环境

多功能综合布线实训台。

5.6 本章小结

本章主要介绍了综合布线系统工程施工的技术。

（1）综合布线工程施工技术包括线槽施工技术、缆线敷设技术、模块端接、配线架安装、光纤连接技术等。

（2）施工前的准备工作主要包括技术准备、环境检查、设备器材及施工工具检查、施工组织准备等环节。

（3）综合布线所用的管槽材料包括线管、线槽、桥架及连接件、管槽安装所需的零配件。布线管槽主要使用金属管槽和 PVC 管槽。桥架按结构分类有：槽式桥架、梯级式桥架和托盘式桥架3 种类型。

（4）安装管槽是综合布线工程的基础。安装管槽要使用的多种工具有：

- 电工、电动工具：电工工具箱、线盘、充电起子、手电钻、冲击电钻、电锤、型材切割机、台钻、角磨机、曲线锯。
- 机械五金工具：台虎钳、管子钳、管子切割器、手动弯管机、螺纹铰板、PVC 管槽剪等。

（5）机柜安装主要是要平稳，要注意接地。机柜位置前后与墙面或其他设备的距离不应小于 0.8 米，机房的净高不能小于 2.5 米。

（6）缆线敷设和缆线端施工中经常使用的工具。

- 缆线敷设工具：玻璃钢穿孔器、穿管器、穿线器、电缆放线架、牵引机、滑车（滑轮）等。
- 缆线端接工具：RJ-45 压线钳、剥线钳、打线器、手掌保护器等。
- 光纤端接工具：光缆施工工具箱、光纤剥离钳、开缆刀、光纤连接器压接钳、光纤端面放大镜、光纤切割刀和光纤切割笔、光纤熔接机等。

（7）对绞电缆敷设主要注意不得产生扭绞、打圈、接头等现象，不应受到外力的拉伸和挤压造成内部损伤和形变。端接对绞电缆主要注意正确的线序和卡接好每根导线。屏蔽对绞电缆还要注意连接好屏蔽层。

（8）光缆施工技术的基本点是实现光缆通道畅通和保护光缆不受损伤。

（9）光纤熔接是目前普遍采用的光纤接续方法，光纤熔接机通过高压放电将接续光纤端面熔融后将两根光纤连接到一起成为一段完整的光纤。

5.7　强化练习

一、判断题

1．在施工中端接对绞电缆，主要是要注意正确的线序和卡接好每根导线。（　　）

2．施工中屏蔽对绞电缆要注意连接好屏蔽层。（　　）

3．对绞电缆敷设主要注意不得产生扭绞、打圈、接头等现象，不应受到外力的拉伸和挤压造成内部损伤和形变。（　　）

4．同一个综合布线系统工程中，对绞电缆端接时有的使用 568A，有的使用 568B 是可以的。（　　）

5．市场上的底盒主要规格有 86 系列、118 系列、120 系列等，其中 86 系列为国家标准。（　　）

6．86 系列的底盒是指信息插座面板的长度为 86 毫米，宽度为 86 毫米，亦即是方形盒。（　　）

7．明敷管路应排列整齐、横平竖直，且要求管路每个固定点（或支撑点）的间隔均匀。（　　）

8．暗敷管路如必须转弯时，其转弯角度应大于 90 度。暗敷管路曲率半径不应小于该管路外径的 6 倍。（　　）

9．必须在施工前对光缆的端别予以判定并确定 A、B 端。A 端应是网络枢纽方向，B 端是其他建筑物一侧。（　　）

10．敷设光缆的端别应方向一致，不得使端别排列混乱。（　　）

11．光缆施工技术的基本点是实现光缆通道畅通和保护光缆不受损伤。（　　）

12．光纤熔接机通过高压放电将接续光纤端面熔融后，将两根光纤连接到一起成为一段完整的光纤。（　　）

13．光纤熔接机在熔接光纤后，会自动测试接头损耗并显示出数值，做出质量判断。（　　）

14．光纤熔接后，将熔接头置于热缩套管中间位置，再将它们置于加热器中加热收缩，保护接头。（　　）

15．光纤熔接后，自动测试接头损耗在 0.01～0.15 dB 之间为合格。（　　）

16．气送光缆系统是一种利用来自空气压缩机的压缩空气（约 10kg/cm² ），通过吹气头将光纤单元吹入已安装的空心光缆管中的光缆敷设技术。（　　）

17．接地电阻测量仪用于测量各种接地装置的接地电阻值。（　　）

二、选择题

1．下列属于综合布线工程施工技术的有（　　）。

  A．线槽安装   B．缆线敷设

  C．缆线端接   D．安装机柜、配线架

2．施工前的准备工作主要包括（　　）等环节。

  A．施工组织准备   B．技术准备

  C．环境检查   D．施工工具和设备器材检查

3．综合布线所用的管槽材料包括（　　）。

  A．线管   B．线槽

  C．桥架   D．管槽连接件

4．桥架按结构分类有（　　）。

  A．槽式桥架   B．梯级式桥架

  C．托盘式桥架   D．工字形桥架

5．综合布线工程中安装管槽要使用的工具有（　　）。

  A．型材切割机   B．角磨机

  C．PVC 管槽剪   D．手电钻

6．在建筑群之间的电缆沟进行缆线敷设时，常使用的工具有（　　）。

  A．玻璃钢穿孔器   B．电缆放线架

  C．牵引机   D．滑车（滑轮）

7．端接对绞电缆时常使用的工具有（　　）。

  A．剥线钳   B．打线器

  C．RJ-45 压线钳   D．手掌保护器

8．熔接光纤常使用的工具有（　　）。

  A．开缆刀   B．光纤剥离钳

  C．光纤切割刀   D．光纤熔接机

9．熔接光纤前要做的工作有（　　）。

  A．用开缆工具去除光纤外部护套及中心束管

  B．剪除凯弗拉线

  C．除去光纤上的油膏

  D．用酒精清洗光纤芯后切割光纤

三、简答题

1．技术交底的主要内容包括哪些？

2．桥架的分类按结构分有哪几种类型？

3．说出你知道的综合布线管材的类型名称。

4．说出你知道的用于综合布线管槽安装的工具。

5．说出你知道的用于综合布线缆线敷设的工具。

6．说出你知道的用于综合布线缆线端接的工具。

7．综合布线施工中缆线的弯曲半径应符合怎样的规定？

8．建筑群之间的光缆有哪几种敷设方法？

9．单盘光缆的检验主要检验哪些方面？

10．怎样进行光纤熔接？

6

综合布线系统测试技术

学习目标

通过本章的学习，学生应能达到如下目标：

（1）知道综合布线测试类型与测试标准。

（2）掌握电缆系统电气性能测试模型。

（3）了解电缆系统电气性能测试的主要项目及其指标值。

（4）了解光纤链路测试等级及各等级的测试内容。

（5）熟悉综合布线工程测试仪表并能正确使用。

（6）能正确进行对绞电缆链路的测试。

（7）能正确进行光纤链路的测试。

6.1 项目导引

深圳大学城坐落在深圳南山西丽湖畔。这里青山环抱，大沙河穿城而过。深圳大学城利用"网络"成功地"复制"了国内著名大学的办学模式，走出了一条利用网络成功办学的道路，从这个层面上讲泰科电子居功至伟，因为正是泰科电子高性能的产品和完备的网络布线解决方案铺就了深圳大学城的信息"高速路"。深圳大学城北大校区（如图 6-1 所示）综合布线系统采用星型拓扑结构，从结构上整个布线系统由工作区、水平布线、电信间、主干布线、设备间、入口设施和管理 7 个子系统构成。

图 6-1　深圳大学城北大校区

6.2　项目分析

深圳大学城在国内率先采用万兆以太网、IPv6、Intel II 接入等国际尖端技术，以高起点来构建大学城的信息系统，其主干接入 CERNET 的速度在国内首屈一指，达到万兆以上，可满足未来较大规模的综合信息系统、视频应用系统、IP 电话以及基于网络的教学环境建设。深圳大学城网络和信息系统主要包括：通信基础设施、计算机网络、信息系统、网络和信息安全保障体系、网络运行管理体系 5 方面的内容。通信基础设施包括光纤传输系统和楼宇综合布线系统，为计算机网络提供承载平台。计算机网络包括主干网、接入网、网络中心和网络互联等，采用 TCP/IP 网络体系结构。信息系统包括综合信息系统、视频应用系统、IP 电话和基于网络的办学环境等，支持大学城的教学、科研和管理的一般活动，并建立基于网络的基础环境。网络建设分为大学城互联层和三个园区网。其中大学城互联层是大学城网络中心与三个学校：清华大学、北京大学、哈尔滨工业大学的校园网出口广域星型互联，采用万兆骨干、千兆备份光纤直驱链路。在三个园区网中北京大学校区规模最大，由 13 栋楼组成，信息点高达 7730 个，其中数据点 7063 个、语音点 667 个。深圳大学城本着适应长远发展需要，具备 IPv6 功能、设备的开放性、标准性和通用性，支撑多业务功能的设计原则，经过多次选型和验证，最终选用泰科电子公司的布线解决方案构建深圳大学城北大园区基础网络。

6.3　技术准备

综合布线系统测试是保证布线施工的正确连通和电气性能达到设计要求，客观评价工程电缆系统电气性能及光纤系统性能质量的一种必要的手段。综合布线系统测试主要是进行电缆系统电气性能测试及光缆系统性能测试。

综合布线系统只有在投入实际运行环境时，方能检验其电磁特性是否符合电磁兼容标准。网络的电磁特性要受到布线系统的平衡或屏蔽参数的影响，对于其特性要求和测试方法，国际上正在制定相关的标准和规定，目前不具备现场测试条件。

6.3.1 测试类型与测试标准

1. 测试类型

综合布线系统工程的测试类型主要有：

（1）随工测试。随工测试是施工过程中用简单的测试仪进行的验证测试。如施工人员在缆线铺设完工后所做的基本通断测试或者一边施工一边进行小批量通断测试，如果没有问题就可以"交工"了。

（2）竣工测试。竣工测试分为自检测试和验收测试。按国家规范在工程验收前应进行自检测试、竣工验收测试工作。其中自检测试由施工单位组织进行，主要验证布线系统的连通性和终接的正确性。竣工验收测试则由测试部门根据工程的类别，按布线系统标准规定的连接方式完成性能指标参数的测试。依照性能标准的测试通常被称为认证测试。

2. 测试标准

《综合布线系统工程验收规范》（GB50312-2007）是现行国家标准，它为综合布线系统工程的质量检测和验收提供判断是否合格的标准，提出切实可行的验收要求，其中的"电缆系统电气性能测试及光纤系统性能测试"部分就是工程竣工验收测试的主要依据，本章将重点介绍。现行的综合布线验收测试的国际标准还有 TIA568B（2002）和 ISO 11801（2002）、欧洲标准 EN50173:2002。

6.3.2 电缆系统电气性能测试模型

电缆系统电气性能测试项目应根据布线信道或链路的设计等级和布线系统的类别要求制定。3 类和 5 类布线系统按照基本链路和信道进行测试，5e 类和 6 类布线系统按照永久链路和信道进行测试。

注意： 现有的工程中 3 类、5 类布线除了支持语音主干电缆的应用外，在水平子系统已基本不采用。但原有的 3 类、5 类布线工程在扩容或整改时，仍要需加以检测，应按照现行规范的相关要求及《商业建筑电信布线标准》TIA/EIA 568A、TSB67 要求进行。

1. 基本链路模型

基本链路模型包括 3 部分：最长为 90m 的建筑物中固定的水平布线电缆、水平电缆两端的接插件（一端为工作区信息插座，另一端为楼层配线架）和两条与现场测试仪相连的 2m 测试设备跳线。F 是信息插座至配线架之间的电缆，E、G 是测试设备跳线。基本链路测试连接如图 6-2 所示。

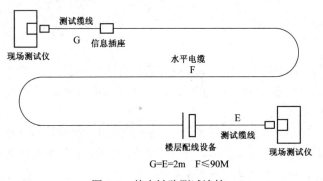

图 6-2 基本链路测试连接

2.永久链路模型

永久链路由最长为90m的水平电缆H、水平电缆两端的接插件（一端为工作区信息插座模块，另一端为楼层配线设备）和链路可选的集合点组成。永久链路又称固定链路。

永久链路模型是由现场测试仪的两个带缆线的永久链路适配器连接测试仪表和被测永久链路两端。现场测试仪能自动扣除测试过程中测试缆线带来的误差影响，使测试结果更准确、合理。永久链路测试连接如图6-3所示。

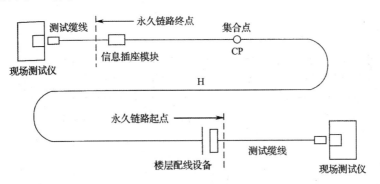

H－从信息插座至楼层配线设备（包括集合点）的水平电缆，H≤90m

图6-3　永久链路测试连接

3. 信道模型

信道是指在永久链路的基础上加上工作区和电信间的设备电缆和跳线在内的信号通道，即信道包括最长90m的水平缆线、终端设备缆线、信息插座模块、集合点、电信间的配线设备、跳线在内总长不得大于100m。信道测试的是整体信道的性能。信道测试连接如图6-4所示，其中：A是工作区终端设备电缆，B是CP缆线，C是水平缆线，D是配线设备连接跳线，E是配线设备到设备的连接电缆，B+C≤90m，A+D+E≤10m。

信道中配线设备连接跳线若使用6类跳线，则必须购买原生产厂商的产品。

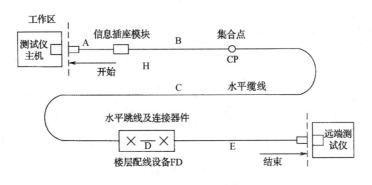

图6-4　信道测试连接

6.3.3　电缆系统测试项目与指标

综合布线系统工程竣工检验的一个重要方面就是对电缆系统电气性能的测试,测试的主要项目有：连接图、长度、衰减、近端串音、近端串音功率和、衰减串音比、衰减串音比功率和、等电平远端串音、等电平远端串音功率和、回波损耗、传播时延、传播时延偏差、插入损耗、直流环路电阻、设计中特殊规定的测试内容、屏蔽层的导通状况。

综合布线系统工程应当根据工程的具体情况、用户的要求、现场测试仪表的功能及施工现场所具备的条件进行电气性能各项指标参数的测试，并做好记录。记录应保存在管理系统中并纳入文档管理，作为竣工资料的一部分。测试记录内容和形式宜符合表 6-1 所示的要求。

表 6-1　综合布线系统电缆系统（链路/信道）性能指标测试记录

工程项目名称										
序号	编号			内容						备注
	地址号	缆线号	设备号	长度	接线图	衰减	近端串音	电缆屏蔽层连通情况	其他项目	
测试日期、人员及测试仪表型号、测试仪表精度										
处理情况										

1. 接线图测试

接线图的测试，主要测试水平电缆终接在工作区或电信间配线设备的 8 位模块式通用插座的安装连接正确或错误。正确的线对组合为：1/2、3/6、4/5、7/8，分为非屏蔽和屏蔽两类，对于非 RJ-45 的连接方式按相关规定要求列出结果。

布线过程中可能出现如图 6-5 所示的正确或不正确的连接图测试情况。

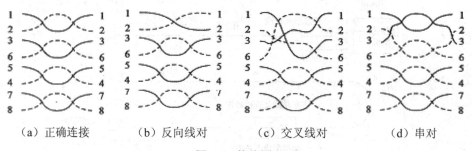

　（a）正确连接　　　（b）反向线对　　　（c）交叉线对　　　（d）串对

图 6-5　接线图

2. 3 类和 5 类基本链路及信道测试项目与性能指标

3 类和 5 类基本链路及信道测试项目有：接线图、阻抗、长度、衰减、近端串音。其性能指标应分别符合表 6-2 和表 6-3 所示的要求（测试条件为环境温度 20℃）。

大对数主干电缆（一般为 3 类或 5 类）及所连接的配线模块可按链路的连接方式进行 4 对线线对长度、接线图、衰减的测试，其近端串音指标测试结果不得低于 3 类、5 类 4 对对绞电缆布线系统所规定的数值。

表 6-2　3 类水平链路及信道性能指标

频率（MHz）	基本链路性能指标		信道性能指标	
	近端串音（dB）	衰减（dB）	近端串音（dB）	衰减（dB）
1.00	40.1	3.2	39.1	4.2
4.00	30.7	6.1	29.3	7.3
8.00	25.9	8.8	24.3	10.2
10.00	24.3	10.0	22.7	11.5
16.00	21.0	13.2	19.3	14.9
长度（m）	94		100	

表 6-3　5 类水平链路及信道性能指标

频率（MHz）	基本链路性能指标		信道性能指标	
	近端串音（dB）	衰减（dB）	近端串音（dB）	衰减（dB）
1.00	60.0	2.1	60.0	2.5
4.00	51.8	4.0	50.6	4.5
8.00	47.1	5.7	45.6	6.3
10.00	45.5	6.3	44.0	7.0
16.00	42.3	8.2	40.6	9.2
20.00	40.7	9.2	39.0	10.3
25.00	39.1	10.3	37.4	11.4
31.25	37.6	11.5	35.7	12.8
62.50	32.7	16.7	30.6	18.5
100.00	29.3	21.6	27.1	24.0
长度（m）	94		100	

注：基本链路长度为 94m，包括 90m 水平缆线及 4m 测试仪表的测试电缆长度，在基本链路中不包括 CP 点。

3．5e 类、6 类和 7 类信道测试项目及性能指标

5e 类、6 类和 7 类信道测试项目及性能指标应符合以下要求（测试条件为环境温度 20℃）：

（1）回波损耗（RL）。布线系统信道的最小回波损耗值应符合表 6-4 所示的规定，并可参考表 4-12 所列的建议值。

表 6-4　信道回波损耗值

级别	频率（MHz）	最小回波损耗（dB）
C	1≤f≤16	15.0
D	1≤f<20	17.0
	20≤f≤100	30-10lg(f)

级别	频率（MHz）	最小回波损耗（dB）
E	1≤f<l0	19.0
	10≤f<40	24-5lg(f)
	40≤f<250	32-10 lg(f)
F	1≤f<10	19.0
	10≤f<40	24-5lg(f)
	40≤f<251.2	32-101lg(f)
	251.2≤f≤600	8.0

（2）插入损耗（IL）。布线系统信道每一线对的插入损耗值应符合表 6-5 所示的规定，并可参考表 4-13 所列的建议值。

表 6-5　信道插入损耗值

级别	频率（MHz）	最大插入损耗（dB）
A	f=0.1	16.0
B	f=0.1	5.5
	f=1	5.8
C	1≤f≤16	$1.05\times(3.23\sqrt{f})+4\times0.2$
D	1≤f≤100	$1.05\times(1.9108\sqrt{f}+0.0222\times\sqrt{f}+0.2/\sqrt{f})+4\times0.04\times\sqrt{f}$
E	1≤f≤250	$1.05\times(1.82\sqrt{f}+0.0169\times\sqrt{f}+0.25/\sqrt{f})+4\times0.02\times\sqrt{f}$
F	1≤f≤600	$1.05\times(1.8\sqrt{f}+0.01\times\sqrt{f}+0.2/\sqrt{f})+4\times0.02\times\sqrt{f}$

注：插入损耗（IL）的计算值小于 4.0dB 时均按 4.0dB 考虑。

（3）近端串音（NEXT）。在布线系统信道的两端，线对与线对之间的最小近端串音值均应符合表 6-6 所示的规定，并可参考表 4-14 所列的建议值。

表 6-6　信道近端串音值

级别	频率（MHz）	最小 NEXT
A	f=0.1	27.0
B	0.1≤f≤1	25-15lg(f)
C	1≤f≤16	39.1-16.4lg(f)
D	1≤f≤100	$-20\lg\left[10\dfrac{65.3-15\lg(f)}{-20}+2\times10\dfrac{83-20\lg(f)}{-20}\right]$①
E	1≤f≤250	$-20\lg\left[10\dfrac{74.3-15\lg(f)}{-20}+2\times10\dfrac{94-20\lg(f)}{-20}\right]$②
F	1≤f≤600	$-20\lg\left[10-\dfrac{102.4-15\lg(f)}{-20}+2\times10\dfrac{102.4-15\lg(f)}{-20}\right]$②

注：①NEXT 计算值大于 60.0dB 时均按 60.0dB 考虑；②NEXT 计算值大于 65.0dB 时均按 65.0dB 考虑。

（4）近端串音功率和（PSNEXT）。只应用于布线系统的 D、E、F 级，信道的每一线对和布线的两端均应符合 PS NEXT 值要求，布线系统信道的最小 PSNEXT 值应符合表 6-7 所示的规定，并可参考表 4-15 所列的建议值。

表 6-7　信道 PSNEXT 值

级别	频率（MHz）	最小 PSNEXT（dB）
D	$1 \leqslant f \leqslant 100$	$-20\lg\left[10\dfrac{63.8-20\lg(f)}{-20}+4\times10\dfrac{75.1-20\lg(f)}{-20}\right]$ ①
E	$1 \leqslant f \leqslant 250$	$-20\lg\left[10\dfrac{94-20\lg(f)}{-20}+4\times10\dfrac{90-15\lg(f)}{-20}\right]$ ②
F	$1 \leqslant f \leqslant 600$	$-20\lg\left[10\dfrac{94-20\lg(f)}{-20}+4\times10\dfrac{90-15\lg(f)}{-20}\right]$ ②

注：①PSNEXT 计算值大于 57.0dB 时均按 57.0dB 考虑；②PSNEXT 计算值大于 62.0dB 时均按 62.0dB 考虑。

（5）线对与线对之间的衰减串音比（ACR）。只应用于布线系统的 D、E、F 级，信道的每一线对和布线的两端均应符合 ACR 值要求。布线系统信道的 ACR 值可以用下面的计算公式进行计算，并可参考表 4-16 所列的建议值。

线对 i 与 k 间衰减串音比的计算公式：

$$ACR_{ik}=NEXT_{ik}- IL_k$$

式中，i 为线对号，k 为线对号，$NEXT_{ik}$ 为线对 i 与线对 k 间的近端串音，IL_k 为线对 k 的插入损耗。

（6）ACR 功率和（PSACR）。为近端串音功率和与插入损耗之间的差值，信道的每一线对和布线的两端均应符合要求。布线系统信道的 PSACR 值可以用下面的计算公式进行计算，并可参考表 4-17 所列的建议值。

线对 k 的 ACR 功率和的计算公式：

$$PSACR_k=PS\ NEXT_k-IL_k$$

式中，k 为线对号，$PSNEXT_k$ 为线对 k 的近端串音功率和，IL_k 为线对 k 的插入损耗。

（7）线对与线对之间等电平远端串音（ELFEXT）。为远端串音与插入损耗之间的差值，只应用于布线系统的 D、E、F 级，可参考表 4-18 所列的建议值。

（8）等电平远端串音功率和（PSELFEXT）。布线系统信道每一线对的最小 PSELFEXT 数值应符合表 6-8 所示的规定，并可参考表 4-19 所列的建议值。

表 6-8　信道 PSELFEXT 值

级别	频率（MHz）	最小 PSELFEXT（dB） ①
D	$1 \leqslant f \leqslant 100$	$-20\lg\left[10\dfrac{60.8-20\lg(f)}{-20}+4\times10\dfrac{72.1-20\lg(f)}{-20}\right]$ ②
E	$1 \leqslant f \leqslant 250$	$-20\lg\left[10\dfrac{64.8-20\lg(f)}{-20}+4\times10\dfrac{80.1-20\lg(f)}{-20}\right]$ ③

级别	频率（MHz）	最小 PS ELFEXT（dB）[①]
F	1≤f≤600	$-20\lg\left[10\dfrac{91-20\lg(f)}{-20}+4\times10\dfrac{87-15\lg(f)}{-20}\right]$ [③]

注：①与测量的远端串音 FEXT 值对应的 PSELFEXT 值若大于 70.0dB，则仅供参考；②PSELFEXT 计算值大于 57.0dB 时均按 57.0dB 考虑；③PSELFEXT 计算值大于 62.0dB 时均按 62.0dB 考虑。

（9）直流（D.C.）环路电阻，参考表 4-20 所示的规定。

（10）传播时延。布线系统信道每一线对的传播时延应符合表 6-9 所示的规定，并可参考表 4-21 所列的建议值。

表 6-9　信道传播时延

级别	频率（MHz）	最大传播时延（μs）
A	f=0.1	20.000
B	0.1≤f≤1	5.000
C	1≤f≤16	0.534+0.036/$\sqrt{f}$ +4×0.0025
D	1≤f≤100	0.534+0.036/$\sqrt{f}$ +4×0.0025
E	1≤f≤250	0.534+0.036/$\sqrt{f}$ +4×0.0025
F	1≤f≤600	0.534+0.036/$\sqrt{f}$ +4×0.0025

（11）传播时延偏差，参考表 4-22 所示的规定。

4. 5e 类、6 类和 7 类永久链路或 CP 链路测试项目及性能指标

5e 类、6 类和 7 类永久链路或 CP 链路测试项目及性能指标应符合以下要求：

（1）回波损耗（RL）。布线系统永久链路或 CP 链路每一线对和布线两端的回波损耗值应符合表 6-10 所示的规定，并可参考表 4-24 所列的建议值。

表 6-10　永久链路或 CP 链路回波损耗值

级别	频率（MHz）	最小回波损耗（dB）
C	1≤f≤16	15.0
D	1≤f<20	19.0
	20≤f≤100	32-10lg(f)
E	1≤f%10	21.0
	10≤f<40	26-5lg(f)
	40≤f≤250	34-10lg(f)
F	1≤f<10	21.0
	10≤f<40	26-5lg(f)
	40≤f<251.2	34-10lg(f)
	251.2≤f≤600	10.0

（2）插入损耗（IL）。布线系统永久链路或 CP 链路每一线对的插入损耗值应符合表 6-11 所示的规定，并可参考表 4-25 所列的建议值。

表 6-11　永久链路或 CP 链路插入损耗值

级别	频率（MHz）	最大插入损耗（dB）[①]
A	f=0.1	16.0
B	f=0.1	5.5
C	$1 \leqslant f \leqslant 16$	$0.9 \times (3.23\sqrt{f}) + 3 \times 0.2$
D	$1 \leqslant f \leqslant 100$	$(L/100) \times (1.9108\sqrt{f} + 0.0222 \times f + 0.2/\sqrt{f}) + n \times 0.04 \times \sqrt{f}$
E	$1 \leqslant f \leqslant 250$	$(L/100) \times (1.82\sqrt{f} + 0.0169 \times f + 0.25/\sqrt{f}) + n \times 0.02 \times \sqrt{f}$
F	$1 \leqslant f \leqslant 600$	$(L/100) \times (1.8\sqrt{f} + 0.01 \times f + 0.2/\sqrt{f}) + n \times 0.02 \times \sqrt{f}$

注：插入损耗（IL）计算值小于 4.0dB 时均按 4.0dB 考虑。

表 6-11 中的 L 由下式确定：

$$L = LFC + LCP \cdot Y$$

式中，LFC 为固定电缆长度（m），LCP 为 CP 电缆长度（m），Y 为 CP 电缆衰减（db/m）与固定水平电缆衰减（db/m）的比值。

表中，n=2 对于不包含 CP 点的永久链路的测试或仅测试 CP 链路；n=3 对于包含 CP 点的永久链路的测试。

（3）近端串音（NEXT）。布线系统永久链路或 CP 链路每一线对和布线两端的近端串音值应符合表 6-12 所示的规定，并可参考表 4-26 所列的建议值。

表 6-12　永久链路或 CP 链路近端串音值

级别	频率（MHz）	最小 NEXT（dB）
A	f=0.1	27.0
B	$0.1 \leqslant f \leqslant 1$	$25 - 15\lg(f)$
C	$1 \leqslant f \leqslant 16$	$40.1 - 15.8\lg(f)$
D	$1 \leqslant f \leqslant 100$	$-20\lg\left[10^{\frac{65.3-15\lg(f)}{-20}} + 10^{\frac{83-20\lg(f)}{-20}}\right]$ [①]
E	$1 \leqslant f \leqslant 250$	$-20\lg\left[10^{\frac{74.3-15\lg(f)}{-20}} + 10^{\frac{94-20\lg(f)}{-20}}\right]$ [②]
F	$1 \leqslant f \leqslant 600$	$-20\lg\left[10^{\frac{102.4-15\lg(f)}{-20}} + 10^{\frac{102.4-15\lg(f)}{-20}}\right]$ [②]

注：①NEXT 计算值大于 60.0dB 时均按 60.0dB 考虑；②NEXT 计算值大于 65.0D.B 时均按 65.0dB 考虑。

（4）近端串音功率和（PSNEXT）。只应用于布线系统的 D、E、F 级，布线系统永久链路或 CP 链路每一线对和布线两端的近端串音功率和值应符合表 6-13 所示的规定，并可参考表 4-27 所列的建议值。

表 6-13 永久链路或 CP 链路近端串音功率和值

级别	频率（MHz）	最小 PSNEXT（dB）
D	$1 \leqslant f \leqslant 100$	$-20\lg\left[10^{\frac{62.3-15\lg(f)}{-20}}+10^{\frac{80-20\lg(f)}{-20}}\right]$ ①
E	$1 \leqslant f \leqslant 250$	$-20\lg\left[10^{\frac{72.3-15\lg(f)}{-20}}+10^{\frac{90-20\lg(f)}{-20}}\right]$ ②
F	$1 \leqslant f \leqslant 600$	$-20\lg\left[10^{\frac{99.4-15\lg(f)}{-20}}+10^{\frac{99.4-15\lg(f)}{-20}}\right]$ ②

注：①PSNEXT 计算值大于 57.0dB 时均按 57.0dB 考虑；②PSNEXT 计算值大于 62.0dB 时均按 62.0dB 考虑。

（5）线对与线对之间的衰减串音比（ACR）。只应用于布线系统的 D、E、F 级，布线系统永久链路或 CP 链路每一线对和布线两端的 ACR 值可以用下面的计算公式进行计算，并可参考表 4-28 所列的建议值。

线对 i 与线对 k 间 ACR 值的计算公式：

$$ACR_{ik}=NEXT_{ik}-IL_k$$

式中，i 为线对号，k 为线对号，$NEXT_{ik}$ 为线对 i 与线对 k 间的近端串音，IL_k 为线对 k 的插入损耗。

（6）ACR 功率和（PSACR）。布线系统永久链路或 CP 链路每一线对和布线两端的 PSACR 值可以用下面的计算公式进行计算，并可参考表 4-29 所列关键频率的 PSACR 建议值。

线对 k 的 PSACR 值计算公式：

$$PSACR_k=PSNEXT_k-IL_k$$

式中，k 为线对号，$PSNEXT_k$ 为线对 k 的近端串音功率和，IL_k 为线对 k 的插入损耗。

（7）线对与线对之间等电平远端串音（ELFEXT）。只应用于布线系统的 D、E、F 级，布线系统永久链路或 CP 链路每一线对的等电平远端串音值应符合表 6-14 所示的规定，并可参考表 4-30 所列的建议值。

表 6-14 永久链路或 CP 链路等电平远端串音值

级别	频率（MHz）	最小 ELFEXT（dB）①
D	$1 \leqslant f \leqslant 100$	$-20\lg\left[10^{\frac{63.8-20\lg(f)}{-20}}+n\times10^{\frac{75.1-20\lg(f)}{-20}}\right]$ ②
E	$1 \leqslant f \leqslant 250$	$-20\lg\left[10^{\frac{67.8-20\lg(f)}{-20}}+n\times10^{\frac{83.1-20\lg(f)}{-20}}\right]$ ③
F	$1 \leqslant f \leqslant 600$	$-20\lg\left[10^{\frac{94-20\lg(f)}{-20}}+n\times10^{\frac{90-15\lg(f)}{-20}}\right]$ ③

注：n=2 对于不包含 CP 点的永久链路的测试或仅测试 CP 链路；n=3 对于包含 CP 点的永久链路的测试。

①与测量的远端串音 FEXT 值对应的 ELFEXT 值若大于 70.0dB，则仅供参考；②ELFEXT 计算值大于 60.0dB 时均按 60.0dB 考虑；③ELFEXT 计算值大于 65.0dB 时均按 65.0dB 考虑。

（8）等电平远端串音功率和（PSELFEXT）。布线系统永久链路或 CP 链路每一线对的 PSELFEXT 值应符合表 6-15 所示的规定，并可参考表 4-31 所列的建议值。

表 6-15　永久链路或 CP 链路 PSELFEXT 值

级别	频率（MHz）	最小 PSELFEXT（dB）[①]
D	1≤f≤100	$-20\lg\left[10^{\frac{60.8-20\lg(f)}{-20}}+n\times10^{\frac{72.1-20\lg(f)}{-20}}\right]$ [②]
E	1≤f≤250	$-20\lg\left[10^{\frac{64.8-20\lg(f)}{-20}}+n\times10^{\frac{80.1-20\lg(f)}{-20}}\right]$ [③]
F	1≤f≤600	$-20\lg\left[10^{\frac{91-20\lg(f)}{-20}}+n\times10^{\frac{87-15\lg(f)}{-20}}\right]$ [③]

注：n=2 对于不包含 CP 点的永久链路的测试或仅测试 CP 链路；n=3 对于包含 CP 点的永久链路的测试。

①与测量的远端串音 FEXT 值对应的 FEXT 值若大于 70.odB，则仅供参考；②PSELFEXT 计算值大于 57.0dB 时均按 57.0dB 考虑；③PSELFEXT 计算值大于 62.0dB 时均按 62.0dB 考虑。

（9）直流（D.C）环路电阻。布线系统永久链路或 CP 链路每一线对的直流环路电阻应符合表 6-16 所示的规定，并可参考表 4-32 所列的建议值。

表 6-16　永久链路或 CP 链路直流环路电阻值

级别	最大直流环路电阻（n）
A	530
B	140
C	34
D	(L/100)×22+n×0.4
E	(L/100)×22+n×0.4
F	(L/100)×22+n×0.4

注：表中的 L 由下式确定：

$$L=LFC+LCP\cdot Y$$

式中，LFC 为固定电缆长度（m），LCP 为 CP 电缆长度（m）；Y 为 CP 电缆衰减（db/m）与固定水平电缆衰减（db/m）的比值。

表中，n=2 用于不包含 CP 点的永久链路的测试或仅测试 CP 链路；n=3 用于包含 CP 点的永久链路的测试。

（10）传播时延。布线系统永久链路或 CP 链路每一线对的传播时延应符合表 6-17 所示的规定，并可参考表 4-33 所列的建议值。

表 6-17　永久链路或 CP 链路传播时延值

级别	频率（MHz）	最大传播时延（μs）
A	f=0.1	19.400
B	0.1≤f<1	4.400
C	1≤f≤16	(L/100)×(0.534+0.036/$\sqrt{f}$)+n×0.0025

续表

级别	频率（MHz）	最大传播时延（μs）
D	$1 \leqslant f \leqslant 100$	$(L/100) \times (0.534 + 0.036/\sqrt{f}) + n \times 0.0025$
E	$1 \leqslant f \leqslant 250$	$(L/100) \times (0.534 + 0.036A/\sqrt{f}) + n \times 0.0025$
F	$1 \leqslant f \leqslant 600$	$(L/100) \times (0.534 + 0.036/\sqrt{f}) + n \times 0.0025$

注：表中的 L 由下式确定：

$$L = LFC + LCP$$

式中：LFC 为固定电缆长度（m），LCP 为 CP 电缆长度（m）。

表中，n=2 对于不包含 CP 点的永久链路的测试或仅测试 CP 链路；n=3 对于包含 CP 点的永久链路的测试。

（11）传播时延偏差。布线系统永久链路或 CP 链路所有线对间的传播时延偏差应符合表 6-18 所示的规定，并可参考表 4-34 所列的建议值。

表 6-18　永久链路或 CP 链路传播时延偏差

级别	频率（MHz）	最大时延偏差（（μs）
A	f=0.1	—
B	$0.1 \leqslant f \leqslant 1$	—
C	$1 \leqslant f \leqslant 16$	$(L/100) \times 0.045 + n \times 0.00125$
D	$14 \leqslant f \leqslant 100$	$(L/100) \times 0.045 + n \times 0.00125$
E	$1 \leqslant f \leqslant 250$	$(L/100) \times 0.045 + n \times 0.00125$
F	$1 \leqslant f \leqslant 600$	$(L/100) \times 0.025 + n \times 0.00125$

注：表中的 L 由下式确定：

$$L = LFC + LCP$$

式中，LFC 为固定电缆长度（m），LCP 为 CP 电缆长度（m）。

表中，n=2 对于不包含 CP 点的永久链路的测试或仅测试 CP 链路；n=3 对于包含 CP 点的永久链路的测试。

6.3.4　光纤链路测试

参照光缆系统相关测试标准（最新的光缆标准 TIA TSB140 于 2004 年 2 月批准）的规定，光纤链路测试分为等级 1 和等级 2。等级 1 要求光纤链路都应测试衰减（插入损耗）、长度及极性。等级 2 除了包括等级 1 的测试内容，还包括对每条光纤做出 OTDR 曲线。等级 2 测试是可选的。等级 1 测试使用光缆损失测试器 OLTS（为光源与光功率计的组合）测量每条光纤链路的插入损耗及计算光纤长度，使用 OLTS 或可视故障定位仪验证光纤的极性。

1. 光纤链路测试方法

光纤链路测试应按图 6-6 所示的方式进行连接，并在两端对光纤逐根进行双向（收与发）测试。注意图中：

（1）光连接器件可以为工作区 TO、电信间 FD、设备间 BD 和 CD 的 SC/ST/SFF 连接器件。

（2）光缆可以为水平光缆、建筑物主干光缆和建筑群主干光缆。

（3）光纤链路不包括光跳线在内。

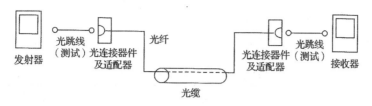

图 6-6　光纤链路测试连接（单芯）

2．光纤测试的内容

对光纤的测试应包括以下内容：

（1）在施工前进行器材检验时，一般检查光纤的连通性。测试时宜采用光纤损耗测试仪（稳定光源和光功率计组合）对光纤链路的插入损耗（即衰减）和光纤长度进行测试。

（2）对光纤链路（包括光纤、连接器件和熔接点）的衰减进行测试，同时测试光跳线的衰减值，可作为设备连接光缆的衰减参考值，整个光纤信道的衰减值应符合设计要求。

3．光纤测试标准

（1）长度。综合布线系统信道长度应符合设计要求，长度测量结果在设计标准内为合格，否则为不合格。

（2）性能指标。布线系统所采用光纤的性能指标及光纤信道的指标应符合设计要求。

● 光缆衰减：不同类型光缆的标称波长，每千米的最大衰减值应符合表 6-19 所示的规定。

表 6-19　光缆衰减

最大光缆衰减（dB/km）				
项目	OM1、OM2 及 OM3 多模		OSI 单模	
波长	850nm	1300nm	1310nm	1550nm
衰减	3.5	1.5	1.0	1.0

● 光缆信道衰减范围。光缆布线信道在规定的传输窗口测量出的最大光衰减（插入损耗）应不超过表 6-20 所示的规定，该指标已包括接头与连接插座的衰减在内。

表 6-20　光缆信道衰减范围

级别	最大信道衰减（dB）			
	单模		多模	
	1310nm	1550nm	850nm	1300nm
OF-300	1.80	1.80	2.55	1.95
OF-500	2.00	2.00	3.25	2.25
OF-2000	3.50	3.50	8.50	4.50

注：每个连接处的衰减值最大为 1.5dB。

（3）光纤链路的插入损耗极限值可用以下公式并结合表 6-21 所示的光纤链路损耗参考值计算：

光纤链路损耗=光纤损耗+连接器件损耗+光纤连接点损耗　　　（a）

光纤损耗=光纤损耗系数（dB/km）×光纤长度（km）　　　（b）

连接器件损耗=连接器件损耗/个×连接器件个数　　　　　（c）

光纤连接点损耗=光纤连接点损耗/个×光纤连接点个数　　　（d）

表 6-21　光纤链路损耗参考值

种类	工作波长（nm）	衰减系数（dB/km）
多模光纤	850	3.5
多模光纤	1300	1.5
单模室外光纤	1310	0.5
单模室外光纤	1550	0.5
单模室内光纤	1310	1.0
单模室内光纤	1550	1.0
连接器件衰减	0.75dB/个	
光纤连接点衰减	0.3dB/个	

4. 测试记录

所有光纤链路测试结果应有记录，作为竣工资料的一部分。测试记录内容和形式应符合表 6-22 所示的要求。测试记录应保存在管理系统中并纳入文档管理。

表 6-22　综合布线系统工程光纤（链路/信道）性能指标测试记录

序号	工程项名称			光缆系统								备注
	编号			多模				单模				
				850nm		1300nm		13l0nm		1550nm		
	地址号	缆线号	设备号	衰减（插入损耗）	长度	衰减（插入损耗）	长度	衰减（插入损耗）	长度	衰减（插入损耗）	长度	
测试日期、人员及测试仪表型号测试仪表精度												
处理情况												

6.3.5　验证测试仪表

随工测试与竣工验收自测使用的测试仪表应具有最基本的连通性测试功能，主要检测电缆通断、短路、线对交叉等故障。

综合布线工程随工测试与竣工验收自测中，对电缆测试常使用通断测试仪、MicroMapper 电缆验证测试仪或 MicroScanner2 电缆验证测试仪（MS2）。

1．通断测试仪

最简单的电缆通断测试仪，包括主机和远端机，测试时，缆线两端分别连接上主机和远端机，根据显示灯的闪烁次序就能判断对绞电缆 8 芯线的通断情况，如图 6-7 所示。

图 6-7　简易布线通断测试仪

2．MicroMapper 电缆验证测试仪

（1）MicroMapper 电缆验证测试仪简介。

MicroMapper 是美国 FLUKE 网络公司生产的简单验证测试仪，包括主单元、远端适配器和跳线，如图 6-8 所示。MicroMapper 可以方便地检测对绞电缆的连通性以及开路、短路、跨接、反接、串绕等问题，可利用 LED 验证线序和识别故障。当与音频探头（MicroProbe）配合使用时，MicroMapper 内置的音频发生器可追踪到穿过墙壁、地板、天花板的电缆。

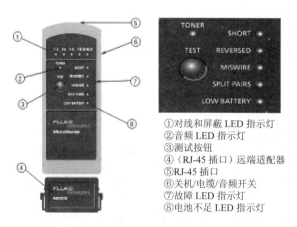

①对线和屏蔽 LED 指示灯
②音频 LED 指示灯
③测试按钮
④（RJ-45 插口）远端适配器
⑤RJ-45 插口
⑥关机/电缆/音频开关
⑦故障 LED 指示灯
⑧电池不足 LED 指示灯

图 6-8　MicroMapper 电缆验证测试仪和指示灯

（2）MicroMapper 测试操作。

1）将右侧的开关滑到 Cable（电缆）位置打开 MicroMapper 电源。

2）将需要测试的电缆一端连接 MicroMapper 的接口。

3）将电缆的另一端连接 MicroMapper 远端适配器接口。

4）按 TEST（测试）按钮并查看结果。

注意：水平方向的 5 个绿色 LED 指示灯（1-2、3-4、5-6、7-8 和 Shield）表示测试电缆的线对及屏蔽状态。

● 绿色：线对或屏蔽良好。

● 绿色闪烁：线对或屏蔽有故障。

● 不亮：线对开路或电缆无屏蔽。

垂直方向上的指示灯表示线路故障及电池不足（LOW BATTERY）。线路故障为 SHORT（短路）、REVERSED（反接）、MISWIRE（错接）、SPLIT PAIRS（串绕）。

如果要查找某一线对的故障，则使用 Micro Mapper 的诊断功能。当按住 TEST 按钮达 2 秒钟时 MicroMapper 将扫描每一线对及屏蔽，每个绿色指示灯分别暂停和闪烁。如果检测到有故障的线对，相应的故障状态灯闪烁红色。

注意：将 Remout Terminator（远端器）推到 MicroMapper 上直到听到咔嚓声到位。此配置让用户能方便地测试转接电缆。

（3）MicroMapper 音频操作。

1）将 MicroMapper 右侧的开关滑到 Toner（音频）位置。

2）将电缆连接 MicroMapper 的 RJ-45 接口（要将音频送入接线板，请将提供的跳线一端连接 MicroMapper 的 RJ-45 接口，另一端连接接线板上的接口）。

3）要产生音频 1，按 TEST 按钮然后快速松开。

4）要产生音频 2，按住 TEST 按钮达两秒钟。

5）使用 MicroMapper（音频探头）追踪连接的电缆。在接近测试的电缆时，信号接收最强。

6）将右侧的开关滑到 Off（关闭）位置可中断音频（为避免耗尽电池，总是将电源关闭）。

关于 MicroMapper 的具体使用请读者参看其使用手册。

3．MicroScanner2 电缆验证测试仪（MS2）

（1）MicroScanner2 电缆验证测试仪的功能。MicroScanner2 电缆验证测试仪是一款手持式测试仪器，如图 6-9 所示。它可用于检验和诊断对绞电缆和同轴电缆的接线以及检测网络服务。测试仪可执行下列工作：

● 最长可测量 1500ft（457m）的电缆，并检测对绞电缆和同轴电缆布线中的开路和短路问题。

● 检测对绞电缆布线中的线对串绕问题。

● 在一个屏幕上显示线序、电缆长度、与开路位置的比例距离，以及远程 ID 号。

● 检测对绞电缆布线中的以太网端口并报告端口速度。

● 检测对绞电缆布线中的 PoE（以太网供电模块）和电话电压。

● IntelliTone 功能配合 Fluke Networks 的 IntelliTone 探头使用，可帮助查找和定位在墙壁中、接插板处或线束中的电缆。模拟音频发生器可与标准模拟探头配套使用，并包含能够可靠地识别线束中的电缆的 SmartTone 功能。

MicroScanner2 电缆验证测试仪创新地改进了音频、数据和视频电缆测试。它首先从 4 种测试模式中获取结果，并在一个屏幕上显示以下内容：图形化布线图、线对长度、到故障点的距离、电缆 ID 以及远端设备。而且它的集成 RJ-11、RJ-45 和同轴电缆测试端口几乎支持任何类型的低压电缆测试，而不需要适配器，减少了测试时间和技术方面的错误。

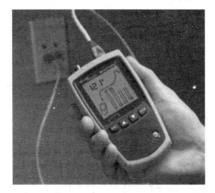

图 6-9　MicroScanner2 电缆验证测试仪

（2）MicroScanner2 的结构特点（如图 6-10 所示）。

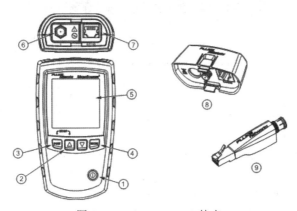

图 6-10　MicroScanner2 特点

图示说明如下：

①On/Off（开/关）键。

②△，▽：导览屏幕和更改设置。在音频发生器模式下，这些按键用于在 IntelliTone 和模拟音频发生器的音调之间循环变换。

③：选择 RJ-45 或同轴电缆连接器作为现用端口。

④：在电缆测试、音频发生器和 PoE 检测模式之间循环变化。

要进入其他模式，请在启动测试仪的同时按住按键：

● ＋△：可用于校准长度测量值和选择米或英尺作为长度单位。

● ＋▽：激活演示模式，在该模式下测试仪显示测试结果屏幕的示例。

注意：自动关机功能在演示模式下被禁用。

● △＋▽：显示版本和序列号屏幕。

⑤带背照灯的 LCD 显示屏。

⑥用于连接到 75 Ω 同轴电缆的 F 接头。

⑦用于连接电话和对绞电缆网络电缆的模块式插孔。插孔可接插 8 针模块式（RJ-45）和 6 针模块式（RJ-11）接头。

⑧带 F 接头和 8 针模块式插孔的线序适配器。

⑨可选的带 F 接头和 8 针模块式插孔的远程 ID 定位器。

（3）MicroScanner2 的显示屏特点（如图 6-11 所示）。

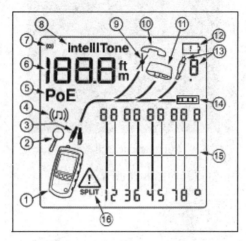

图 6-11　MicroScanner2 显示屏特点

图示说明如下：

①测试仪图标。

②细节屏幕指示符。

③指示哪个端口为现用端口，RJ-45 端口（U）还是同轴电缆端口（T）。

④音频模式指示符。

⑤以太网供电模块指示符（PoE）。

⑥带英尺/米指示符的数字显示。

⑦测试活动指示符，在测试正在进行时会以动画方式显示。

⑧当音频发生器处于 IntelliTone 模式时，会显示 IntelliTone。

⑨表示电缆上存在短路。

⑩电话电压指示符。

⑪表示线序适配器连接到电缆的远端。

⑫电池电量不足指示符。

⑬表示 ID 定位器连接到电缆的远端并显示定位器的编号。

⑭以太网端口指示符。

⑮线序示意图。对于开路，线对点亮段的数量表示与故障位置的大致距离。最右侧的段表示屏蔽。

⑯表示电缆存在故障或带有高压。当出现线对串绕问题时，显示 SPLIT（串绕）。

（4）使用线序适配器和远程 ID 定位器。用标准线序适配器或可选的远程 ID 定位器端接对绞电缆布线，可让测试仪检测各种类型的线序问题。无此端接方式，测试仪就无法检测到线路跨接或线对跨接。对其中一根线为开路的线对，就需要用端接来检测哪一根线为开路。若无端接，测试仪会显示两根线均开路。

使用多个远程ID定位器可帮助识别接插板处的连接。测试仪显示连接布线远端的定位器的数量。

使用可选的通用适配器和跳线，可将远程 ID 定位器连接到狭窄区域内的模块式（RJ-45）插孔或4针模块式插孔（RJ-11），如图 6-12 所示。

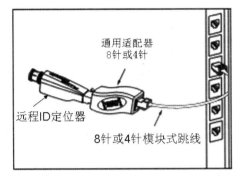

图 6-12　将远程 ID 定位器连接到狭窄区域或 RJ-11 插孔

（5）测试对绞电缆布线。

1）启动测试仪。如果测试仪已经启动并处于同轴电缆模式（ ），按 切换到对绞电缆测试模式（ ）。

2）将测试仪和线序适配器或 ID 定位器连至布线中，如图 6-13 所示。测试将连续运行，直到更改模式或关闭测试仪。

（6）对绞电缆测试结果。以下各图显示了对绞电缆布线的部分典型测试结果。

图 6-14 显示第 4 根线上存在开路。

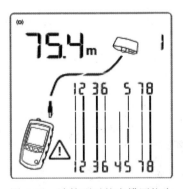

图 6-13　连接到对绞电缆网络布

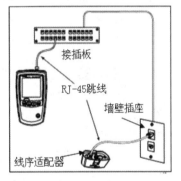

图 6-14　显示第 4 根线上存在开路线

图 6-15 显示第 5 根和第 6 根线之间存在短路，短路的接线会闪烁来表示故障，电缆长度为 75.4m。

图 6-16 显示第 3 根和第 4 根线跨接，线位号会闪烁来表示故障，电缆长度为 53.9m，电缆为屏蔽式。检测线路跨接需要连接远端适配器。

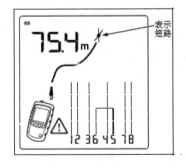

图 6-15　对绞电缆布线上存在短路

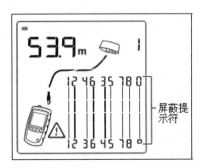

图 6-16　线路跨接

（7）使用多个远程 ID 定位器。使用多个远程 ID 定位器可帮助识别接插板处的多个网络连接，如图 6-17 所示。画面显示测试仪连接到以编号 3 远程 ID 定位器端接的电缆。

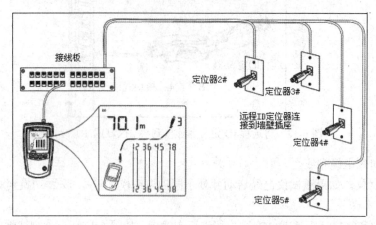

图 6-17　使用多个远程 ID 定位器

（8）连接到以星型拓扑结构接线的电话网络。以星型拓扑结构接线的电话电缆（如图 6-18 所示）在配线中心的线路桥接处连接在一起。线路桥接将每根缆线与所有其他编号相同的缆线连接在一起。测试仪会检测线路桥接并测量至线路桥接处的距离。

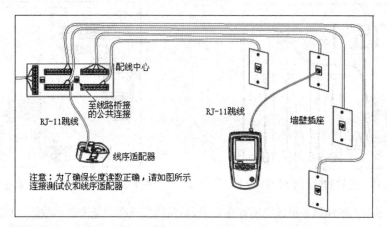

图 6-18　连接至以星型拓扑结构接线的电话网络

要测量连接线路桥接的每根电缆的长度，必须将线序适配器或远程 ID 定位器连接到线路桥接，并将测试仪连接到墙壁插座。

测试仪不能测出测量线路桥接以外的长度，因为来自线路桥接连接的反射会干扰测量。如果将测试仪连接到线路桥接位置，测试仪仅能测量线路桥接之前的长度，也就是跳线的长度。

关于 MicroScanner2 电缆验证测试仪的具体使用请参看其使用手册。

6.3.6　认证测试仪表

1.　数字式电缆分析仪 DSP-4x00 系列

美国福禄克公司生产的数字式电缆分析仪 DSP-4x00 系列是铜缆数据布线（包括 6 类）认证测试装置，并具有强大的故障诊断功能。该产品包括认证、保存和上传图形测试结果数据所需的全部附件，是现在仍在使用的认证测试仪。

（1）. DSP-4x00 系列。

DSP-4x00 系列数字式电缆分析仪有 4 种型号可供选择：DSP-4300、DSP-4100、DSP-4000PL 和 DSP-4000。DSP-4300 数字式电缆分析仪如图 6-19 所示。仪器固件版本 DSP-4000 为 V3.9、DSP-4100 为 V4.9、DSP-4300 为 V1.9。

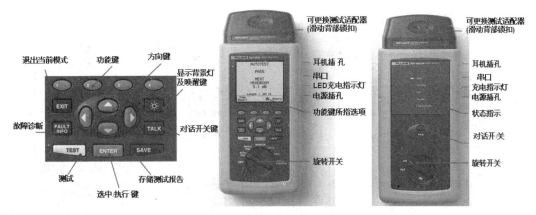

图 6-19　DSP-4300 数字式电缆分析仪

（2）DSP-4X00 数字式电缆分析仪特点。

● 超过超 5 类及 6 类线测试所要求的三级精度，延展了 DSP-4X00 的测试能力，并同时获得 UL 和 ETL SEMKO 的认证。

● DSP-4X00 中包含永久链路适配器（如图 6-20 所示），使用它可得到更多更准确的结果。

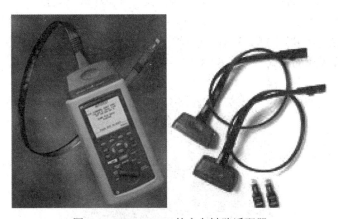

图 6-20　DSP-4X00 的永久链路适配器

● 随机提供 6 类通道适配器及一个通道/流量适配器，从而精确测试 6 类通道。

● 自动诊断电缆故障，以米或英尺准确显示故障位置。

● 扩展的 16MB 主板集成存储卡可存储一整天的测试结果。

● 可将符合 TIA-606A 标准的电缆 ID 号下载到 DSP-4X00 数字式电缆分析仪中，节省时间的同时确保了数据的准确性。

● 随机提供外置存储卡以及更高级的电缆测试管理软件包，光纤测试适配器和电缆管理软件提供了更多的应用领域。

● 灵活的电缆标准下载，可升级的结构保护用户的投资。

（3）使用 DSP-4X00 测试基本连接的典型连接如图 6-21 所示。

（4）使用 DSP-4X00 测试信道的典型连接如图 6-22 所示。

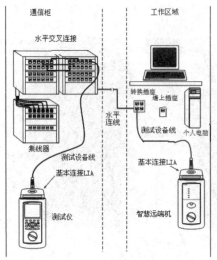

图 6-21　基本连接的典型测试连接　　　　　图 6-22　测试信道的典型连接

2．DTX 系列电缆分析仪

福禄克网络公司推出的 DTX 系列电缆分析仪包括 Fluke DTX-1200、Fluke DTX-1800 和 Fluke DTX LT 三种类型。这种铜缆和光纤认证测试仪可确保布线系统符合 TIA/ISO 标准。

DTX-1800 Cable Analyzer（含主测试仪和智能远端测试仪）可完成铜缆的测试，另可配套 DTX-MFM2 多模光纤模块、DTX-SFM2 单模光纤模块和 DTX Compact OTDR 光时域反射计 （OTDR）模块完成光缆的测试。如图 6-23 所示是 DTX-1800 Cable Analyzer。

图 6-23　DTX-1800 Cable Analyzer

（1）特性概述。DTX 系列 Cable Analyzers 是一种坚固耐用的手持设备，可用于认证、排除故障及记录铜缆和光缆布线安装。它具有以下特性：

● DTX-1800 和 DTX-1200 可在不到 25 秒内依照 F 等级极限值（600 MHz）认证对绞电

缆和同轴电缆布线，以及不到 10 秒的时间完成对第 6 类（Category 6）布线的认证。符合第 III 等级和第 IV 等级准确度要求。

- DTX-LT 可在不到 28 秒的时间内完成第 6 类（Category 6）布线的认证。所有型号均符合第 III 等级和第 IV 等级准确度要求。
- 彩色显示屏能清楚地显示"通过/失败"结果。
- 自动诊断报告故障处的距离及可能的原因。
- 音频发生器功能帮助定位插孔及在检测到音频时自动开始"自动测试"。
- 可选的光缆模块可用于认证多模及单模光缆布线。
- DTX Compact OTDR 模块可用于确定光缆中的反射事件和损耗事件的位置与特征。
- 可选件 DTX-NSM 模块可以用来验证网络服务。
- 可选件 DTX 10 G 组件包可用于针对 10G 以太网应用对第 6 类（Category 6）和增强型第 6 类（Category 6A）布线进行测试和认证。
- 可于内部存储器保存至多 250 项 6 类自动测试结果，包含图形数据。
- DTX-1800 及 DTX-1200 可于 128 MB 可拆卸内存卡上保存至多 4000 个 6A 类自动测试结果，包含图形数据。
- 可充电锂离子电池组可以连续运行至少 12 个小时。
- 智能远端连可选的光缆模块可用于 Fluke Networks OF-500 OptiFiber 认证光时域反射计（OTDR）来进行损耗/长度认证。
- LinkWare 软件可用于将测试结果上载至 PC 并创建专业水平的测试报告。它可以快速地对测试结果进行编辑、查看、打印、保存或存档。还可以将测试结果合并到现有的数据库中，通过任意数据域或参数进行排序、查找或组织。LinkWare Stats 选件产生缆线测试统计数据可浏览的图形报告。

（2）DTX-1800 的零配件。DTX-1800 包装箱内有下列零配件：

- DTX-1800 Cable Analyzer 锂离子电池组
- DTX-1800 Smart Remote 锂离子电池组
- 两个第 6A 类/EA 等级永久链路适配器
- 两个第 6 类/E 等级通道适配器
- 两个耳机
- 携带箱
- 两根提带
- 内存卡
- 用于 PC 通讯的 USB 缆线
- 用于 PC 通讯的 DTX RS-232 串口缆线
- 两个交流适配器
- DTX 系列 CableAnalyzer 用户手册
- DTX 系列 CableAnalyzer 产品光盘
- LinkWare 软件光盘

（3）测试仪的基本特性。

1）测试仪面板（如图 6-24 所示）。

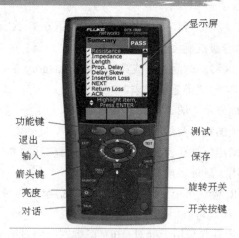

图 6-24　DTX-1800 Cable Analyzer 面板

显示屏幕：带有背光及可调整亮度的 LCD 显示屏幕。

测试按钮：开始目前选定的测试。如果没有检测到智能远端，则启动对绞电缆布线的音频发生器。当两个测试仪均接妥后，即开始进行测试。

保存按钮：将"自动测试"结果保存在内存中。

旋转开关：选择测试仪的模式。

开/关按键：测试仪开/关按键。

对话按钮：按下此键可使用耳机来与链路另一端的用户对话。

亮度按钮：按该键可在背景灯的明亮和暗淡设置之间切换。按住 1 秒钟来调整显示屏的对比度。

箭头键：可用于导览屏幕画面并递增或递减字母数字的值。

输入按钮："输入"键可从菜单内选择选中的项目。

退出按钮：退出当前的屏幕画面而不保存更改。

功能键：三个功能键提供与当前的屏幕画面有关的功能。功能显示于屏幕画面功能键之上。

2）测试仪侧面及顶端面板（如图 6-25 所示）。

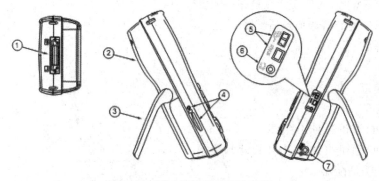

图 6-25　测试仪侧面及顶端面板

①对绞电缆接口适配器连接器。

②模块托架盖。推开托架盖来安装可选的模块，如光缆模块。

③底座。

④DTX-1800 及 DTX-1200：可拆卸内存卡的插槽及活动 LED 指示灯。若要弹出内存卡，朝

里推入后放开内存卡。

　　⑤USB 及 RS-232C 接口：端口可用于将测试报告上载至 PC 并更新测试仪软件。RS-232C 端口使用 Fluke Networks 供应的定制 DTX 缆线。

　　⑥用于对话模式的耳机插座。

　　⑦交流适配器连接器。将测试仪连接至交流电时，LED 指示灯会点亮。

- 红灯：电池正在充电。
- 绿灯：电池已充电。
- 闪烁的红灯：充电超时。电池没有在 6 小时内充足电。

　　3）智能远端（如图 6-26 所示）。

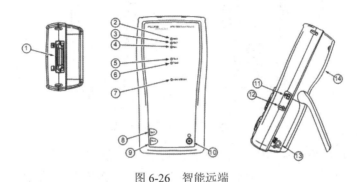

图 6-26　智能远端

　　①对绞电缆接口适配器的连接器。

　　②当测试通过时，"通过"LED 指示灯会亮。

　　③在进行缆线测试时，"测试"LED 指示灯会点亮。

　　④当测试失败时，"失败"LED 指示灯会亮。

　　⑤当智能远端位于对话模式时，"对话"LED 指示灯会点亮。按 TALK 键来调整音量。

　　⑥当按 TEST 键但没有连接主测试仪时，"音频"LED 指示灯会点亮，而且音频发生器会开启。

　　⑦当电池电量不足时，"低电量"LED 指示灯会点亮。

　　⑧TEST 键：如果没有检测到主测试仪，则开始目前在主机上选定的测试将会激活对绞电缆布线的音频发生器。当连接两个测试仪后便开始进行测试。

　　⑨TALK 键：按下此键使用耳机来与链路另一端的用户对话。再按一次可调整音量。

　　⑩开/关按键。

　　⑪用于更新 PC 测试仪软件的 USB 端口。

　　⑫用于对话模式的耳机插座。

　　⑬交流适配器连接器。

　　⑭模块托架盖。推开托架盖来安装可选的模块，如光缆模块。

　　（4）测试仪的基本使用。

　　1）本地化测试仪。本地设置值包含语言、日期、时间、数字格式、长度单位及工频。

　　①将旋转开关转至 Setup（设置）。

　　②使用 ⁓ 来选中列表最底部的仪器设置，然后按 Enter 键。

　　③使用 ⁀ 及 ⁓ 键来查找并选中列表最底部的选项卡 2 的语言，然后按 Enter 键。

④用 ⟨⟩ 键来选中想要的语言，然后按 Enter 键。

⑤使用箭头键和 Enter 键在仪器设置下的选项卡 2、3 和 4 中查找并更改本地设置。

2）链路接口适配器。链路接口适配器提供用于测试不同类型的对绞电缆 LAN 布线的正确插座及接口电路。测试仪提供的通道及永久链路接口适配器适用于测试至第 6 类布线。可选的同轴适配器让您能够测试同轴电缆布线。图 6-27 显示了如何连接及拆卸适配器。

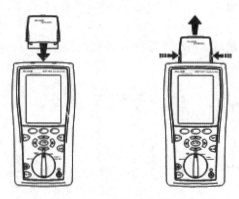

图 6-27　连接及拆卸适配器

3）更换特征模块。如图 6-28 所示是永久链路适配器使用指南。通用永久链路适配器的一端是一个可拆卸的特征模块，如图 6-29 所示，可加以更换来为不同的插座配置定制适配器。更换 DTX 适配器上的特征模块的步骤如下：

①特征模块是静电敏感设备，首先触摸适当接地的导电表面，让身体适当接地，消除人体静电。

②从测试仪上拆卸链路接口适配器。

③用手指来拧松特征模块上的螺丝。

④将模块保存于其原装静电防护袋内。

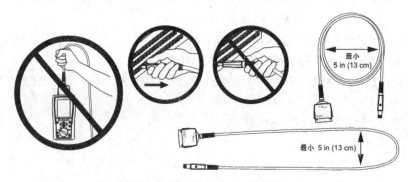

图 6-28　永久链路适配器使用指南

⑤置入新的模块，然后用手指拧紧螺丝。

4）准备保存测试结果。

①检查可用的内存空间。插入一块内存卡，将旋转开关转至 Special Functions（特殊功能），然后选择内存状态。按 F1 键，在内存卡及内部存储器状态间切换。如有必要，可用 F2 键格式化内存卡或内部存储器。

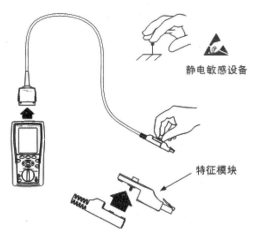

图 6-29 更换 DTX-PLA001 适配器上的特征模块

②选择缆线标识码来源。从预先产生的列表中选择标识码，或者在每一次测试后建立一个标识码。将旋转开关转至 Setup（设置），选择仪器设置，选择缆线标识码来源，然后选择一个来源。

③设置任务文件夹。从仪器设置菜单中选择下面的项目：

● 结果存储位置（DTX-1800 及 1200）：选择内部存储器或内存卡（如果有）。

● 当前文件夹：选择一个现有文件夹或按 F1 键创建文件夹来创建一个新文件夹。

④设置绘图数据存储选项。在仪器设置菜单中选择存储绘图数据。选择标准依照所选择测试极限值要求的频率范围保存绘图数据。选择扩展保存超出所选测试极限值要求范围的数据。选择否仅以文本格式保存数据，以便保存更多测试结果。

⑤输入任务信息。从仪器设置菜单中按 🔁键来显示操作员、地点、公司名称选项卡。若要输入一个新名称，选择一项设置，按 F1 键创建，然后使用功能键🔁 、 ⌒ 、 ⌄以及 Enter 键来加以编辑。完成后按 Save 键。

⑥如果需要，启用自动保存功能。在仪器设置菜单中，按 🔁键即可显示包含自动保存结果设置的选项卡。选择是将测试仪设置为可选缆线标识码中一个可用的 ID 来保存"自动测试"（Autotest）结果。

（5）认证对绞电缆布线。

1）给对绞电缆布线设置测试基准。基准设置程序可用于设置插入耗损及 ACR-F（ELFEXT）测量的基准。在下列时间运行测试仪的基准设置程序：

● 当想要将测试仪用于不同的智能远端时，可将测试仪的基准设置为两个不同的智能远端。

● 每隔 30 天。这样做可以确保取得准确度最高的测试结果。

更换链路接口适配器后无须重新设置基准。

注意：开启测试仪及智能远端，等候 1 分钟，然后才开始设置基准。只有当测试仪已经到达 10℃ ~ 40℃之间的周围温度时才能设置基准。

若要设置基准，请执行以下步骤：

①进行永久链路及通道适配器连接，如图 6-30 所示。

②将旋转开关转至 Special Functions（特殊功能），然后开启智能远端。

③选中设置基准，然后按 Enter 键。如果同时连接了光缆模块及铜缆适配器，接下来选择链路接口适配器。

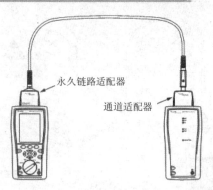

图 6-30　对绞电缆基准连接

④按 Test 键。

2）对绞电缆测试设置值。表 6-23 说明了用于对绞电缆，布线测试的设置值。若要访问设置值，将旋转开关转至 Setup（设置），用 ◁▽▷ 键来选中对绞电缆；然后按 Enter 键。

表 6-23　用于对绞电缆布线测试的设置值

设置值	说明
SETUP>对绞电缆>缆线类型	选择一种适用于被测缆线的缆线类型。缆线类型按类型及制造商分类。选择自定义可创建电缆类型
SETUP>对绞电缆>测试极限	为测试任务选择适当的测试极限，选择自定义可创建测试极限值
SETUP>对绞电缆>NVP	额定传播速度可与测得的传播延时一起来确定缆线长度。选定的缆线类型所定义的默认值代表该特定类型的典型 NVP。如果需要，可以输入另一个值。若要确定实际的数值，更改 NVP，直到测得的长度与缆线的已知长度相同。使用至少 15 米（50 英尺）长的缆线。建议的长度为 30 米（100 英尺）。增加 NVP 将会增加测得的长度
SETUP>对绞电缆>插座配置	输出配置设置值决定测试哪一个缆线对以及将哪一个线对号指定给该线对。要查看某个配置的线序，按插座配置屏幕中的 F1 取样。选择"自定义"可以创建一个配置

T568A	T568B	USOC（单或双绞线对令牌环）	ATM/TP-PMD 直式	以太网
3 ⌐ 1 白色/绿色 └ 2 绿色 ⌐ 3 白色/橙色 2 ⌐ 1 ┌ 4 蓝色 └ 5 白色蓝色 └ 6 橙色 4 ⌐ 7 白色/棕色 └ 8 棕色	2 ⌐ 1 白色/橙色 └ 2 橙色 ⌐ 3 白色/绿色 3 ⌐ 1 ┌ 4 蓝色 └ 5 白色/蓝色 └ 6 绿色 4 ⌐ 7 白色/褐色 └ 8 褐色	⌐ 3 白色/橙色 2 ⌐ 1 ┌ 4 蓝色 └ 5 白色/蓝色 └ 6 橙色 令牌环 ⌐ 3 白色/绿色 3 ⌐ 1 ┌ 4 蓝色 └ 5 白色/蓝色 └ 6 绿色	1 ⌐ 1 白色/绿色 └ 2 绿色 ⌐ 7 白色/棕色 2 └ 8 棕色 ATM/TP-PMD 交叉 白色/绿色 ── 7 1 ⌐ 绿色 ── 8 白色/棕色 ── 1 2 ⌐ 棕色 ── 2 └ 8	2 ⌐ 1 白色/橙色 └ 2 橙色 ⌐ 3 白色/绿色 └ 6 绿色 以太网交叉 2 ⌐ 1 白色/橙色 ── 3 └ 2 橙色 ── 6 白色/绿色 ── 1 绿色 ── 2

| SETUP>对绞电缆>HDTDX/HDTDR | 仅通过*/失败：测试仪仅以 PASS（通过）*或 FAIL（失败）为 Autotest（自动测试）显示 HDTDX（高精度时域串扰分析）和 HDTDR（高精度时域反射计分析）结果。
所有自动测试：测试仪为所有自动测试显示 HDTDX（高精度时域串扰分析）和 HDTDR（高精度时域反射计分析）结果 |

续表

设置值	说明
SETUP>对绞电缆>AC 线序	选择启用以通过一个未通电的以太网供电（PoE）MidSpan 设备来测试布线系统
SETUP>仪器设置>存储绘图数据	标准：测试仪会显示与保存基于频率的测试的绘图数据，如 NEXT、回波损耗及衰减 测试仪依照所选测试极限值要求的频率范围保存数据 扩展：测试仪超出所选测试极限值要求的频率范围保存数据 否：不保存绘图数据，以便保存更多的测试结果。保存的结果显示每个线对的最差余量和最差值
用于保存测试结果的设置值	—

3）在对绞电缆布线上进行自动测试。如图 6-31 所示为认证对绞电缆布线所需的装置。

①测试仪及智能远端连电池组　　　　④用于测试永久链路：两个永久链路适配器
②内存卡（可选）　　　　　　　　　⑤用于测试通道：两个通道适配器
③两个带电源线的交流适配器（可选）

图 6-31　认证对绞电缆布线所需的装置

在对绞电缆布线上进行自动测试的操作：

①将适用于该任务的适配器连接至测试仪及智能远端。

②将旋转开关转至设置，然后选择对绞电缆。从对绞电缆选项卡中设置以下设置值：

● 缆线类型：选择一个缆线类型列表，然后选择要测试的缆线类型。

● 测试极限：选择执行任务所需的测试极限值。屏幕画面会显示最近使用的九个极限值。按 F1 键来查看其他极限值列表。

③将旋转开关转至 Autotest（自动测试），然后开启智能永久链路测试连接远端。依图 6-32 所示的永久链路连通测试连接方法或图 6-33 所示的通道连接方法连接至布线。

④如果安装了光缆模块，您可能需要按 F1 键更改媒介来选择对绞电缆作为媒介类型。

⑤按测试仪或智能远端的 Test 键。若要随时停止测试，请按 Exit 键。

技巧：按测试仪或智能远端的 Test 键启动音频发生器，这样便能在需要时使用音频探测器，然后才进行连接。音频也会激活连接布线另一端休眠中或电源已关闭的测试仪。

⑥测试仪会在完成测试后显示"自动测试概要"屏幕（请参见图 6-34 对绞电缆布线自动测试概要的图）。若要查看特定参数的测试结果，使用 ⬆ 和 ⬇ 键来选中该参数，然后按 Enter 键。

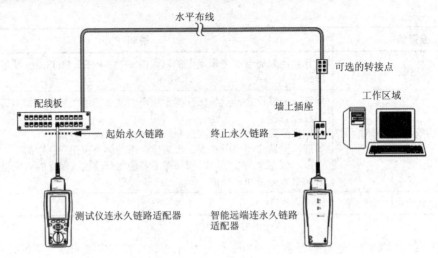

图 6-32　永久链路测试连接

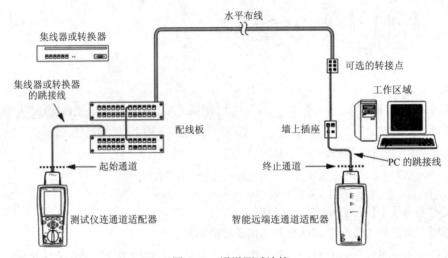

图 6-33　通道测试连接

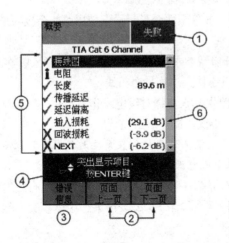

图 6-34　自动测试概要屏幕

①通过：所有参数均在极限范围内。

失败：有一个或一个以上的参数超出极限值。

通过*/失败*：有一个或一个以上的参数在测试仪准确度的不确定性范围内，且特定的测试标准要求"*"标注请参见"通过*/失败*结果"。

②按 F2 或 F3 键来滚动屏幕画面。

③如果测试失败，按 F1 键来查看诊断信息。

④屏幕画面操作提示。使用 ⌄⌄⌄ ⌄⌄⌄ 键来选中某个参数，然后按 Enter 键。

⑤√：测试结果通过。

i：参数已被测量，但选定的测试极限内没有通过/失败极限值。

X：测试结果失败。

：请参见"通过/失败*结果"。

⑥测试中找到最差余量。

⑦如果自动测试失败，按 F1 键错误信息键来查看可能的失败原因。

⑧若要保存测试结果，按 Save 键。选择或建立一个缆线标识码；然后再按一次 Save 键。

4）对绞电缆布线自动测试概要结果。如图 6-34 所示说明了自动测试概要的屏幕。

5）通过*/失败*结果。标有星号的结果表示测得的数值在测试仪准确度的误差范围内通过*及失败*结果（如图 6-35 所示），且特定的测试标准要求"*"注记。这些测试结果被视作勉强可用的。勉强通过及接近失败结果分别以蓝色及红色星号标注。

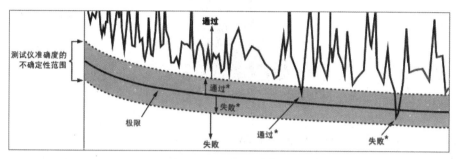

图 6-35 通过*及失败*结果

PASS（通过）* 可以视作测试结果通过；FAIL（失败）*的测试结果应视作完全失败。

6）自动诊断。如果自动测试失败，按 F1 错误信息键以查阅有关失败的诊断信息。诊断屏幕画面会显示可能的失败原因及建议您可采取的措施来解决问题。测试失败可能产生一个以上的诊断屏幕。在这种情况下，按 ⟨⟩、⟨⟩、⟨⟩键来查看其他屏幕。

如图 6-36 所示是显示诊断屏幕画面的实例。

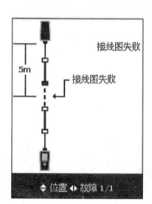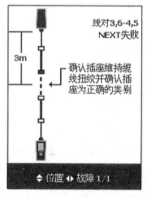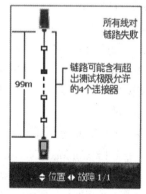

图 6-36 自动诊断屏幕画面实例

3. DTX 光时域反射计（OTDR）模块

DTX Compact OTDR 光时域反射计（OTDR）背插式模块挂接在 DTX Cable Analyzer 上使用，如图 6-37 所示。

光缆模块提供完整的一级认证。全面的一级认证测试包括损耗、长度和极性测试。可以确认光缆链路的性能和安装质量。在多个波长上测量光缆的损耗，测量光缆的长度并验证其极性。可以在两根光缆链路上双向测试而无须交换主机与远端的位置。通过 LinkWare 软件可以提供 1 级光缆认证测试报告。独有的技术和简单易用的操作界面缩短了测试时间，全部测试可在 12 秒内完成。

图 6-37　DTX 挂接光时域反射计

DTX Compact OTDR 光时域反射计（OTDR）模块具有以下特性：

● 自动光时域反射计（OTDR）曲线和事件分析，可帮助确定和分析多模（850nm 和 1300nm；50μm 和 62.5μm）与单模（1310 nm 和 1550 nm；9μm）光缆中的反射与损耗事件。

● 以事件表或光时域反射计（OTDR）曲线等摘要格式显示光时域反射计（OTDR）测试结果。通过/失败（PASS/FAIL）结果根据出厂设置的极限值或用户指定的极限值判定。

● 可视故障定位仪（VFL）可帮助定位光缆断裂、连接不良与弯曲等故障，以及检查光缆的通断性和极性。

（1）DTX Compact OTDR 模块的安装。

1）安装 DTX Compact OTDR 模块。为了避免损坏 DTX 主机或 DTX Compact OTDR 模块并确保正常操作：

● 在拆除或安装模块之前，先将测试仪关闭。

● 如果未安装模块，请将模块托架盖保留在原位。

要安装模块，请参照图 6-38 并执行下面的步骤：

①关闭测试仪。

②拆除并丢弃标配的 U 形环。

③安装上 DTX Compact OTDR 模块附带的 U 形环。这个新的 U 形环底部有一个键孔，OTDR 模块就是在这个位置锁定在 U 形环上。

④取下模块托架盖或当前安装在测试仪上的模块。

⑤将 OTDR 模块滑入测试仪。

⑥将锁定销按入 U 形环的键孔，然后将锁定销向右旋转 1/4 转即可将模块锁定在 U 形环上。

2）使用支架。如图 6-37 所示显示 DTX 使用了支架。

3）光时域反射计（OTDR）模块的特性，如图 6-39 所示。

①连接单模（左）光缆和多模（右）光缆的光时域反射计（OTDR）端口。端口配有可拆卸的 SC 型连接适配器及保护罩。

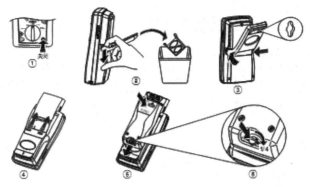

图 6-38　安装光时域反射计（OTDR）模块

②可视故障定位器（VFL）输出，配有通用光缆连接器和保护罩。连接器可连接 2.5mm 套圈。
③激光安全标签。

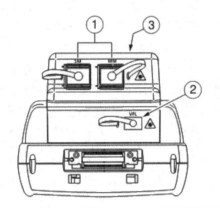

图 6-39　光时域反射计（OTDR）模块的特性

4）清洁连接器和适配器。

①清洁连接器。连接前必须先清洁并检视光缆连接器。使用光缆清洁剂与光学级拭纸或棉签，按以下方式清洁连接器：

● 用光缆清洁笔或在清洁剂中浸湿的棉签的尖部碰触不起毛的干拭纸或光缆清洁卡。

● 用一支新的干棉签碰触拭纸或清洁卡浸过清洁剂的部分。将棉签推入连接器，沿着端面绕转 3～5 次，然后取出棉签并丢弃。

● 用一根干棉签在连接器内绕转 3～5 次来擦干连接器。

● 在连接前，使用诸如 Fluke Networks 的 FiberInspector 视频显微镜之类的光缆显微镜检视连接器。

②清洁光缆适配器。定期用棉签和光缆清洁剂来清洁光缆适配器。使用前先用干燥的棉签擦干。

● 用光缆清洁笔或在清洁剂中浸湿的棉签的尖部碰触不起毛的干拭纸或光缆清洁卡。

● 将连接器端面擦过浸有清洁剂的部分，然后与拭纸或清洁卡干燥的部分前后擦一次。

5）OTDR 测试设置。要进入表 6-24 中所述的光时域反射计（OTDR）测试设置（除了自动/手动设置），将旋转开关转至 Setup（设置），然后选择 OTDR。用 BC 在设置选项卡之间移动。

表 6-24　OTDR 测试设置

设置	说明
自动/手动	在自动测试屏幕上，按 L 键更改测试。在自动模式下，测试仪会根据布线的长度及总损耗来选择特定的设置值。手动模式可用于选择设置值，以优化曲线来显示特定的事件
任务设置	在运行打算保存的测试之前，最好设置一个存储位置并输入操作员、地点和公司的名称
OTDR 端口	选择多模或单模来查看或编辑这些设置
测试极限	测试仪将光时域反射计（OTDR）的测试结果与选定测试极限值相比较，以产生 PASS/FAIL（通过/失败）结果。可以选择出厂设置的极限值或自定义极限值。选择自定义可以创建一个测试极限值
光缆类型	给将要测试的光缆选择一种适合的类型。可以选择出厂设置的光缆类型或自定义类型。选择自定义可以创建一个光缆类型
波长	可以在一个波长或所安装模块及选定测试极限值支持的全部波长下测试布线。如果选择双波长设置，务必选择支持两种波长的光缆类型和测试极限值
发射补偿	可以消除发射光缆及接收光缆对光时域反射计（OTDR）测试结果的影响
测试位置	测试仪所处的光缆端点。根据该设置，测试仪将光时域反射计（OTDR）的结果分为端点 1 或端点 2 来指示所测试的是布线的哪一端
端点 1，端点 2	分配给布线端点的名称。名称与光时域反射计（OTDR）测试结果一同保存
光缆特性	将光缆特性设为用户定义时，n（折射率）和反向散射系数值可以由用户编辑。将光缆特性设为默认时，测试仪将使用在当前光缆类型中定义的值
n	折射率，用于计算长度。光缆类型中定义的 n（折射率）值为默认值，适合大多数应用。默认 n（折射率）和光缆的实际 n（折射率）之间的细微差别通常不会使长度的差别大到无法进行光缆测试的地步。增加（折射率）将减小测得的长度
反向散射	反向散射即反向散射系数，它表示光缆反射回到光时域反射计（OTDR）的光量（使用 1ns 脉冲）。该值用于计算光时域反射计（OTDR）测试的事件反射率。 输入已知的被测光缆反向散射系数
量程（仅限手动 OTDR 模式）	量程设置决定了曲线上显示的最大距离。选择与想要测试的事件距离最接近，但又不小于该距离的量程。如果测试仪不能正确识别端点事件，用下一级更高的量程再运行一次光时域反射计（OTDR）测试。 手动：用户自行选择量程。 自动：测试仪选择与光缆端点距离最接近，但又不小于它的量程。这些量程不限于所提供的固定量程
平均时间（仅限手动 OTDR 模式）	平均时间设定了创建最终曲线总共被求平均值的测量值数量。时间较长可减少曲线上的干扰，从而增加动态变化范围和准确度，并揭示更多的细节之处，如较小的非反射事件。时间较短则可缩短测试时间，但产生的曲线干扰较大，动态变化范围较窄，并且不容易观察到事件。 自动：调整每个波长 15 秒典型测试时间的测试参数。该设置用于自动 OTDR 模式，也是手动 OTDR 模式的默认设置。 自动测试时间：调整每个波长 5 秒典型测试时间的测试参数。该设置可加快测试，但产生的结果准确度较低，并且测试死区增大。 自动死区：调整测试参数以将死区最小化，从而揭示反射事件中及周围的更多细节。所需的测试时间通常要比选择自动或自动测试时间时的测试要长。 在选中自动、自动测试时间或自动死区时进行测试，每个波长需时最长可达 3 分钟，具体时间取决于光缆的特性。 手动时间选择：可让您将每个波长的测试时间设为 15 秒、30 秒、1 分钟或 3 分钟。测试仪会调整测试参数来满足所选时间的要求

续表

设置	说明
脉冲宽度（仅限手动 OTDR 模式）	脉冲宽度影响曲线的死区和动态范围。 较窄的脉冲可以在反射事件中及其附近观察到更多细节，并有助于观察到彼此接近的事件（隐藏事件）。但是，较窄的脉冲限制了光时域反射计（OTDR）的量程，并且生成的曲线在事件之间有更显著的背景噪音。因此采用较窄的脉冲，可能无法将细小损耗事件与曲线上的噪音区分开来。反向散射水平可能太低而无法在曲线上显现出来。 较宽的脉冲提高了反向散射水平，从而可以测量更长的光缆并提供更佳的信噪比。这有助于观察到更细小的损耗事件并更准确地测量它们的损耗，但是也增加了事件的死区。 自动：测试仪选择最窄但仍然能显示损耗事件的脉冲
损耗阈值（仅限手动 OTDR 模式）	用户定义设置报告损耗事件的阈值（单位为 dB）。高于或低于阈值的事件都被包含在事件表中。该设置的范围是 0.01dB～1.50dB（含 1.50dB）。 对于较小的阈值（0.01dB～0.3dB），测试仪通过读取更多的测量值进行平均或使用更大的脉冲宽度来减少曲线上的干扰。因此，较小的值可能会增加测试时间或曲线上的死区。 自动将阈值设为默认值 0.15dB

（2）使用光时域反射计（OTDR）。

如图 6-40 所示是用于光时域反射计（OTDR）测试的设备。

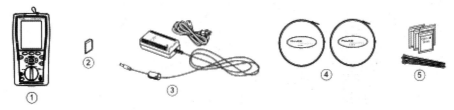

①带 OTOR 模块的测试仪　　　　　④发射光缆和接收光缆（可选），匹配特测光缆，如果可能，
②内存卡（可选）　　　　　　　　　　匹配一端的光缆连接线器
③带电源线的交流适配器（可选）　　⑤光缆清洁用品（可选）

图 6-40　用于光时域反射计（OTDR）测试的设备

1）关于发射光缆和接收光缆及发射补偿。可选的发射光缆和接收光缆使测试仪能够测量布线中第一个和最后一个连接器的损耗和反射率。如果布线中的第一个或最后一个连接不良，并且没有使用发射光缆和接收光缆，那么光时域反射计（OTDR）测试可能通过，这是因为其中不包括不良连接的测量值。

总损耗和长度包括发射光缆和接收光缆的损耗和长度，除非在测试期间启用了发射补偿。因此，Fluke Networks 建议使用发射和接收光缆。还应使用发射补偿功能来消除这些光缆对光时域反射计（OTDR）测量值的影响。

使用发射补偿的操作如下：

①将旋转开关转至 Setup（设置），选择 OTDR；然后选择将要测试的 OTDR 端口（多模或单模）。

②将旋转开关转至 Special Functions（特殊功能），然后选择设置发射光缆补偿。

③在设置发射方式屏幕上，选中想要采用的补偿类型。

④如屏幕上所示将光缆连接到测试仪的光时域反射计（OTDR）端口，然后按 Test 键。

⑤测试仪将发射光缆的结束端和接收光缆的起始端（如果选择了接收光缆补偿）显示在事件表中。如有必要，可选中事件并使用功能键手动选择发射事件和接收事件。

⑥按 SAVE 键，然后按 F2 键确定。

⑦如果需要禁用发射补偿功能，将旋转开关转至 Setup（设置），选择 OTDR，然后将发射补偿在选项卡 2 中设为禁用。

2）运行光时域反射计（OTDR）测试。

①选择自动 OTDR 模式：将旋转开关转至 Autotest（自动测试），按 F3 键更改测试，然后选择自动。

②给测试选取设置。将旋转开关转至 Setup（设置），然后选择 OTDR。如表 6-24 所示为 OTDR 测试设置。

③清洁所有将要使用的连接器。

④如图 6-41 和图 6-42 所示将测试仪的光时域反射计（OTDR）端口连接至布线系统。

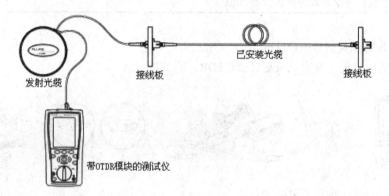

图 6-41 将光时域反射计（OTDR）与已安装的光缆连接（无接收光缆）

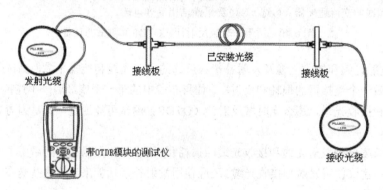

图 6-42 将光时域反射计（OTDR）与已安装的光缆连接（带接收光缆）

⑤按 Test 键。图 6-43 和图 6-44 描述了光时域反射计（OTDR）测试结果和曲线屏幕。

⑥要保存结果，按 Save 键；然后执行下面其中一项操作：

- 要将结果保存到新的记录中，创建一个 ID 或从自动序列 ID 列表或已下载 ID 的列表中选择一个未使用的 ID，然后按 Save 键。包含从同一端点获得的光时域反射计（OTDR）测试结果的 ID 前面带有 $ 符号。

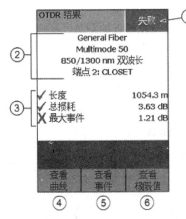

①测试总体结果:
    PASS（通过）：所有测量值在极限值之内。
    FAIL（失败）：一个或多个测量值超出极限值。
②测试所用的极限值、光缆类型、波长和光缆端点编号（1
    或2）。见表 6-24 OTDR 测试设置。
③所做的测量及每个测量的状态：
    √：测量值在极限范围内。
    i：测量在选定的测试极限内没有通过/失败限制，仅供
    信息参考目的。
    X：测量值超出极限范围。
④显示光时域反射计（OTDR）曲线。
⑤显示事件表。
⑥显示测试所用的极限值。

图 6-43　OTDR 结果屏幕

● 要将结果与同一链路另一端点现有的光时域反射计（OTDR）测试结果，或与同一链路的
光缆损耗或网络连通性结果一起保存，输入现有结果的 ID 或从自动序列 ID 列表或已
下载 ID 的列表中选择一个 ID，然后按 Save 键。

3）查看光时域反射计（OTDR）曲线。要查看光时域反射计（OTDR）曲线，按 OTDR 结果
或事件表屏幕中的 F1 键查看曲线。

图 6-44 描述了光时域反射计（OTDR）屏幕上的读数和导览特点，图示说明如下：

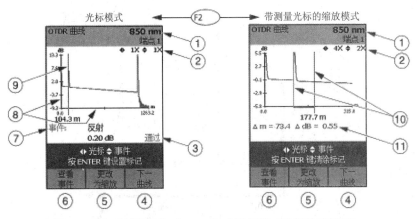

图 6-44　光时域反射计（OTDR）曲线屏幕（发射补偿禁用）

①曲线的波长及在 Setup（设置）中选择的端点设置值。如果测试在两个波长下运行，按 F3
曲线切换波长。可以在 Setup（设置）中设定波长。

②曲线的水平和垂直缩放系数。在缩放模式下，用 和 水平缩放，用 和 垂直
缩放。

③如果光标处于某个事件上，事件"通过/失败"状态会显示。要查看关于该事件的详细信息，
按 F1 键查看事件，然后按 Enter 键。

④对于双波长测试，按 F3 键即可切换波长。

⑤按 F2 键将箭头键功能从移动光标 变为缩放。功能键上方的导览提示描述了箭头键的当
前功能。

⑥按 F1 键可查看事件表。

⑦如果光标处于某个事件上，事件信息会显示；否则，显示至光标处的距离。

⑧沿着被测布线的距离的水平标度。光时域反射计（OTDR）反向散射系数测量值的纵向标度，以分贝（dB）为单位。

⑨光标。请参见⑤。在光标模式下，用 ◁和▷ 左右移动光标，用 ⌒ 和 ⌄ 将光标移至下一个或上一个事件。

⑩要使用测量标记和光标，按 Enter 键设置标记，然后用 ◀▶▲▼ 移动光标。

⑪光标和测量标记之间的距离（m 或 ft）及功率损耗（dB）。

4）光时域反射计（OTDR）曲线的典型特点。图 6-45 描述了一个典型光时域反射计（OTDR）曲线的特点，图示说明如下：

①光时域反射计（OTDR）端口连接引起的反射事件。

②由布线中第一个连接引起的反射事件。该曲线是在使用发射光缆补偿的情况下生成的，因此发射光缆的端点用一条虚线标记，并且作为长度测量的 0 点。

③光缆锐弯引起的细小事件。

④由布线中最后一个连接引起的反射事件。虚线标记了被测光缆的结束端和接收光缆的起始端。

⑤由接收光缆的端点引起的反射事件。

⑥布线的总损耗。由于采用了发射光缆和接收光缆补偿，总损耗不包括发射光缆和接收光缆的损耗。

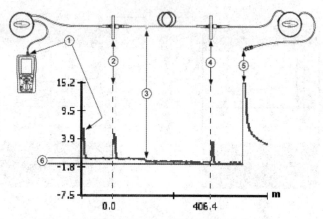

图 6-45　光时域反射计（OTDR）曲线的典型特点

5）使用可视故障定位仪（VFL）。OTDR 模块包含一个可视故障定位仪（VFL），可帮助完成下列任务：

● 快速检查光缆的通断性。跟踪光缆来确定双工连接的极性以及识别接线板之间的连接。

● 确定光缆断裂和接续不良的位置。这些故障可散射定位仪的光线在受影响部位发出红光。

● 发现高损耗弯头。如果定位仪的光线在光缆的弯头处可见，则表示弯头过于弯曲。

● 发现连接器的问题。连接器内损坏的光缆会在连接器中产生红光。

● 优化光缆机械接续和预抛光的连接器：在密封接续点或连接器之前，调整光缆的准直度，使光缆连接处散射出的光最少。

图 6-46 所示为使用可视故障定位仪（VFL）所需的设备，图示说明如下：

①带 OTDR 模块的测试仪。

②带电源线的交流适配器（可选）。

③一根跳线；匹配待测光缆和连接器；测试仪端口为 SC、ST 或 FC（可选）。

④光缆清洁用品（可选）。

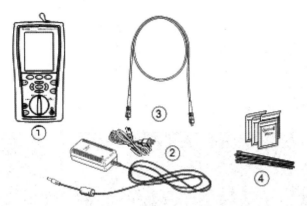

图 6-46　使用可视故障定位仪（VFL）所需的设备

可视故障定位仪（VFL）端口可接插带 2.5mm 套圈（SC、ST 或 FC）的连接器。如要连接其他尺寸的套圈，可使用一端带有合适连接器，测试仪端为 SC、ST 或 FC 连接器的跳线。

使用可视故障定位仪（VFL）（如图 6-47 所示）的操作如下：

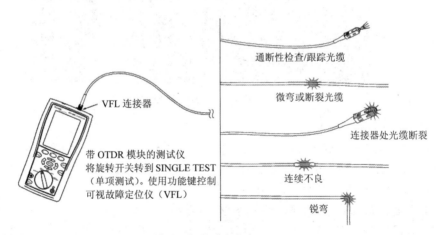

图 6-47　使用可视故障定位仪（VFL）

①清洁跳线上的连接器（如使用跳线）及待测光缆。

②将光缆直接连接至测试仪的 VFL 端口或使用跳线连接。

③将旋转开关转至 Single Test（单项测试）。如有必要，按 F1 键更改介质，然后将介质类型设为 OTDR。

④要启动可视故障定位仪（VFL），按 F3 键开始。要在脉冲模式和连续波模式之间切换，请按 F2 键。

⑤如图 6-47 所示，观察发光处来确定光缆或故障位置。

⑥可将一张白纸或卡片放在发出光的光缆连接器前间接观看 VFL 的光线。

注意：当光缆的包覆层为深色时，肉眼可能无法观察到定位仪的光线。

⑦按 F3 键关闭可视故障定位仪（VFL）。

6.3.7 现场测试

现场测试是质量保证过程中的重要环节。现场测试链路的性能可以确保全部元器件满足性能指标，以及施工质量没有降低已安装的元件所能达到的传输质量。

测试必须要在所有的缆线都已端接，所有的墙上面板都已装好后再现场进行。施工方对质量做出了书面保证的同时，用户代表或是代表用户的咨询机构应该仔细查阅全部安装链路的测试结果。如图 6-48 所示是光纤现场测试图。

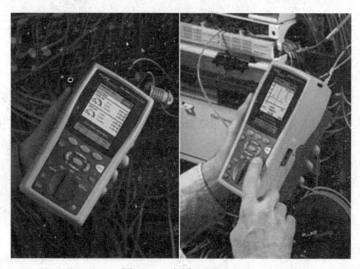

图 6-48   光纤现场测试

1. 对现场测试仪的要求

综合布线系统的测试仪表应能测试相应类别工程的各种电气性能及传输特性，其精度符合相应要求。测试仪表的精度应按相应的鉴定规程和校准方法进行定期检查和校准，经过相应计量部门校验取得合格证后，方可在有效期内使用。

2. 对绞电缆及光纤布线系统的现场测试仪的要求

（1）测试仪表应能测试 3 类、5 类（包含 5e 类）、6 类、7 类及光纤布线工程的各种电气性能与光纤传输性能。

（2）应具有针对不同布线系统等级的相应精度，应考虑测试仪的功能、电源、使用方法等因素。

（3）测试仪精度应定期检测，每次现场测试前应出示测试仪表厂家的精度有效期限证明。

（4）光纤现场测试仪应根据网络的应用情况选用相应的光源（LED、VCSEL、LASER）和光功率计或光时域反射仪（OTDR）。测试所选光源应与网络应用相一致，光源可以从表 6-25 所示的内容中加以选用。

（5）测试仪表应具有测试结果的保存功能并提供输出端口，能将所有存贮的测试数据输出至计算机和打印机，测试数据必须不被修改，并进行维护和文档管理。

表6-25 常见光源比较

光源类型	工作波长（nm）	光纤类型	带宽	元器件	价格
LED	850	多模	>200MHz	简单	便宜
VCSEL	850	多模	>5GHZ	适中	适中
LASER	850、1310、1550	单模	>1GHz	复杂	昂贵

测试仪表应能提供所有测试项目、概要和详细的报告。测试仪表宜提供汉化的通用人机界面。

3. 对缆线的检验规定

（1）缆线识别标记。缆线识别标记包括缆线标志和标签。

缆线标志：在缆线的护套上以不大于1m的间隔印有生产厂厂名或代号、缆线型号及生产年份。以1m的间距印有以m为单位的长度标志。

标签：应在每根成品缆线所附的标签或在产品的包装外给出下列信息：制造厂名及商标、电缆型号、电缆长度（m）、毛重（kg）、出厂编号、制造日期。

（2）电气性能抽验。可使用现场电缆测试仪对电缆长度、衰减、近端串音等技术指标进行测试。

应从本批量对绞电缆中的任意三盘中各截出90m长度，加上工程中所选用的连接器件按永久链路测试模型进行抽样测试。如按照信道连接模型进行抽样测试，则电缆和跳线总长度为100m。

另外从本批量电缆配盘中任意抽取三盘进行电缆长度的核准。

（3）光缆抽测。光纤链路通常可以使用可视故障定位仪进行连通性的测试，一般可达3～5km。故障定位仪也可与光时域反射仪（OTDR）配合检查故障点。光缆外包装受损时也可用相应的光缆测试仪对每根光缆按光纤链路进行衰减和长度测试。测试前应对所有的光连接器件进行清洗，并将测试接收器校准至零位。将光时域反射计与缠绕的光缆连接，如图6-49所示。

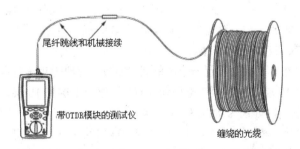

图6-49 将光时域反射计（OTDR）与缠绕的光缆连接

由于屏蔽布线系统的屏蔽效果与系统投入运行后的各系统设备配置、建筑物内外电磁干扰环境变化等因素密切相关，并且现场测试仪仅能对屏蔽电缆屏蔽层两端做导通测试，目前尚无有效的现场检测手段对屏蔽效果的其他技术参数（如耦合衰减值等）进行测试，因此，应根据相关标准或生产厂家提供的技术参数进行对比测试与验收。

6.4 项目实施

6.4.1 系统总体设计

深圳大学城西校区北大校区综合布线系统采用星型拓扑结构，从结构上整个布线系统由工作区、水平布线、电信间、主干布线、设备间、入口设施和管理 7 个子系统构成。

考虑到方便以后的管理和维护，采用集中式体系结构（CNA）：信息工程楼、文法楼、生物医学楼、商学楼、实验楼、环境与材料楼、办公楼、学术交流中心楼、学生活动中心楼、公共教室楼、宿舍楼一栋、宿舍楼二栋、宿舍楼三栋均不设楼栋设备间（ER），每 2 层或 3 层设置一个电信间（TC）来管理该楼层的信息点，其中宿舍楼一栋、宿舍楼二栋、宿舍楼三栋的电信间位于一层和顶层；每栋楼通过各个楼层的弱电竖井实现大楼主干的贯通。

总共设计 28 个电信间，各电信间详细设置如下：

信息工程楼：地上 4 层；设置 3 个电信间（TC），位于 2 层，管理 1、2、3、4 层的所有信息点。分别为 TC-01、TC-02、TC-03。

文法楼：地上 4 层；设置三个电信间（TC），位于 2 层，管理 1、2、3、4 层的所有信息点。分别为 TC-04、TC-05、TC-06。

生物医学楼：地上 3 层；设置三个电信间（TC），位于 2 层，管理本楼的所有信息点，分别为 TC-07、TC-08、TC-09。

商学楼：地上 4 层；设置三个电信间（TC），位于 2 层，管理 1、2、3、4 层的所有信息点，分别为 TC-10、TC-11、TC-12。

环境与材料楼：地上 4 层；设置三个电信间（TC），位于 2 层，管理 1、2、3、4 层的所有信息点，分别为 TC-13、TC-14、TC-15。

办公楼：地上 4 层；设置两个电信间（TC），分别位于 2 层和 4 层，2 层的电信间管理 1、2 层的所有信息点，位于 4 层的电信间管理所有 3、4 层的信息点，分别为 TC-16、TC-17。

学术交流中心楼：地上 2 层；设置一个电信间（TC），位于 2 层；管理所有信息点，为 TC-18。

学生活动中心楼：地上 3 层；设置 3 个电信间（TC），位于 2 层，管理本楼的所有信息点；分别为 TC-19、TC-20、TC-21 公共教室楼。

管理所有信息点：地上 1 层；设置一个电信间（TC），管理所有信息点，为 TC-22。

宿舍楼一栋：地上 10 层；设置两个电信间（TC），位于 1 层和 10 层，各自管理 1 层到 5 层、6 层到 10 层的所有信息点，分别为 TC-23、TC-24。

宿舍楼二栋、宿舍楼三栋：地上 14 层；设置两个电信间（TC），位于 1 层和 14 层；各自管理 1 层到 7 层、8 层到 14 的所有信息点，分别 TC-25、TC-26、TC-27、TC-28。

针对深圳大学城网络具有起点高，后期的扩容与升级要求高的特点，泰科电子为深圳大学城北大园区综合布线水平子系统选用 AMP NETCONNECT 六类非屏蔽系统。AMP 六类系统测试数据完全满足 6 类标准所需求的 250MHz 范围，具有较高的抗噪性，充分确保了系统具有高带宽、大数据量、传输距离远、抗干扰能力强等优点，降低了千兆以太网的综合建设成本，并最先通过了独立的 ETL 认证测试，为系统运行提供了可靠保证。AMP NETCONNECT 六类布线系统是一整套端到端完整的系统解决方案，系统组件能够达到最佳的性能匹配，适用于初次计划安装布线系统的用户或进行布线改造的用户，以及有较高网络速度需求的用户，千兆以太网及 1.2G ATM，如 CAD/CAM、政府、科研单位、出版社、医院、大学等。

此次北大园区网的水平子系统全部采用 AMP NETCONNECT 六类非屏蔽对绞电缆，以满足桌面信息网点要求支持数据、语音功能互换的需求。AMP 六类对绞电缆采用更精密的生产工艺，提高了缆线的同芯度，纽绞密度更紧密，提高了 NEXT 性能；同时缆线直径变大，改为 23AWG，降低了插入损耗，而十字交叉填充设计可以保持线对的绞距，提高 NEXT 性能。在现场测试中，AMP NETCONNECT 六类对绞电缆表现出色，NEXT 裕量高达 10dB。AMP 六类插座采用新型 SL 专利外观设计，减少缆线解开长度，增大线对间距，提高近端串扰性能；同时采用 V 型端子设计，易于分离线对，自由终端补偿，插座上的第二块电路板可提供串扰补偿终端补偿同信号分离。传统配线架每个端口使用不同的电路，使得每个端口有不同的性能。而 AMP 六类配线架每个端口使用相同的电路以确保一致的性能。

工程中采用了 AMP 独有的带防尘盖的 AMP NETCONNECT 六类信息插座，该插座采用 AMP 专利的制造技术，超越 6 类标准，安装方便可靠，施工时采用 AMP 专利技术的 Pistol tool 进行安装，8 根线一次性端接，提高了安装效率及安装质量。模块插座处经过特殊处理，端子表面镀金，保证良好的电气连接性能和防氧化性能。模块中的 8 根连接针在信息插座内部做交叉处理，提供更好的串扰性能补偿。110XC 模块采用 45 度斜式绝缘位移 IDC 技术，保证了连接的可靠性。

由于配线间分布于各个建筑物的不同楼层，为了管理方便达到美观实用的效果，配线间采用 AMP NETCONNECT 24 口模块化配线架。该配线架采用耐火材料制成，配线架插座与工作区插座可以灵活互换，安装时可以拆下来端接。理线架封闭式管理，美观灵活，可根据需要自定数量，管理跳线美观大方。工作区面板采用了 AMP 白色双口 45 度斜装面板，基于中国市场设计的 86 面板采用特种材料生产，防火安全性能高于普通面板，色彩保持持久，符合环保要求；45 度斜角设计，达到防水、防潮、防尘的要求，符合华南地区多雨潮湿的气候特点。同时，AMP NETCONNECT 为深圳大学城北大园区综合布线系统提供 25 年系统质量保证，为用户提供业界最可靠的质量保证，最大限度地保护用户的投资利益。

6.4.2 AMPTRAC 结构化布线智能管理系统

本方案配置一套 AMPTRAC 结构化布线智能管理系统用于对本布线工程的日常维护，随着信息技术的发展，信息技术在大中型企业日常运作中发挥着越来越重要的作用，网络基础设施的投资已成为大中企业支出的重要部分。许多发展中的公司都普遍面临这样一个挑战——随着公司业务的拓展，网络规模不断扩大，网络基础架构的管理变得越来越复杂——如何减少网络故障时间及简化网络 MAC（移动、增加、改变）维护时间已成为诸多大中型企业网络管理中日益严峻的问题。

布线系统的标签和管理是综合布线的重要组成部分，泰科电子的结构化布线管理解决方案——AMPTRAC 基于传统的 AMP NETCONNECT 110 模块化结构化布线系统，用户可采用任何厂家的网络产品，不同的是该系统在配线架的每个 RJ-45 端口上增加了一个金属感应触点（Sensor Pad），跳线外部增加了一根金属针，这根金属针与此 110 配线架的感应触点相接触，110 配线架通过 I/O 电缆与网络监视器（Analyzer）相连，因而网络监视器及 AMPTRAC 软件可以实时、动态监视到配线架之间，网络设备与配线架之间的连接状态。

AMPTRAC 系统硬件由以下部分组成：配线架端口感应条、跳线、感应笔、输入/输出电缆、连接电缆、配线架、监控器。AMPTRAC 系统软件包括 AMPTRAC 软件。

6.4.3 AMPTRAC 管理软件

AMPTRAC 是基于 TIA/EIA606 标准的网络系统的布线管理软件，提供智能的、实时的跟踪及记录整个布线系统的管理功能，其特点如下：

（1）减少布线系统日常管理费用及更改更迅速。

（2）减少布线系统管理的出错机率及减少网络故障率。

（3）其界面友好且可以数据表格式输出。

采用 AMPTRAC 最大的好处是可以实时管理布线系统的更改、增加及移动等布线系统的状态改变，不需要手工记录布线系统的增加、移动或删除。

AMPTRAC 软件安装在网管工作站上，当网络物理连接发生改变，监控器实时接受数据，并立刻更新数据库。网络管理员可以预先定义响应事件，比如当有人未经授权擅自改变跳线，管理系统可以自动拍照，用电子邮件或传呼方式通知网络管理员。网络管理员可以采用普通的语言编写工具来定义响应事件，如 VBScript。

AMPTRAC 软件也可以超文本（HTML）格式或验证/日志（Audit/Log）方式来记录布线系统的物理状态改变。软件采用关系数据库来存储静态网络信息，并可以采用扩展数据库向导来生成实时网络信息报告。网络管理员可以从办公室及其他任意位置通过 Internet 或 IIS 来输出网络连接报告、工作表、重要图片或运行故障。

AMPTRAC 软件支持 LAN、WAN、Internet 或任何基于 TCP/IP 的网络平台，网络管理员可以根据实际需要对数据库进行进一步开发。也可以用来记录或管理语音系统、LAN、WAN、结构化布线系统、工作站、打印机、服务器等。

AMPTRAC 系统的优点：

- 及时更新布线系统信息，方便定位和隔离故障。
- 简化布线管理（移动、增加和删除），自动生成管理报告。
- 自动识别授权或未授权的跳线改动。
- 当发生跳线改变自动以电子邮件、传呼或图片通知管理员。
- 提供 24/7 全天候网络监控，当网络布线发生异常情况，增强网络安全性。
- 最大限度降低网络宕机时间，节省成本，降低 MAC 网络故障反应时间。
- 提供完整的布线基础结构管理文档，以备灾难恢复。
- 可通过 Internet 或直接拨号来管理软件。
- 管理软件可集成其他第三方网络管理软件如 HP OpenView。

经过 40 天的高质量、高标准施工，深圳大学城北大园区综合布线系统成功通过了 100%验收测试，并开通运行。深圳大学城北大园区的综合布线系统的成功实施为深圳大学城北大园区提供了一个先进、开放、可靠、高速的信息物理平台，对推动深圳市的文化和经济的发展都将起着至关重要的作用。同时，随着深圳大学城网络系统的良好运行，将进一步彰显泰科电子优秀布线系统解决方案的强大优势。

6.5　项目实训

实训 13：认证测试

下面以用 FLUKE DTX 电缆分析仪，选择 TIA/EIA 标准，测试 UTP CAT 6 永久链路为例介绍认证测试过程。

1. 测试步骤

（1）连接被测链路。将测试仪主机和远端机连上被测链路，因为是永久链路测试，就必须用永久链路适配器连接，如图 6-50 所示为永久链路测试连接方式，如果是信道测试，就使用原跳线连接仪表，如图 6-51 所示为信道测试连接方式。

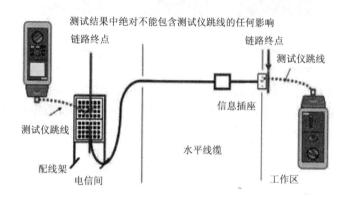

图 6-50　永久链路测试连接方式

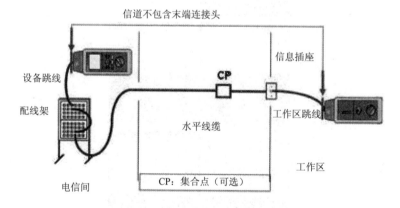

图 6-51　信道链路测试连接方式

（2）按绿键启动 DTX，如图 6-52（a）所示，并选择中文或中英文界面。

（3）选择对绞电缆、测试类型和标准。

1）将旋钮转至 SETUP，如图 6-52（b）所示。

2）选择 Twisted Pair。

3）选择 Cable Type。

4）选择 UTP。

5）选择 Cat 6 UTP。

6）选择 Test Limit。

7）选择 TIA Cat 6 Perm. Link，如图 6-52（c）所示。

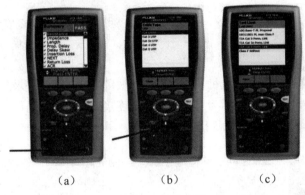

（a）　　　　　　（b）　　　　　　（c）

图 6-52　测试步骤

（4）按 Test 键，启动自动测试，最快 9 秒钟完成一条正确链路的测试。

（5）在 DTX 系列测试仪中为测试结果命名。测试结果名称可以是如图 6-53 所示：

● 通过 LinkWare 预先下载

● 手动输入

● 自动递增

● 自动序列

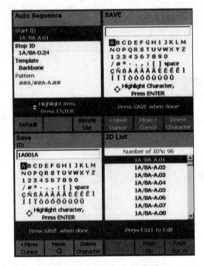

图 6-53　测试结果命名

（6）保存测试结果。测试通过后，按 Save 键保存测试结果，结果可保存于内部存储器和 MMC 多媒体卡。

（7）故障诊断。测试中出现"失败"时，要进行相应的故障诊断测试。按"故障信息键"（F1 键）直观显示故障信息并提示解决方法，再启动 HDTDR 和 HDTDX 功能，扫描定位故障。查找故障后，排除故障，重新进行自动测试，直至指标全部通过为止。

（8）结果送管理软件 LinkWare。当所有要测的信息点测试完成后，将移动存储卡上的结果送到安装在计算机上的管理软件 LinkWare 进行管理分析。LinkWare 软件有几种形式提供用户测试报告，如图 6-54 所示为其中的一种。

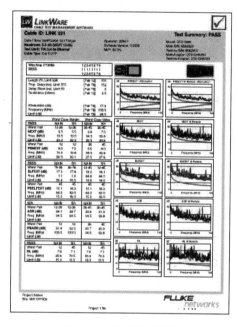

图 6-54　测试结果报告

（9）打印输出。可从 LinkWare 打印输出，也可通过串口将测试主机直接连打印机打印输出。

测试注意事项：

① 认真阅读测试仪使用说明书，正确使用仪表。

② 测试前要完成对测试仪主机、辅机的充电工作并观察充电是否达到 80%以上。不要在电压过低的情况下测试，中途充电可能造成已测试的数据丢失。

③ 熟悉布线现场和布线图，测试过程也同时可对管理系统现场文档、标识进行检验。

④ 发现链路结果为 Test Fail 时，可能有多种原因造成，应进行复测再次确认。

2. DTX 的故障诊断

综合布线存在的故障包括接线图错误、电缆长度问题、衰减过大、近端串音过高和回波损耗过高等。超 5 类和 6 类标准对近端串音和回波损耗的链路性能要求非常严格，即使所有元件都达到规定的指标且施工工艺也可达到满意的水平，但非常可能的情况是链路测试失败。为了保证工程的合格，故障需要及时解决，因此对故障的定位技术和定位的准确度提出了较高的要求，诊断能力可以节省大量的故障诊断时间。DTX 电缆认证分析仪采用两种先进的高精度时域反射分析 HDTDR 和高精度时域串扰分析 HDTDX 对故障定位分析。

（1）高精度时域反射分析。高精度时域反射（High Definition Time Domain Reflectometry，HDTDR）分析，主要用于测量长度、传输时延（环路）、时延差（环路）和回波损耗等参数，并针对有阻抗变化的故障进行精确的定位，用于与时间相关的故障诊断。

该技术通过在被测试线对中发送测试信号，同时监测信号在该线对的反射相位和强度来确定故障的类型，通过信号发生反射的时间和信号在电缆中传输的速度可以精确地报告故障的具体位置。测试端发出测试脉冲信号，当信号在传输过程中遇到阻抗变化就会产生反射，不同的物理状态所导致的阻抗变化是不同的，而不同的阻抗变化对信号的反射状态也是不同的。当远端开路时，信号反射并且相位未发生变化，而当远端为短路时，反射信号的相位发生了变化，如果远端有信号终结器，则没有信号反射。测试仪就是根据反射信号的相位变化和时延来判断故障类型和距离的。

（2）高精度时域串扰分析。高精度时域串扰（High Definition Time Domain Crosstalk，HDTDX）分析，通过在一个线对上发出信号的同时，在另一个线对上观测信号的情况来测量串扰相关的参数以及故障诊断，以往对近端串音的测试仅能提供串扰发生的频域结果，即只能知道串扰发生在哪个频点，并不能报告串扰发生的物理位置，这样的结果远远不能满足现场解决串扰故障的需求。由于是在时域进行测试，因此根据串扰发生的时间和信号的传输速度可以精确地定位串扰发生的物理位置。这是目前唯一能够对近端串音进行精确定位并且不存在测试死区的技术。

3. 故障诊断步骤

在高性能布线系统中两个主要的"性能故障"分别是：近端串音（NEXT）和回波损耗（RL）。下面介绍这两类故障的分析方法。

（1）使用 HDTDX 诊断 NEXT。

1）当缆线测试不通过时，先按"故障信息键"（F1 键），此时将直观显示故障信息并提示解决方法。

2）深入评估 NEXT 的影响，按 Exit 键返回摘要屏幕。

3）选择 HDTDX Analyzer，HDTDX 显示更多缆线和连接器的 NEXT 详细信息。如图 6-55 所示，（a）图故障是 58.4m 集合点端接不良导致 NEXT 不合格，（b）图故障是缆线质量差或是使用了低级别的缆线造成整个链路 NEXT 不合格。

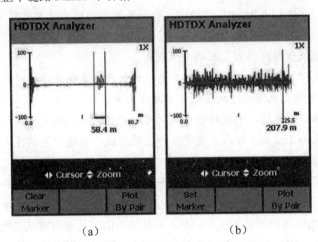

图 6-55　HDTDX 分析 NEXT 故障结果

（2）使用 HDTDR 诊断 RL。

1）当缆线测试不通过时，先按"故障信息键"（F1 键），此时将直观显示故障信息并提示解决方法。

2）深入评估 RL 的影响，按 Exit 键返回摘要屏幕。

3）选择 HDTDR Analyzer，HDTDR 显示更多缆线和连接器的 RL 详细信息，如图 6-56 所示，

70.6m 处 RL 异常。

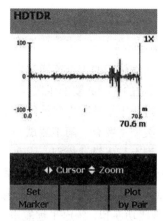

图 6-56　70.6m 处 RL 异常

4. 故障类型及解决方法

（1）电缆接线图未通过。电缆接线图和长度问题主要包括开路、短路、交叉等几种错误类型。开路、短路在故障点都会有很大的阻抗变化，对这类故障都可以利用 HDTDR 技术来进行定位。故障点会对测试信号造成不同程度的反射，并且不同的故障类型的阻抗变化是不同的，因此测试设备可以通过测试信号相位的变化以及相位的反射时延来判断故障类型和距离。当然定位的准确与否还受设备设定的信号在该链路中的标称传输率（NVP）值影响。

（2）长度问题。长度未通过的原因可能有：NVP 设置不正确，可用已知长度的好缆线校准 NVP；实际长度超长；设备连线及跨接线的总长过长。

（3）衰减（Attenuation）。信号的衰减同很多因素有关，如现场的温度、湿度、频率、电缆长度和端接工艺等。在现场测试工程中，在电缆材质合格的前提下，衰减大多与电缆超长有关，通过前面的介绍很容易知道对于链路超长可以通过 HDTDR 技术进行精确的定位。

（4）近端串音。产生原因：端接工艺不规范，如接头处打开对绞部分超过推荐的 13mm，造成了电缆绞距被破坏；跳线质量差；不良的连接器；缆线性能差；串绕；缆线间过分挤压等。对这类故障可以利用 HDTDX 发现它们的故障位置，无论它是发生在某个接插件还是某一段链路。

（5）回波损耗。回波损耗是由于链路阻抗不匹配造成的信号反射。产生的原因：跳线特性阻抗不是 100Ω；缆线线对的绞结被破坏或是有纽绞；连接器不良；缆线和连接器阻抗不恒定；链路上缆线和连接器非同一厂家产品；缆线不是 100Ω 的（例如使用了 120 Ω 缆线）等。知道了回波损耗产生的原因是由于阻抗变化引起的信号反射就可以利用针对这类故障的 HDTDR 技术进行精确定位了。

5. 实训工具

福禄克、安捷伦电缆分析仪。

6. 实训环境

多功能综合布线实训台、中心设备间与通信链路装置。

6.6 本章小结

本章主要介绍了综合布线系统测试技术。

（1）综合布线系统测试是保证布线施工的正确连通和电气性能达到设计要求，客观评价工程电缆系统电气性能及光纤系统性能质量的一种必要的手段。

（2）综合布线系统测试主要是进行电缆系统电气性能测试及光缆系统性能测试。

（3）综合布线系统工程的测试类型主要有：随工测试和竣工测试。

（4）电缆系统电气性能测试模型有基本链路模型、永久链路模型和信道模型 3 种。3 类和 5 类布线系统按照基本链路和信道进行测试，5e 类和 6 类布线系统按照永久链路和信道进行测试。

（5）电缆系统电气性能的测试，测试的主要项目有：连接图、长度、衰减、近端串音、近端串音功率和、衰减串音比、衰减串音比功率和、等电平远端串音、等电平远端串音功率和、回波损耗、传播时延、传播时延偏差、插入损耗、直流环路电阻、设计中特殊规定的测试内容、屏蔽层的导通状况。

（6）光纤链路测试分为等级 1 和等级 2。等级 1 要求光纤链路都应测试衰减（插入损耗）、长度及极性。等级 2 除了包括等级 1 的测试内容，还包括对每条光纤做出 OTDR 曲线。等级 2 测试是可选的。等级 1 测试使用光缆损失测试器 OLTS（为光源与光功率计的组合）测量每条光纤链路的插入损耗及计算光纤长度，使用 OLTS 或可视故障定位仪验证光纤的极性。

（7）综合布线工程随工测试与竣工验收自测中，对绞电缆测试常使用简易布线通断测试仪、Micro Mapper 电缆验证测试仪或 MicroScanner2 电缆验证测试仪（MS2）。

认证测试通常使用数字式电缆分析仪 DSP-4x00 系列，DTX 系列电缆认证分析仪包括 Fluke DTX-1200、Fluke DTX-1800 和 Fluke DTX LT 三种类型。这种铜缆和光纤认证测试仪可确保布线系统符合 TIA/ISO 标准，既可满足当前要求而又面向未来技术发展的高技术测试平台。我们应熟悉它们的使用方法。

6.7 强化练习

一、判断题

1．自检测试由施工单位组织进行，主要验证布线系统的连通性和终接的正确性。（　　）

2．竣工验收测试由测试部门根据工程的类别按布线系统标准规定的连接方式完成性能指标参数的测试。（　　）

3．依照性能标准的测试通常被称作认证测试，一个有实际意义的质量保证声明应该是基于认证测试的结果。（　　）

4．3 类和 5 类布线系统按照基本链路模型和信道模型进行测试。（　　）

5．5e 类和 6 类布线系统按照永久链路模型和信道模型进行测试。（　　）

6．现有的工程中 3 类、5 类布线除了支持语音主干电缆的应用外，在水平子系统已基本不采用。（　　）

7．光纤链路测试应在两端对光纤逐根进行双向（收与发）测试。（　　）

8. 光纤链路损耗可用公式"光纤链路损耗=光纤损耗+连接器件损耗+光纤连接点损耗"计算。（　　）

9. 最简单的电缆通断测试仪包括主机和远端机，测试时，将缆线两端分别连接上主机和远端机，根据显示灯的闪烁次序就能判断对绞电缆 8 芯线的通断情况。（　　）

10. 认证测试通常使用 DTX 系列电缆认证分析仪，包括 Fluke DTX-1200、Fluke DTX-1800 和 Fluke DTX LT 三种类型。（　　）

二、选择题

1. 接线图的测试，主要测试水平电缆终接在工作区或电信间配线设备的 8 位模块式通用插座的安装连接正确或错误，测试结果可能是（　　）之一。

　　A．正确连接　　　　B．反向线对　　　C．交叉线对　　　D．串对

2. 综合布线常用测试仪有（　　）。

　　A．简易布线通断测试仪　　　　　　　B．MicroMapper 线序仪

　　C．电缆验测仪（MS2）　　　　　　　D．DTX 系列

三、填空题

1. 综合布线系统工程测试类型通常有_____测试和_____测试两种。

2. 竣工验收测试由测试部门根据工程的类别按布线系统标准规定的连接方式完成_____的测试。

3. 电缆系统电气性能测试模型有_____模型、_____模型和_____模型三种。

4. 光纤链路测试分为等级 1 和等级 2。等级 1 要求光纤链路都应测试_____（插入损耗）、_____及_____。等级 2 除了包括等级 1 的测试内容，还包括对每条光纤做出 OTDR 曲线。

四、简答题

1. 试述电缆系统电气性能测试的主要项目。

2. 试述基本链路模型。

3. 试述永久链路模型。

4. 试述信道模型。

5. 试述你所知道的认证测试仪表的功能和使用方法。

7

综合布线工程管理与验收

通过本章的学习，学生应达到如下目标：

（1）知道工程施工招标的方式和过程。

（2）了解招标公告或者投标邀请书的内容。

（3）了解工程项目的投标过程。

（4）了解投标文件一般包括的内容。

（5）了解开标、评标和定标。

（6）熟悉项目的组织管理、工程控制管理。

（7）熟悉工程监理的职责与组织机构，了解工程监理步骤与内容。

（8）了解工程验收标准、验收组织、验收程序。

（9）熟悉工程验收内容和竣工技术文档。

7.1 项目导引

如图 7-1 所示，某机关办公园区建筑占地面积 5000 平方米，建筑总面积 6800 万平方米。办公园区共有 A 栋、B 栋、C 栋、D 栋、E 栋 5 栋结构相同的建筑楼。杰讯公司中标该机关办公园区综合布线系统工程。

图 7-1　某机关办公园区

7.2　项目分析

某机关办公园区 A 栋、C 栋、E 栋与 B 栋、D 栋平行相距 60m；A 栋与 C 栋、C 栋与 E 栋及 B 栋与 D 栋之间都平行相距 110m，具体的布局如图 7-2 所示。

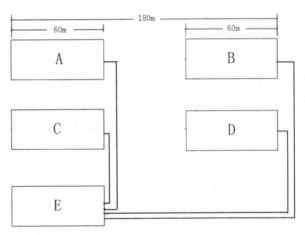

图 7-2　办公园区建筑布局

各栋楼均有 5 层楼，各楼平面长 60m，宽 15m，楼层高度是 3m。每层楼的平面布局相同，中间是 2m 宽的通道，两边各有 13 间办公室，每间办公室长 5.8m，宽 4.0m，隔墙厚平均 0.2m。各层楼设置有电信间，电信间内有竖井相通各层。楼层通道顶上是天花板，天花板内靠两边墙架设了布线槽道，布线槽道通向每楼层的电信间内，如图 7-3 所示。从通道上的布线槽道的各个房间出口处通向各个房间内已经暗埋了 PVC 布线管道，PVC 布线管道通向了每个房间设置的 3 个信息插座底盒（2 个用于数据，1 个用于语音）。中心机房设置在 E 栋的电信间处。A、B、C、D 栋室外有电缆沟直通 E 栋的电信间处，距离都在 550m 以内。

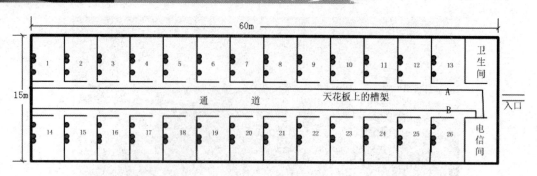

图 7-3　楼层布局图

7.3　技术准备

我国现行的《工程建设项目施工招投标办法》是 2003 年 5 月 1 日起施行的。为规范工程建设项目施工（以下简称工程施工）招标投标活动，工程建设项目符合《工程建设项目招标范围和规模标准规定》规定的范围和标准的，必须通过招标选择施工单位。

7.3.1　工程施工招投标管理

1. 工程项目的招标

（1）进行施工招标应当具备的条件。依法必须招标的工程建设项目，应当具备下列条件才能进行施工招标：

- 招标人已经依法成立。工程施工招标人是依法提出施工招标项目、进行招标的法人或者其他组织。
- 初步设计及概算应当履行审批手续的，已经批准。
- 招标范围、招标方式和招标组织形式等应当履行核准手续的，已经核准。

施工招标的工程建设项目，按工程建设项目审批管理规定，凡应报送项目审批部门审批的，招标人必须在报送的可行性研究报告中将招标范围、招标方式、招标组织形式等有关招标内容报项目审批部门核准。

- 有相应资金或资金来源已经落实。
- 有招标所需的设计图纸及技术资料。

（2）工程施工招标的方式。工程施工招标方式有公开招标、邀请招标和议标 3 种。

采用公开招标方式的，招标人应当发布招标公告，邀请不特定的法人或者其他组织投标。依法必须进行施工招标项目的招标公告，应当在国家指定的报刊和信息网络上发布。

采用邀请招标方式的，招标人应当向三家以上具备承担施工招标项目的能力、资信良好的特定的法人或者其他组织发出投标邀请书。

对不宜公开招标或邀请招标的特殊工程，应报县级以上地方人民政府建设行政主管部门或其授权的招标投标办事机构，经批准后可以议标。参加议标的单位一般不得少于两家（含两家）。

（3）招标公告或者投标邀请书的内容。招标公告或者投标邀请书应当至少载明下列内容：

- 招标人的名称和地址。
- 招标项目的内容、规模、资金来源。

- 招标项目的实施地点和工期。
- 获取招标文件或者资格预审文件的地点和时间。
- 对招标文件或者资格预审文件收取的费用。
- 对投标人的资质等级的要求。

（4）出售招标文件或资格预审文件。招标人应当按招标公告或者投标邀请书规定的时间、地点出售招标文件或资格预审文件。自招标文件或者资格预审文件出售之日起至停止出售之日止，最短不得少于5个工作日。

招标人可以通过信息网络或者其他媒介发布招标文件，通过信息网络或者其他媒介发布的招标文件与书面招标文件具有同等法律效力，但出现不一致时以书面招标文件为准。招标人应当保持书面招标文件原始正本的完好。

对招标文件或者资格预审文件的收费应当合理，不得以营利为目的。对于所附的设计文件，招标人可以向投标人酌收押金；对于开标后投标人退还设计文件的，招标人应当向投标人退还押金。

招标文件或者资格预审文件售出后，不予退还。招标人在发布招标公告、发出投标邀请书后或者售出招标文件或资格预审文件后不得擅自终止招标。

（5）资格审查。招标人可以根据招标项目本身的特点和需要，要求潜在投标人或者投标人提供满足其资格要求的文件，并对潜在投标人或者投标人进行资格审查；法律、行政法规对潜在投标人或者投标人的资格条件有规定的，依照其规定。所谓潜在投标人，是指知悉招标人公布的招标项目的有关条件和要求，有可能愿意参加投标竞争的供应商或承包商。

资格审查应主要审查潜在投标人或者投标人是否符合下列条件：

- 具有独立订立合同的权利。
- 具有履行合同的能力，包括专业、技术资格和能力，资金、设备和其他物质设施状况，管理能力，经验、信誉和相应的从业人员。
- 没有处于被责令停业，投标资格被取消，财产被接管、冻结，破产状态。
- 在最近三年内没有骗取中标和严重违约及重大工程质量问题。
- 法律、行政法规规定的其他资格条件。

资格审查分为资格预审和资格后审。资格预审是指在投标前对潜在投标人进行的资格审查。资格后审是指在开标后对投标人进行的资格审查。进行资格预审的一般不再进行资格后审，但招标文件另有规定的除外。

采取资格预审的，招标人可以发布资格预审公告。招标人应当在资格预审文件中载明资格预审的条件、标准和方法。采取资格后审的，招标人应当在招标文件中载明对投标人资格要求的条件、标准和方法。

经资格预审后，招标人应当向资格预审合格的潜在投标人发出资格预审合格通知书，告知获取招标文件的时间、地点和方法，并同时向资格预审不合格的潜在投标人告知资格预审结果。资格预审不合格的潜在投标人不得参加投标。经资格后审不合格的投标人的投标应作废标处理。

（6）招标文件的内容。工程施工招标文件是由建设单位编写的，用于招标的文档。它不仅是投标者进行投标的依据，也是招标工作成败的关键，因此工程施工招标文件编制质量的好坏将直接影响到工程的施工质量。编制施工招标文件必须做到系统、完整、准确、明了。

招标人根据施工招标项目的特点和需要编制招标文件。招标文件一般包括下列内容：

- 投标邀请书。

- 投标人须知。

- 合同主要条款。

- 投标文件格式。

- 采用工程量清单招标的，应当提供工程量清单。

- 技术条款。

- 设计图纸。

- 评标标准和方法。

- 投标辅助材料。

招标文件规定的各项技术标准应符合国家强制性标准。招标人应当在招标文件中规定实质性要求和条件，并用醒目的方式标明。

招标文件应当规定一个适当的投标有效期，以保证招标人有足够的时间完成评标和与中标人签订合同。投标有效期从投标人提交投标文件截止之日起计算。

招标人根据招标项目的具体情况，可以组织潜在投标人踏勘项目现场，向其介绍工程场地和相关环境的有关情况。潜在投标人依据招标人介绍情况作出的判断和决策由投标人自行负责。

（7）标底。招标人可根据项目特点决定是否编制标底。编制标底时，标底编制过程和标底必须保密。

招标项目编制标底时，应根据批准的初步设计、投资概算，依据有关计价办法，参照有关工程定额，结合市场供求状况，综合考虑投资、工期和质量等方面的因素合理确定。

标底由招标人自行编制或委托中介机构编制。一个工程只能编制一个标底。

任何单位和个人不得强制招标人编制、报审标底或干预其确定标底。

招标项目可以不设标底，进行无标底招标。

2. 工程项目的投标

（1）投标人。投标人是响应招标、参加投标竞争的法人或者其他组织。招标人的任何不具备独立法人资格的附属机构（单位），或者为招标项目的前期准备、监理工作提供设计、咨询服务的任何法人及其任何附属机构（单位），都无资格参加该招标项目的投标。

两个以上法人或者其他组织可以组成一个联合体，以一个投标人的身份共同投标。联合体各方签订共同投标协议后，不得再以自己名义单独投标，也不得组成新的联合体或参加其他联合体在同一项目中投标。

联合体各方必须指定牵头人，授权其代表所有联合体成员负责投标和合同实施阶段的主办、协调工作，并应当向招标人提交由所有联合体成员法定代表人签署的授权书。

联合体参加资格预审并获得通过的，其组成的任何变化都必须在提交投标文件截止之日前征得招标人的同意。

（2）投标文件。投标人应当按照招标文件的要求编制投标文件。投标文件应当对招标文件提出的实质性要求和条件作出响应。

投标文件一般包括下列内容：

- 投标函。

- 投标报价。

- 施工组织设计。

- 商务和技术偏差表。

投标人根据招标文件载明的项目实际情况，拟在中标后将中标项目的部分非主体、非关键性工作进行分包的，应当在投标文件中载明。

投标方应向招标机构提供投标文件正本和副本，并注明有关字样，评标时以正本为准。

（3）投标保证金。招标人可以在招标文件中要求投标人提交投标保证金。投标保证金除现金外，可以是银行出具的银行保函、保兑支票、银行汇票或现金支票。

投标保证金一般不得超过投标总价的百分之二，但最高不得超过 80 万元人民币。投标保证金有效期应当超出投标有效期 30 天。

投标人应当按照招标文件要求的方式和金额将投标保证金随投标文件提交给招标人。

投标人不按招标文件要求提交投标保证金的，该投标文件将被拒绝，作废标处理。

联合体投标的，应当以联合体各方或者联合体中牵头人的名义提交投标保证金。以联合体中牵头人名义提交的投标保证金对联合体各成员具有约束力。

（4）提交投标文件。投标人应当在招标文件要求提交投标文件的截止时间前，将投标文件密封送达投标地点。招标人收到投标文件后，应当向投标人出具标明签收人和签收时间的凭证，在开标前任何单位和个人不得开启投标文件。

在招标文件要求提交投标文件的截止时间后送达的投标文件为无效的投标文件，招标人应当拒收。

提交投标文件的投标人少于三个的，招标人应当依法重新招标。重新招标后投标人仍少于三个的，属于必须审批的工程建设项目，报经原审批部门批准后可以不再进行招标；其他工程建设项目，招标人可自行决定不再进行招标。

投标人在招标文件要求提交投标文件的截止时间前，可以补充、修改、替代或者撤回已提交的投标文件，并书面通知招标人。补充、修改的内容为投标文件的组成部分。

在提交投标文件截止时间后到招标文件规定的投标有效期终止之前，投标人不得补充、修改、替代或者撤回其投标文件。投标人补充、修改、替代投标文件的，招标人不予接受；投标人撤回投标文件的，其投标保证金将被没收。

在开标前，招标人应妥善保管好已接收的投标文件、修改、撤回通知、备选投标方案等投标资料。

（5）串通投标报价。下列行为均属投标人串通投标报价：

- 投标人之间相互约定抬高或压低投标报价。
- 投标人之间相互约定，在招标项目中分别以高、中、低价位报价。
- 投标人之间先进行内部竞价，内定中标人，然后再参加投标。
- 投标人之间其他串通投标报价的行为。

3. 开标、评标、定标和签定合同

（1）开标。开标应当在招标文件确定的提交投标文件截止时间的同一时间公开进行；开标地点应当为招标文件中确定的地点。

（2）评标。评标委员会可以书面方式要求投标人对投标文件中含义不明确、对同类问题表述不一致或者有明显文字和计算错误的内容作必要的澄清、说明或补正。评标委员会不得向投标人提出带有暗示性或诱导性的问题，或向其明确投标文件中的遗漏和错误。

招标人设有标底的，标底在评标中应当作为参考，但不得作为评标的唯一依据。

评标委员会完成评标后，应向招标人提出书面评标报告。评标报告由评标委员会全体成员签字。

评标委员会提出书面评标报告后，招标人一般应当在 15 日内确定中标人，但最迟应当在投标有效期结束日 30 个工作日前确定。中标通知书由招标人发出。

评标委员会推荐的中标候选人应当限定在 1～3 人，并标明排列顺序。招标人应当接受评标委员会推荐的中标候选人，不得在评标委员会推荐的中标候选人之外确定中标人。

（3）定标。依法必须进行招标的项目，招标人应当确定排名第一的中标候选人为中标人。排名第一的中标候选人放弃中标、因不可抗力提出不能履行合同或者招标文件规定应当提交履约保证金而在规定的期限内未能提交的，招标人可以确定排名第二的中标候选人为中标人。

排名第二的中标候选人因前款规定的同样原因不能签订合同的，招标人可以确定排名第三的中标候选人为中标人。

招标人可以授权评标委员会直接确定中标人。

中标通知书对招标人和中标人具有法律效力。中标通知书发出后，招标人改变中标结果的或者中标人放弃中标项目的，应当依法承担法律责任。

（4）签订合同。招标人和中标人应当自中标通知书发出之日起 30 日内，按照招标文件和中标人的投标文件额签订合同。招标人和中标人不得再行订立背离合同实质性内容的其他协议。

招标人与中标人签订合同后 5 个工作日内，应当向未中标的投标人退还投标保证金。

合同中确定的建设规模、建设标准、建设内容、合同价格应当控制在批准的初步设计及概算文件范围内；确需超出规定范围的，应当在中标合同签订前，报原项目审批部门审查同意。凡应报经审查而未报的，在初步设计及概算调整时，原项目审批部门一律不予承认。

依法必须进行施工招标的项目，招标人应当自发出中标通知书之日起 15 日内向有关行政监督部门提交招标投标情况的书面报告。书面报告至少应包括下列内容：

- 招标范围。
- 招标方式和发布招标公告的媒介。
- 招标文件中投标人须知、技术条款、评标标准和方法、合同主要条款等内容。
- 评标委员会的组成和评标报告。
- 中标结果。

招标人不得直接指定分包人。

对于不具备分包条件或者不符合分包规定的，招标人有权在签订合同或者中标人提出分包要求时予以拒绝。发现中标人转包或违法分包时，可要求其改正；拒不改正的，可终止合同，并报请有关行政监督部门查处。

监理人员和有关行政部门发现中标人违反合同约定进行转包或违法分包的，应当要求中标人改正或者告知招标人要求其改正；对于拒不改正的，应当报请有关行政监督部门查处。

7.3.2 项目管理

所谓项目管理，是指项目的管理者在有限的资源约束下，运用系统的观点、方法和理论对项目涉及的全部工作进行有效地管理，即从项目的投资决策开始到项目结束的全过程进行计划、组织、指挥、协调、控制和评价，以实现项目的目标。

项目管理是一种已被公认的管理模式，它在工程技术和工程管理领域起到越来越重要的作用，已得到广泛的应用。

1. 项目组织管理与协调

工程管理组织机构设置的目的是为了进一步充分发挥项目管理功能，提高项目整体管理效率，以达到项目管理的最终目标。高效率的组织体系和组织机构的建立是施工项目管理成功的组织保证。

（1）工程管理的组织机构。综合布线系统工程管理组织机构设置通常如图 7-4 所示。

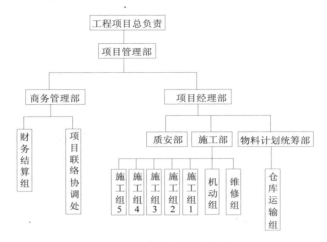

图 7-4　工程管理组织机构

1）项目管理部。项目管理部通常主要负责工程项目管理及协调工作；负责工程项目主要设备、材料的选型和招标；负责开工前准备工作，组织审定施工综合进度和开工报告的报批工作；审查工程重大设计变更；负责工程合同、概算/预算管理工作及工程造价的控制管理；负责竣工验收工作及项目后的评价管理工作。

2）项目经理部。项目经理部作为工程项目施工管理的主体，其主要任务包括施工安全、合同管理、成本/进度/质量控制及与施工有关的组织与协调。

3）商务管理部。商务管理部主要负责项目对外联系与财务收支与结算。

（2）人员分工及职责。项目部成立后，应做出相应的人员安排。

项目经理：具有综合布线系统工程项目的管理与实施经验，监督整个工程项目的实施，对工程项目的实施进度负责。负责协调解决工程项目实施过程中出现的各种问题。负责与业主及相关人员的协调工作。

技术人员：要求具有丰富工程施工经验，对项目实施过程中出现的进度、技术等问题及时上报项目经理。熟悉综合布线系统的工程特点、技术特点及产品特点，并熟悉相关技术执行标准及验收标准，负责协调系统设备检验与工程验收工作。

质量/材料员：要求熟悉工程所需的材料、设备规格，负责材料、设备的进出库管理和库存管理，保证库存设备的完整。

安全员：要求具有很强的责任心，负责巡视日常工作安全防范以及库存设备材料的安全。

资料员：负责日常的工程资料整理（图纸、洽商文档、监理文档、工程文件、竣工资料等）。

施工班组人员：承担工程施工生产，应具有相应的施工能力和经验。

根据现场的实际情况，如工程项目较小，可一人承担两项或三项工作。

（3）工程项目的规章制度。综合布线工程项目管理要制定相应的各种规章制度，规范工程各方面人员的言行，形成自觉遵守规章制度的好风气。下面仅简单列出几种制度，更多的管理制度应结合工程实际制定。

- 协调会议通知制度。凡是与系统工程有关的事项，由业主、监理两方或两方以上参加的协调会议，必须就有关协调情况及最终答复形成会议纪要以备查，会议纪要送达业主及相关人员。
- 验收制度。由业主、有关专家组成验收小组，由验收组长把验收结果填入工程报验单并签字，其他验收人员也要在报验名单上签字。
- 项目工作制度。
  ➢ 必须按时上下班，有事必须向项目经理请假，如果项目经理有事不在时，可向项目总指挥请假。
  ➢ 遇到原则性问题必须及时向上一级领导汇报，并写出相关的书面材料，经上一级领导同意（或提出处理意见）且签字后，方能处理。在重大原则问题处理上，应征得工程总指挥同意且签字后，方可处理。
  ➢ 必须与业主，其他工程施工单位及有关人员建立良好的合作关系，严格遵守业主制定的施工现场管理规定。

（4）工程项目的组织协调。工程项目在施工过程中会涉及很多方面的关系，矛盾往往是不可避免的。组织协调作为项目管理的重要工作，是要有效的解决各种分歧和施工冲突，使各施工单位齐心协力保证项目的顺利实施，以达到预期的工程建设目标。协调工作主要由项目经理完成，技术人员支持。

综合布线项目协调的内容大致分为以下几个方面：

- 相互配合的协调，包括其他施工单位、建设单位、监理单位、设计单位等在配合关系上的协调。如与其他施工单位协调施工次序的先后，线管线槽的路由走向或避让强电线槽线管以及其他会造成电磁干扰的机电设备等。与建设单位或监理单位协调工程进度款的支付、施工进度的安排、施工工艺的要求、隐蔽工程验收等。与设计单位协调技术变更等。
- 施工供求关系的协调，包括工程项目实施中所需要的人力、工具、资金、设备、材料、技术的供应，主要通过协调解决供求平衡问题。应根据工程施工进度计划表组织施工，安排相关数量的施工班组人员以及相应的施工工具，安排生产材料的采购，解决施工中遇到的技术或资金等问题。
- 项目部人际关系的协调，包括工程总项目部、本项目部以及其他施工单位的人际关系，主要为解决人员之间在工作中产生的联系或矛盾。
- 施工组织关系的协调，主要为协调综合布线项目部内技术、材料、安全、资料施工班组相互配合。

2. 工程控制管理

综合布线工程项目管理表现在对人力资源、设备器材、施工设备和仪表工具、技术、资金、合同、信息、施工现场等的综合管理和组织协调。通过对工程进度、质量、成本和安全生产的控制实现工程预期目标。

（1）进度控制。综合布线系统工程的安装施工进度控制应以实现承包施工合同约定的竣工日期为最终目标，对此可按单项工程或单位工程（如屋内建筑物主干布线子系统缆线的敷设）分解为交工分目标，并编制施工进度计划，在工期实施过程中加以监督管理和严格控制，当出现进度偏差时，应及时采取措施调整，力求总的进度目标不变以顺利完成施工任务。

（2）质量控制。质量控制是综合布线系统工程中三大控制的重要内容，它是工程的"灵魂"，如果工程没有质量，就毫无存在的价值。质量控制应坚持"质量第一，预防为主"的方针，按照《综合布线工程验收规范》（GB50312-2007）和施工企业质量管理体系的要求进行施工活动，在具体实施中应按工程设计、施工规范及工艺规程等规定执行，以满足用户的实际需要。在综合布线系统工程施工过程中应按标准规定，实行自检、互检和交接检验。隐蔽工程或指定部位（如地下通信管道工程和光纤连接工序等），在未经检验或虽经检验定为不合格的工序，严禁掩盖并不得转入下道工序。对于不负责任、影响工程质量的部分，必须返工，并追究有关人员的责任。由于综合布线系统的缆线或部件极为精细，且价格较高，必须加强检验和严格控制，确保工程质量。

（3）安全控制。任何一个工程建设项目都有施工人员参与，这就有人身生命安全的问题。此外还有工程本身的事故、环境保护等都属于安全生产的范围。为此，必须坚持"安全第一、预防为主"的方针。应建立安全管理体系和安全生产责任制，加强重点工序的安全生产教育（如光纤连接和光缆接续等）应坚持证上岗制度，根据安装施工现场的特点，采取相应的安全技术措施。在综合布线系统工程中，尤其要防止施工人员高空坠落、沟槽塌方、交通事故、触电、中毒等伤亡事故的发生，要采取切实有效、安全可靠的保护措施，务必保证安装施工过程中不发生安全事故。

（4）成本控制。成本控制对于施工企业是极为重要的管理内容，在综合布线系统工程的施工合同签订后，施工企业应根据合同规定的总造价、工程设计和施工图样及招标文件中的工程量进行核算，初步确定在安装施工的正常情况下的管理费用、企业开支和施工成本（又称可控成本）。在整个施工过程中应坚持按照增收节支、全面控制、责权利相结合的原则，用目标管理方法对实际完成工程量的施工成本发生过程进行切实有效的控制。同时，在成本控制过程中，结合质量控制的要求，坚决反对和杜绝安装施工中偷工减料、以次充好和降低标准等所谓节约的不良行为，严重的必须予以从严处理。

7.3.3　工程监理

根据国家、地方建设行政主管部门制订的有关工程建设和工程监理的法律、法规的规定，工程施工必须执行工程监理制度，以确保工程的施工质量，控制工程的投资。

工程建设监理（简称工程监理）是指监理单位受项目法人的委托，依据国家批准的工程项目建设文件、有关工程建设的法律、法规和工程建设监理合同及其他工程建设合同，对工程建设实施监督管理。

综合布线系统工程监理的依据是《建筑工程监理规范》（GB50319－2000）和《综合布线系统工程设计规范》（GB50311－2007）、《综合布线工程验收规范》（GB50312－2007）以及相关其他国家标准。

1. 工程监理的职责与组织机构

工程建设监理是一种高智能的有偿技术服务。监理单位与项目法人之间是委托与被委托的合同关系与被监理单位是监理与被监理关系。监理单位应按照"公正、独立、自动"的原则，开展工程建设监理工作，公平地维护项目法人和被监理单位的合法权益。

监理单位实行资质审批制度。设立监理单位，须报工程建设监理主管机关进行资质审查合格后，向工商行政管理机关申请企业法人登记。监理单位应当按照核准的经营范围承接工程建设监理业务。

监理单位在监理过程中因过错造成重大经济损失的，应承担一定的经济责任和法律责任。

监理单位应根据所承担的监理任务，组建工程建设监理机构。监理机构一般由总监理工程师、监理工程师和其他监理人员组成。

承担工程施工阶段的监理，监理机构应进驻施工现场。

实施监理前，项目法人应当将委托的监理单位、监理的内容、总监理工程师姓名及所赋予的权限书面通知被监理单位。

总监理工程师应当将其授予监理工程师的权限书面通知被监理单位。

工程项目建设监理实行总监理工程师负责制。总监理工程师行使合同赋予监理单位的权限，全面负责受委托的监理工作。

工程建设监理过程中，被监理单位应当按照与项目法人签订的工程建设合同的规定接受监理。

（1）总监理工程师职责。负责协调各方面关系，组织监理工作，任命委派监理工程师，并定期检查监理工作的进展情况，并且针对监理过程中的工作问题提出指导性意见。审查施工方提供的需求分析、系统分析、网络设计等重要文档，并提出改进意见。主持双方重大争议纠纷，协调双方关系，针对施工中的重大失误签署返工令。

（2）监理工程师职责。接受总监理工程师的领导，负责协调各方面的日常事务，具体负责监理工作，审核施工方需要按照合同提交的网络工程、软件文档，检查施工方工程进度与计划是否吻合，主持双方的争议解决，针对施工中的问题进行检查和督导，起到解决问题、正常工作的目的。

（3）监理人员职责。负责具体的监理工作，接受监理工程师的领导，负责具体硬件设备验收、具体布线、网络施工督导，并且每个监理日编写监理日志向监理工程师汇报。

2. 工程监理步骤与内容

（1）综合布线系统工程监理程序。综合布线系统工程监理一般可按下列程序进行：

1）一般程序。

①综合布线系统工程监理前，监理单位必须与建设单位签订书面综合布线系统工程委托监理合同。实施监理前，由综合布线系统工程项目法人将委托监理单位、监理内容、总监理工程师及赋予的权限书面通知被监理单位。被监理单位应接受监理。

②编制综合布线系统工程监理规划。

③按照工程进度、综合布线系统工程各专业编制工程监理细则。

④按照综合布线系统工程监理规划和监理细则全面地实施工程各阶段的监理工作，并由各类监理人员按照规定权限签署监理意见。

⑤监理单位参与综合布线系统工程竣工验收，并按权限规定签署监理意见。

⑥综合布线系统工程监理工作完成后，向项目法人提交工程监理档案资料。

2）综合布线系统各阶段监理工作程序。

①设计阶段监理工作程序。

②施工招标阶段监理工作程序。

③施工阶段监理工作程序。

④施工阶段进度控制程序。

⑤施工阶段造价（投资）控制程序。

⑥施工阶段质量控制程序。

⑦设备安装工程中隐蔽工程质量控制程序。

⑧设备安装工程中部件及设备安装质量控制程序。

⑨单位工程竣工验收程序。

（2）综合布线系统工程监理的主要内容。综合布线系统工程监理工作阶段主要有施工招投标阶段、施工准备阶段、施工阶段、检查验收阶段等。

1）施工招标阶段的工作内容。监理者的工作主要有：参与审查招、投标单位的资格，参与编制招标文件，参加评标与定标，协助签订施工合同等。

2）施工准备阶段的监理工作。监理人员参加由建设单位组织的设计技术交底会，会议纪要由总监理工程师签认。

工程项目开工前总监理工程师组织专业监理工程师审查承包单位报送的施工组织设计（方案）报审表，并经总监理工程师审核、签认后报建设单位审查并予以确认。

分包工程开工前，专业工程师审查承包单位报送的分包单位资格报审表和有关资质资料，符合规定的由总监理工程师予以签认。

3）施工监理。综合布线工程的施工监理一般可分为三个阶段：施工准备阶段监理、施工阶段监理、工程保修阶段监理。

①施工准备阶段监理。工程施工前，监理人员必须明确自己的责职，熟悉设计方案和合同文件，并到施工现场进行复查以检查施工图纸是否有差错。施工前主要的监理工作有以下内容：

- 审查开工报告。
- 召开第一次工地会。
- 审批工程进度计划、审查施工组织设计方案。
- 审查承包单位的质量保证体系和施工安全保证体系。
- 检验进场的设备和材料。
- 检查承包单位的保险及担保，签发预付款支付凭证等。
- 审查承包单位的资质。
- 施工现场技术、管理环境的检查。
- 组建建设单位、设计单位、承包单位、监理单位共同进行设计交底工作。

②施工阶段监理。

- 施工前的环境检查。
  - ➤ 检查楼层工作区、配线间、设备间的土建工程是否已全部竣工。
  - ➤ 检查建筑物内预留地槽、暗管、孔洞的位置、数量、尺寸是否符合设计要求。
  - ➤ 检查楼层配线间、设备间是否提供了可靠的施工电源和接地装置。
  - ➤ 检查楼层配线间、设备间的面积、环境温、湿度是否符合设计要求和相关规定。
- 对施工前承包单位的器材检查给予确认。
  - ➤ 施工前应对工程所用机架和缆线器材外观、规格、数量、质量进行检查，是否有无出厂检验证明材料或与设计不符的情况。
  - ➤ 检查缆线的电气性能，一般采取在同一批电缆的任意三盘中截出100m长度进行抽样检测。
  - ➤ 对光缆进行光纤衰减测试，检查是否应符合出厂测试数值报告。
- 设备安装的随工检查。

> ➤ 检查设备机架和信息插座的规格、外观是否应符合设计要求。

> ➤ 检查机柜和安装件是否有油漆脱落现象，检查配线设备、信息插座外观和接触是否良好齐全，各种螺丝是否紧固，防震加固措施是否良好，安装是否符合工艺要求。

> ➤ 检查缆线及器材的屏蔽层是否可靠连接，接地措施是否良好。

- 电缆、光缆的布放随工检查及隐蔽工程签证。

> ➤ 检查电缆桥架及槽道安装位置是否正确，安装是否符合工艺要求，接地是否符合设计要求。

> ➤ 检查缆线布放的路由、位置是否正确，是否符合布放缆线工艺要求。

> ➤ 对隐蔽工程进行验收，包括埋在结构内的管路、利用结构钢筋做的避雷引下线、埋设及接地带连接处的焊接、不能进入吊顶内的管路敷设及直埋电缆等。

- 电、光缆终端的随工检查。主要检查信息插座、接线模块、光纤插座、各类跳线和接插件接触是否良好、接线有无错误、标志是否齐全，安装是否符合工艺要求。

- 工程电气测试的随工检查。

> ➤ 电气性能测试包括缆线、信息插座及接线模块的测试。

> ➤ 系统测试应包括连接图、长度、衰减、近端串扰等规定的测试内容。

> ➤ 检查系统接地是否符合设计要求。

- 工程总验收。

> ➤ 竣工技术文件的清点和交接。

> ➤ 考核工程质量，确认验收成果。

③保修阶段监理。保修阶段监理的重点主要是工程的竣工验收的监理工作，监理的内容包括竣工验收的范围和依据、竣工验收要求、竣工验收程序及内容、竣工作验收的组织、竣工文件的归档。

监理单位参与综合布线系统工程竣工验收，并按权限规定签署监理意见。

（3）工地例会。在施工过程中，总监理工程师应定期主持召开工地例会，会议纪要应有项目监理机构负责起草，并经与会各方代表会签。

工地例会应包括以下主要内容：①检查上次例会议定事项的落实情况，分析未完事项的原因；②检查分析工程项目进度计划的完成情况，提出下一阶段的进度目标及落实措施；③检查分析工程项目质量状况，针对存在的质量问题提出改进的措施；④检查工程量核定及工程款支付情况；⑤解决需要协调的有关事项；⑥其他有关事宜。

总监理工程师或专业监理工程师应根据需要临时组织专题会议，解决施工过程中的专项问题。

（4）工程进度控制。

1）督促并审查施工单位制订综合布线系统工程安装施工进度计划，并检查各子系统安装施工进度计划是否满足总进度计划和工期要求。

2）检查督促施工单位做出季度、月份各工种的具体计划安排及可行性。

3）按施工计划监督实施工程进度控制和认可工程量，及时发现不能按期完成的工程计划，并分析原因，督促及时调整计划并争取补救措施，确保工程进度。

4）建立工程监理日志制度，详细记录工程进度、质量，设计修改、工地洽商等问题。

5）定期召开例会和相关工程（如管槽安装）进度会，对进度问题提出监理意见。

6）督促施工单位及时提交施工进度月报表，并审查认定后写出监理月报。

（5）工程造价控制。

1）审核施工单位完成的月报工程量。

2）审查和会签设计变更，工地洽商。

3）复核缆线等主要材料、设备和连接硬件。

4）按施工承包合同规定的工程付款办法和审核后的工程量等，审核并签发付款凭证（包括工程进度款、设计变更及洽商款、索赔款等），然后报建设单位。

（6）施工阶段监理工作资料的管理。施工阶段监理工作资料的内容包括监理资料内容、监理月报、监理工作总结、监理工作成效、监理资料的管理等。

7.3.4 综合布线工程验收标准与验收程序

为统一建筑与建筑群综合布线系统工程施工质量检查、随工检验和竣工验收等工作的技术要求，国家标准《综合布线工程验收规范》于 2007 年 10 月 1 日起实施。

GB50312-2007 规范适用于对新建、扩建和改建建筑与建筑群综合布线系统工程的验收。综合布线系统工程实施中采用的工程技术文件、承包合同文件对工程质量验收的要求都不得低于此规范的规定。

1. 验收标准

《综合布线工程验收规范》（GB50312-2007）是现行国家标准，本规范为综合布线系统工程的质量检测和验收提供判断是否合格的标准，提出切实可行的验收要求，从而起到确保综合布线系统工程质量的作用。本规范应与现行国家标准《综合布线系统工程设计规范》配套使用。

由于综合布线工程是一项系统工程，不同的项目会涉及到电气、通信、机房、防雷和防火等问题，因此，综合布线工程验收还需符合国家现行有关技术标准、规范的规定，如《智能建筑工程质量验收规范》GB50339、《建筑电气工程施工质量验收规范》GB50303、《通信管道工程施工及验收技术规范》GB50374 等。

工程技术文件、承包合同文件要求采用国际标准时，应按要求采用适用的国际标准验收，但不应低于国家标准的规定。以下国际标准可供参考：

- 《用户建筑综合布线》ISO/IEC 11801
- 《商业建筑电信布线标准》EIA/TIA 568
- 《商业建筑电信布线安装标准》EIA/TIA 569
- 《商业建筑通信基础结构管理规范》EIA/TIA 606
- 《商业建筑通信接地要求》EIA/TIA 607
- 《信息系统通用布线标准》EN 50173
- 《信息系统布线安装标准》EN 50174

工程验收既要符合规范的要求，又要满足合同要求，这是因为合同虽不属于质量范围，但其属于管理范围。

经审查取得施工图审查批准书的设计图纸是工程施工及质量验收的依据。

2. 验收程序

竣工验收是在施工单位提出工程项目竣工验收申请报告（如表 7-1 所示）后，由监理单位和建设单位分别确认竣工验收具备的条件，然后由建设单位组织监理、设计、运行等单位进行竣工验收。竣工验收后，由验收组确定结论，并及时提出竣工验收报告，以便准备使用。

表 7-1　工程项目竣工验收申请报告

工 程 名 称			时　间	
竣工验收具备的条件：				
施工单位意见： 签字： 盖章： 　　　年　月　日		监理单位意见： 签字： 盖章： 　　　　年　月　日	建设单位意见： 签字： 盖章： 　　　年　月　日	

备注：本表一式 4 份，业主、建设、监理各一份，施工单位各一份。

竣工验收应按以下程序组织实施：

(1) 施工单位的"自检"工作完成。

(2) 施工单位整理完备工程所有竣工验收所要求的工程资料。

(3) 由施工单位提前 7 天提出书面的工程项目竣工验收申请报告，并签证齐全。

(4) 由监理单位确认竣工验收是否具备条件，并办理完所有应由监理工程师的签证。

(5) 由建设单位确认竣工验收具备的条件，并办理完所有应由建设单位的签证。

(6) 由建设单位成立竣工验收组，组织监理、设计、运行等单位进行竣工验收。

验收组应先组织召开竣工验收预备会，分为若干现场检查小组和资料核查小组，最后根据有关规程规范检查情况汇总，组织召开竣工验收总结会，提出竣工验收整改清单，并确定竣工验收的结论，出具竣工验收报告。参与竣工验收的各方负责人应在竣工验收报告上签字并盖单位公章。工程项目竣工验收报告格式如表 7-2 所示。

7.3.5　验收内容

按照《综合布线工程验收规范》（GB50312-2007）的要求，综合布线工程验收的内容主要包括环境检查、设备安装验收、缆线的敷设和保护方式检验、缆线终接检验、工程电气测试和工程验收项目汇总 7 个方面。

表 7-2　工程项目竣工验收报告格式

工 程 名 称		时 间	
一、工程概况： 二、工程竣工验收情况： 三、需整改的项目清单及主要建议： 四、竣工验收综合评价： 五、竣工验收结论： 附件：竣工验收参加单位和人员名单			

备注：本报告一式 6 份，业主、建设、监理、设计、运行、施工单位各执一份。

1. 环境检查

环境检查验收主要是对工作区、电信间、设备间、建筑物进线间及入口设施的检查验收。

（1）工作区、电信间、设备间的验收检查应包括的内容。

● 工作区、电信间、设备间土建工程已全部竣工。房屋地面平整、光洁，门的高度和宽度应符合设计要求。

● 房屋预埋线槽、暗管、孔洞和竖井的位置、数量、尺寸均应符合设计要求。

● 铺设活动地板的场所，活动地板防静电措施及接地应符合设计要求。

● 电信间、设备间应提供 220V 带保护接地的单相电源插座。

● 电信间、设备间应提供可靠的接地装置，接地电阻值及接地装置的设置应符合设计要求。

● 电信间、设备间的位置、面积、高度、通风、防火及环境温、湿度等应符合设计要求。

（2）建筑物进线间及入口设施的验收检查应包括的内容。

● 引入管道与其他设施如电气、水、煤气、下水道等的位置间距应符合设计要求。

● 引入缆线采用的敷设方法应符合设计要求。

● 管线入口部位的处理应符合设计要求，并应检查采取排水及防止气、水、虫等进入的措施。

● 进线间的位置、面积、高度、照明、电源、接地、防火、防水等应符合设计要求。

（3）有关设施的安装方式应符合设计文件规定的抗震要求。

2. 设备安装验收

（1）机柜、机架安装验收要求。

● 机柜、机架安装位置应符合设计要求，垂直偏差度不应大于 3mm。

- 机柜、机架上的各种零件不得脱落或碰坏，漆面不应有脱落及划痕，各种标志应完整、清晰。
- 机柜、机架、配线设备箱体、电缆桥架及线槽等设备的安装应牢固，如有抗震要求，应按抗震设计进行加固。

（2）各类配线部件安装验收要求。

- 各部件应完整，安装就位，标志齐全。
- 安装螺丝必须拧紧，面板应保持在一个平面上。

（3）信息插座模块安装验收要求。

- 信息插座模块、多用户信息插座、集合点配线模块安装位置和高度应符合设计要求。
- 安装在活动地板内或地面上时，应固定在接线盒内，插座面板采用直立和水平等形式；接线盒盖可开启，并应具有防水、防尘、抗压功能。接线盒盖面应与地面齐平。
- 信息插座底盒同时安装信息插座模块和电源插座时，间距及采取的防护措施应符合设计要求。
- 信息插座模块明装底盒的固定方法根据施工现场条件而定。
- 固定螺丝需拧紧，不应产生松动现象。
- 各种插座面板应有标识，以颜色、图形、文字表示所接终端设备业务类型。
- 工作区终接光缆的光纤连接器件及适配器安装底盒应具有足够的空间，并应符合设计要求。

（4）电缆桥架及线槽的安装验收要求。

- 桥架及线槽的安装位置应符合施工图要求，左右偏差不应超过 50mm。
- 桥架及线槽水平度每米偏差不应超过 2mm。
- 垂直桥架及线槽应与地面保持垂直，垂直度偏差不应超过 3mm。
- 线槽截断处及两线槽拼接处应平滑、无毛刺。
- 吊架和支架安装应保持垂直，整齐牢固，无歪斜现象。
- 金属桥架、线槽及金属管各段之间应保持连接良好，安装牢固。
- 采用吊顶支撑柱布放缆线时，支撑点宜避开地面沟槽和线槽位置，支撑应牢固。

安装机柜、机架、配线设备屏蔽层及金属管、线槽、桥架使用的接地体应符合设计要求，就近接地，并应保持良好的电气连接。

3. 缆线敷设检验

（1）缆线敷设验收要求如下：

- 缆线的型式、规格应与设计规定相符。
- 缆线在各种环境中的敷设方式、布放间距均应符合设计要求。
- 缆线的布放应自然平直，不得产生扭绞、打圈、接头等现象，不应受外力的挤压和损伤。
- 缆线两端应贴有标签，应标明编号，标签书写应清晰、端正和正确。标签应选用不易损坏的材料。
- 缆线应有余量以适应终接、检测和变更。对绞电缆预留长度：在工作区宜为 3～6m，电信间宜为 0.5～2m，设备间宜为 3～5m；光缆布放路由宜盘留，预留长度宜为 3～5m，有特殊要求的应按设计要求预留长度。
- 缆线的弯曲半径应符合下列规定：
  ➢ 非屏蔽 4 对对绞电缆的弯曲半径应至少为电缆外径的 4 倍。

> ➤ 4 对对绞电缆的弯曲半径应至少为电缆外径的 8 倍。
> ➤ 主干对绞电缆的弯曲半径应至少为电缆外径的 10 倍。
> ➤ 2 芯或 4 芯水平光缆的弯曲半径应大于 25mm；其他芯数的水平光缆、主干光缆和室外光缆的弯曲半径应至少为光缆外径的 10 倍。

- 缆线间的最小净距应符合设计要求：
  > ➤ 电源线、综合布线系统缆线应分隔布放，并应符合表 7-3 所示的规定。

表 7-3　对绞电缆与电力电缆最小净距

条件	最小净距（mm）		
	380V <2kV·A	380V 2~5kV·A	380V >5kV·A
对绞电缆与电力电缆平行敷设	130	300	600
有一方在接地的金属槽道或钢管中	70	150	300
双方均在接地的金属槽道或钢管中②	10①	80	150

注：①当 380V 电力电缆<2kV·A，双方都在接地的线槽中，且平行长度≤10m 时，最小间距可为 10mm。
②双方都在接地的线槽中，系指两个不同的线槽，也可在同一线槽中用金属板隔开。

> ➤ 综合布线电缆与配电箱、变电室、电梯机房、空调机房之间最小净距宜符合表 7-4 所示的规定。

表 7-4　综合布线电缆与其他机房最小净距

名称	最小净距（m）	名称	最小净距（m）
配电箱	1	电梯机房	2
变电室	2	空调机房	2

> ➤ 建筑物内电、光缆暗管敷设与其他管线最小净距见表 7-5 所示的规定。

表 7-5　综合布线缆线及管线与其他管线的间距

管线种类	平行净距（mm）	垂直交叉净距（mm）
避雷引下线	1000	300
保护地线	50	20
热力管（不包封）	500	500
热力管（包封）	300	300
给水管	150	20
煤气管	300	20
压缩空气管	150	20

> ➤ 综合布线缆线宜单独敷设，与其他弱电系统各子系统缆线间距应符合设计要求。
> ➤ 对于有安全保密要求的工程，综合布线缆线与信号线、电力线、接地线的间距应符合相应的保密规定。对于具有安全保密要求的缆线应采取独立的金属管或金属线槽敷设。

- 屏蔽电缆的屏蔽层端到端应保持完好的导通性。

（2）预埋线槽和暗管敷设缆线验收要求如下：

- 敷设线槽和暗管的两端宜用标志表示出编号等内容。
- 预埋线槽宜采用金属线槽，预埋或密封线槽的截面利用率应为30%～50%。
- 敷设暗管宜采用钢管或阻燃聚氯乙烯硬质管。布放大对数主干电缆及4芯以上光缆时，直线管道的管径利用率应为50%～60%，弯管道应为40%～50%。暗管布放4对对绞电缆或4芯及以下光缆时，管道的截面利用率应为25%～30%。

（3）缆线桥架和线槽敷设缆线验收要求如下：

- 密封线槽内缆线布放应顺直，尽量不交叉，在缆线进出线槽部位、转弯处应绑扎固定。
- 缆线桥架内缆线垂直敷设时，在缆线的上端和每间隔1.5m处应固定在桥架的支架上；水平敷设时，在缆线的首、尾、转弯及每间隔5～10m处进行固定。
- 在水平、垂直桥架中敷设缆线时，应对缆线进行绑扎。对绞电缆、光缆及其他信号电缆应根据缆线的类别、数量、缆径、缆线芯数分束绑扎。绑扎间距不宜大于1.5m，间距应均匀，不宜绑扎过紧或使缆线受到挤压。
- 楼内光缆在桥架敞开敷设时应在绑扎固定段加装垫套。

（4）采用吊顶支撑柱作为线槽在顶棚内敷设缆线时，每根支撑柱所辖范围内的缆线可以不设置密封线槽进行布放，但应分束绑扎，缆线应阻燃，缆线选用应符合设计要求。

（5）建筑群子系统采用架空、管道、直埋、墙壁及暗管敷设电、光缆的施工技术要求应按照本地网通信线路工程验收的相关规定执行。

4. 保护措施检验

（1）配线子系统缆线敷设保护验收要求。

1）预埋金属线槽保护要求。

- 在建筑物中预埋线槽，宜按单层设置，每一路由进出同一过路盒的预埋线槽均不应超过3根，线槽截面高度不宜超过25mm，总宽度不宜超过300mm。线槽路由中若包括过线盒和出线盒，截面高度宜在70～100mm范围内。
- 线槽直埋长度超过30m或在线槽路由交叉、转弯时，宜设置过线盒，以便于布放缆线和维修。
- 过线盒盖能开启，并与地面齐平，盒盖处应具有防灰与防水功能。
- 过线盒和接线盒盒盖应能抗压。
- 从金属线槽至信息插座模块接线盒间或金属线槽与金属钢管之间相连接时的缆线宜采用金属软管敷设。

2）预埋暗管保护要求。

- 预埋在墙体中间暗管的最大管外径不宜超过50mm，楼板中暗管的最大管外径不宜超过25mm，室外管道进入建筑物的最大管外径不宜超过100mm。
- 直线布管每30m处应设置过线盒装置。
- 暗管的转弯角度应大于90°，在路径上每根暗管的转弯角不得多于2个，并不应有S弯出现，有转弯的管段长度超过20m时，应设置管线过线盒装置；有2个弯时，不超过15m应设置过线盒。
- 暗管管口应光滑，并加有护口保护，管口伸出部位宜为25～50mm。
- 至楼层电信间暗管的管口应排列有序，便于识别与布放缆线。

- 暗管内应安置牵引线或拉线。
- 金属管明敷时，在距接线盒 300mm 处，弯头处的两端，每隔 3m 处应采用管卡固定。
- 管路转弯的曲半径不应小于所穿入缆线的最小允许弯曲半径，并且不应小于该管外径的 6 倍，如暗管外径大于 50mm 时，不应小于 10 倍。

3）设置缆线桥架和线槽保护要求。

- 缆线桥架底部应高于地面 2.2m 及以上，顶部距建筑物楼板不宜小于 300mm，与梁及其他障碍物交叉处间的距离不宜小于 50 mm。
- 缆线桥架水平敷设时，支撑间距宜为 1.5～3m。垂直敷设时固定在建筑物结构体上的间距宜小于 2m，距地 1.8m 以下部分应加金属盖板保护或采用金属走线柜包封，门应可开启。
- 直线段缆线桥架每超过 15～30m 或跨越建筑物变形缝时，应设置伸缩补偿装置。
- 金属线槽敷设时，在下列情况下应设置支架或吊架：线槽接头处、每间距 3m 处、离开线槽两端出口 0.5m 处、转弯处。
- 塑料线槽槽底固定点间距宜为 lm。
- 缆线桥架和缆线线槽转弯半径不应小于槽内缆线的最小允许弯曲半径，线槽直角弯处最小弯曲半径不应小于槽内最粗缆线外径的 10 倍。
- 桥架和线槽穿过防火墙体或楼板时，缆线布放完成后应采取防火封堵措施。

4）网络地板缆线敷设保护要求。

- 线槽之间应沟通。
- 线槽盖板应可开启。
- 主线槽的宽度宜在 200～400mm，支线槽宽度不宜小于 70mm。
- 可开启的线槽盖板与明装插座底盒间应采用金属软管连接。
- 地板块与线槽盖板应抗压、抗冲击和阻燃。
- 当网络地板具有防静电功能时，地板整体应接地。
- 网络地板板块间的金属线槽的段与段之间应保持良好导通并接地。

5）在架空活动地板下敷设缆线时，地板内净空应为 150～300mm。若空调采用下送风方式则地板内净高应为 300～500mm。

6）吊顶支撑柱中电力线和综合布线缆线合一布放时，中间应有金属板隔开，间距应符合设计要求。

（2）当综合布线缆线与大楼弱电系统缆线采用同一线槽或桥架敷设时，子系统之间应采用金属板隔开，间距应符合设计要求。

（3）干线子系统缆线敷设保护方式验收要求如下：

- 缆线不得布放在电梯或供水、供气、供暖管道竖井中，缆线不应布放在强电竖井中。
- 电信间、设备间、进线间之间干线通道应沟通。

（4）建筑群子系统缆线敷设保护方式应符合设计要求。

（5）当电缆从建筑物外面进入建筑物时，应选用适配的信号线路浪涌保护器，信号线路浪涌保护器应符合设计要求。

5. 缆线终接检验

（1）缆线终接应要求。

- 缆线在终接前，必须核对缆线标识内容是否正确。

- 缆线中间不应有接头。
- 缆线终接处必须牢固、接触良好。
- 对绞电缆与连接器件连接应认准线号、线位色标，不得颠倒和错接。

（2）对绞电缆终接要求。

- 终接时，每对对绞线应保持扭绞状态，扭绞松开长度对于 3 类电缆不应大于 75mm；对于 5 类电缆不应大于 13mm；对于 6 类电缆应尽量保持扭绞状态，减小扭绞松开长度。
- 对绞线与 8 位模块式通用插座相连时，必须按色标和线对顺序进行卡接。插座类型、色标和编号应符合图 7-5 所示的规定。

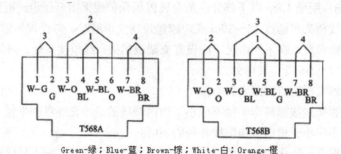

Green-绿；Blue-蓝；Brown-棕；White-白；Orange-橙

图 7-5   8 位模块式通用插座连接

两种连接方式均可采用，但在同一布线工程中两种连接方式不应混合使用。

- 7 类布线系统采用非 RJ-45 方式终接时，连接图应符合相关标准规定。
- 屏蔽对绞电缆的屏蔽层与连接器件终接处屏蔽罩应通过紧固器件可靠接触，缆线屏蔽层应与连接器件屏蔽罩 360°圆周接触，接触长度不宜小于 10mm。屏蔽层不应用于受力的场合。
- 对不同的屏蔽对绞线或屏蔽电缆，屏蔽层应采用不同的端接方法。应对编织层或金属箔与汇流导线进行有效的端接。
- 每个 2 口 86 面板底盒宜终接 2 条对绞电缆或 1 根 2 芯/4 芯光缆，不宜兼做过路盒使用。

（3）光缆终接与接续应采用的方式。

- 光纤与连接器件连接可采用尾纤熔接、现场研磨和机械连接方式。
- 光纤与光纤接续可采用熔接和光连接子（机械）连接方式。

（4）光缆芯线终接应符合的要求。

- 采用光纤连接盘对光纤进行连接、保护，在连接盘中光纤的弯曲半径应符合安装工艺要求。
- 光纤熔接处应加以保护和固定。
- 光纤连接盘面板应有标志。
- 光纤连接损耗值，应符合表 7-6 所示的规定。

表 7-6   光纤连接损耗值（dB）

连接类别	多模		单模	
	平均值	最大值	平均值	最大值
熔接	0.15	0.3	0.15	0.3
机械连接		0.3		0.3

（5）各类跳线终接规定。

● 各类跳线缆线和连接器件间接触应良好，接线无误，标志齐全。跳线选用类型应符合系统设计要求。

● 各类跳线长度应符合设计要求。

6. 工程电气测试

综合布线工程电气测试包括电缆系统电气性能测试及光纤系统性能测试。电缆系统电气性能测试项目应根据布线信道或链路的设计等级和布线系统的类别要求制定。各项测试结果应有详细记录，作为竣工资料的一部分。测试记录内容和形式宜符合表 6-1 和表 6-22 所示的要求。

对绞电缆及光纤布线系统的现场测试仪应符合下列要求：

● 应能测试信道与链路的性能指标。

● 应具有针对不同布线系统等级的相应精度，应考虑测试仪的功能、电源、使用方法等因素。

● 测试仪精度应定期检测，每次现场测试前仪表厂家应出示测试仪的精度有效期限证明。

测试仪表应具有测试结果的保存功能并提供输出端口，将所有存贮的测试数据输出至计算机和打印机，测试数据必须不被修改，并进行维护和文档管理。测试仪表应提供所有测试项目、概要和详细的报告。测试仪表宜提供汉化的通用人机界面。

7. 管理系统验收

综合布线管理系统宜满足下列要求：

（1）管理系统级别的选择应符合设计要求。

（2）需要管理的每个组成部分均设置标签，并由唯一的标识符进行表示，标识符与标签的设置应符合设计要求。

（3）管理系统的记录文档应详细完整并汉化，包括每个标识符相关信息、记录、报告、图纸等。

（4）不同级别的管理系统可采用通用电子表格、专用管理软件或电子配线设备等进行维护管理。

综合布线管理系统的标识符与标签的设置应符合下列要求：

（1）标识符应包括安装场地、缆线终端位置、缆线管道、水平链路、主干缆线、连接器件、接地等类型的专用标识，系统中每一组件应指定一个唯一标识符。

（2）电信间、设备间、进线间所设置配线设备及信息点处均应设置标签。

（3）每根缆线应指定专用标识符，标在缆线的护套上或在距每一端护套 300mm 内设置标签，缆线的终接点应设置标签标记指定的专用标识符。

（4）接地体和接地导线应指定专用标识符，标签应设置在靠近导线和接地体的连接处的明显部位。

（5）根据设置的部位不同，可使用粘贴型、插入型或其他类型标签。标签表示内容应清晰，材质应符合工程应用环境要求，具有耐磨、抗恶劣环境、附着力强等性能。

（6）终接色标应符合缆线的布放要求，缆线两端终接点的色标颜色应一致。

综合布线系统各个组成部分的管理信息记录和报告应包括如下内容：

（1）记录应包括管道、缆线、连接器件及连接位置、接地等内容，各部分记录中应包括相应的标识符、类型、状态、位置等信息。

（2）报告应包括管道、安装场地、缆线、接地系统等内容，各部分报告中应包括相应的记录。

综合布线系统工程如采用布线工程管理软件和电子配线设备组成的系统进行管理和维护工作，应按专项系统工程进行验收。

8. 工程验收项目汇总

（1）工程竣工验收项目汇总。综合布线系统工程竣工验收项目汇总于如 7-7 所示，应按表中所列项目、内容进行检验与验收，检测结论作为工程竣工资料的组成部分及工程验收的依据之一。

表 7-7　综合布线系统工程检验项目及内容

阶段	验收项目	验收内容	验收方式
施工前检查	1.环境要求	①土建施工情况：地面、墙面、门、电源插座及接地装置；②土建工艺：机房面积、预留孔洞；③施工电源；④地板铺设；⑤建筑物入口设施检查	施工前检查
	2.器材检验	①外观检查；②型式、规格、数量；③电缆及连接器件电气性能测试；④光纤及连接器件特性测试；⑤测试仪表和工具的检验	
	3.安全、防火要求	①消防器材；②危险物的堆放；③预留孔洞防火措施	
设备安装	1.电信间、设备间、设备机柜、机架	①规格、外观；②安装垂直、水平度；③油漆不得脱落，标志完整齐全；④各种螺丝必须紧固；⑤抗震加固措施；⑥接地措施	随工检验
	2.配线模块及 8 位模块式通用插座	①规格、位置、质量；②各种螺丝必须拧紧；③标志齐全；④安装符合工艺要求；⑤屏蔽层可靠连接	
电、光缆布放（楼内）	1.电缆桥架及线槽布放	①安装位置正确；②安装符合工艺要求；③符合布放缆线工艺要求；④接地	隐蔽工程签证
	2.缆线暗敷（包括暗管、线槽、地板下等方式）	①缆线规格、路由、位置；②符合布放缆线工艺要求；③接地	
电、光缆布放（楼间）	1.架空缆线	①吊线规格、架设位置、装设规格；②吊线垂度；③缆线规格；④卡、挂间隔；⑤缆线的引入符合工艺要求	随工检验
	2.管道缆线	①使用管孔孔位；②缆线规格；③缆线走向；④缆线的防护设施的设置质量　隐蔽工程签证	隐蔽工程签证
	3.埋式缆线	①缆线规格；②敷设位置、深度；③缆线的防护设施的设置质量；④回土夯实质量	
	4.通道缆线	①缆线规格；②安装位置，路由；③土建设计符合工艺要求	
	5.其他	①通信线路与其他设施的间距；②进线间设施安装、施工质量	随工检验，隐蔽工程签证
缆线终接	1.8 位模块式通用插座	符合工艺要求	随工检验
	2.光纤连接器件	符合工艺要求	
	3.各类跳线随工检验	符合工艺要求	
	4.配线模块	符合工艺要求	
系统测试	1.工程电气性能测试	①连接图；②长度；③衰减；④近端串音；⑤近端串音功率和；⑥衰减串音比；⑦衰减串音比功率和；⑧等电平远端串音；⑨等电平远端串音功率和；⑩回波损耗；⑪传播时延；⑫传播时延偏差；⑬插入损耗；⑭直流环路电阻；⑮设计中特殊规定的测试内容；⑯屏蔽层的导通	竣工检验
	2.光纤特性测试	①衰减；②长度	

续表

阶段	验收项目	验收内容	验收方式
管理系统	1.管理系统级别	符合设计要求。	竣工检验
	2.标识符与标签设置	①专用标识符类型及组成；②标签设置；③标签材质及色标	
	3.记录和报告	①记录信息；②报告；③工程图纸	
工程总验收	1.竣工技术文件 2.工程验收评价	①清点、交接技术文件；②考核工程质量，确认验收结果	竣工检验

注：系统测试内容的验收亦可在随工中进行检验。

（2）工程合格判定。

1）系统工程安装质量检查，各项指标符合设计要求，则被检项目检查结果为合格；被检项目的合格率为100%，则工程安装质量判为合格。

2）系统性能检测中，对绞电缆布线链路、光纤信道应全部检测，竣工验收需要抽验时，抽样比例不低于10%，抽样点应包括最远布线点。

3）系统性能检测单项合格判定：

● 如果一个被测项目的技术参数测试结果不合格，则该项目判为不合格。如果某一被测项目的检测结果与相应规定的差值在仪表准确度范围内，则该被测项目应判为合格。

● 采用4对对绞电缆作为水平电缆或主干电缆，所组成的链路或信道有一项指标测试结果不合格，则该水平链路、信道或主干链路判为不合格。

● 主干布线大对数电缆中按4对对绞线对测试，指标有一项不合格，则判为不合格。

● 如果光纤信道测试结果不满足光纤链路测试一节中的指标要求，则该光纤信道判为不合格。

● 未通过检测的链路、信道的电缆线对或光纤信道可在修复后复检。

4）竣工检测综合合格判定：

● 对绞电缆布线全部检测时，无法修复的链路、信道或不合格线对数量有一项超过被测总数的1%，则判为不合格。光缆布线检测时，如果系统中有一条光纤信道无法修复，则判为不合格。

● 对绞电缆布线抽样检测时，被抽样检测点（线对）不合格比例不大于被测总数的1%，则视为抽样检测通过，不合格点（线对）应予以修复并复检。被抽样检测点（线对）不合格比例如果大于1%，则视为一次抽样检测未通过，应进行加倍抽样，加倍抽样不合格比例不大于1%，则视为抽样检测通过。若不合格比例仍大于1%，则视为抽样检测不通过，应进行全部检测，并按全部检测要求进行判定。

● 全部检测或抽样检测的结论为合格，则竣工检测的最后结论为合格；全部检测的结论为不合格，则竣工检测的最后结论为不合格。

5）综合布线管理系统检测，标签和标识按10%抽检，系统软件功能全部检测。检测结果符合设计要求，则判为合格。

7.3.6 竣工技术文档

工程竣工后，施工单位应在工程验收以前，将工程竣工技术资料交给建设单位。

1. 竣工技术资料应包括的内容

（1）安装工程量。

（2）工程说明。

（3）设备、器材明细表。

（4）竣工图纸。

（5）测试记录（宜采用中文表示）。

（6）工程变更、检查记录及施工过程中，需更改设计或采取相关措施，建设、设计、施工等单位之间的双方洽商记录。

（7）随工验收记录。

（8）隐蔽工程签证。

（9）工程决算。

2. 竣工验收技术文件的主要要求

（1）竣工技术文件和相关资料应做到内容完整、条理清楚、数据准确、文件外观整洁、图表内容清晰，不应有互相矛盾、彼此脱节和错误遗漏等现象。

（2）竣工技术文件通常为一式三份，如有多个单位需要时，可适当增加份数。

7.4 项目实施

7.4.1 用户需求

（1）用户需求。用户要求在该办公区 5 栋建筑之间和楼内进行综合布线，每个房间均布设 2 个数据信息点和 1 个语音信息点，为办公区内部语音信号、数据信号、图像信号与监控信号提供传输通道，支持多种应用系统的使用，并能实现与外部信号传输通道的连接。网络骨干采用千兆位以太网，千兆光纤到大楼，100M 对绞电缆到用户桌面。本工程只考虑网络布线和语音布线。

（2）信息点种类和数量。如表 7-8 和表 7-9 所示是各层、各栋设置信息点的统计。对每个房间各设 2 个数据信息点和 1 个语音信息点，不再预留冗余信息点。总共网络数据信息点 1300 个和电话语音信息点各 650 个。

表 7-8　一栋楼的数据信息点

楼层	房间数	每间设置数据信息点（个）	每层的数据信息点（个）	每间设置语音信息点（个）	每层的语音信息点（个）
01	26	2	52	1	26
02	26	2	52	1	26
03	26	2	52	1	26
04	26	2	52	1	26
05	26	2	52	1	26
合计	130		260		130

表 7-9　各个建筑信息点分布表

建筑物名称	楼层数	数据信息点（个）	语音信息点（个）	备注
A 栋	5	260	130	
B 栋	5	260	130	
C 栋	5	260	130	
D 栋	5	260	130	
E 栋	5	260	130	
合计		1300	650	

7.4.2　设计与验收依据

本方案设计与验收依据的标准有 GB50311-2007《综合布线系统工程设计规范》和GB50312-2007《综合布线系统工程验收规范》。

7.4.3　设计原则

（1）标准化。本设计综合楼内所需的所有的语音、数据、图像等设备的信息的传输，并将多种设备终端插头插入标准的信息插座或配线架上。

（2）兼容性。本设计对不同厂家的语音、数据设备均可兼容，且使用相同的电缆与配线架、相同的插头和模块插孔。因此，无论布线系统多么复杂、庞大，不再需要与不同厂商进行协调，也不再需要为不同的设备准备不同的配线零件，以及复杂的线路标志与管理线路图。

（3）模块化。综合布线采用模块化设计，布线系统中除固定于建筑物内的水平缆线外，其余所有的接插件都是标准件，易于扩充及重新配置，因此当用户因发展而需要增加配线时，不会因此而影响到整体布线系统，可以保证用户先前在布线方面的投资。综合布线为所有话音、数据和图像设备提供了一套实用的、灵活的、可扩展的模块化的介质通路。

（4）先进性。本设计将采用美国 AMP 的综合布线产品构筑楼内的高速数据通信通道，能将当前和未来相当一段时间的语音、数据、网路、互连设备以及监控设备很方便地扩展进去。

7.4.4　布线的产品选型和产品的特点

本设计方案中的综合布线系统选择 AMP 产品。AMP 是美国泰科电子公司的品牌。泰科电子公司是世界上最大的无源电子元件制造商，是无线元件、电源系统和建筑物结构化布线器件和系统方面前沿技术的领导者，是陆地移动无线电行业的关键通讯系统的供应商，泰科电子提供先进的技术产品，包括 AMP。

7.4.5　系统设计

1. 系统采用三级星型拓扑结构

图 7-6 至图 7-8 给出了电信间的设备布局。

（1）将 E 栋电信间作为进线间（建筑物外部通信和信息管线的入口部位，并可作为入口设施和建筑群配线设备的安装场地）和网络中心机房，安放立式机柜，分别放置网络和电话通信总配线架 CD（建筑群配线架）和核心层交换机，根据网络的情况，放置路由器、防火墙、入侵检测设备、各种服务器等，这是第一级。

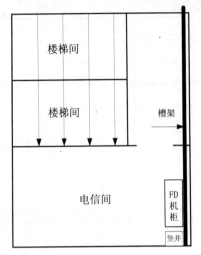

图 7-6　各栋楼 2～5 层电信间布局

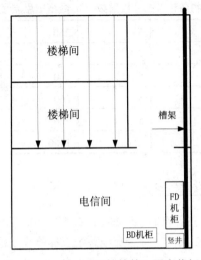

图 7-7　A、B、C、D 四栋楼第 1 层电信间布局

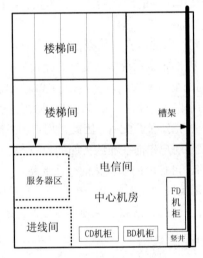

图 7-8　E 栋楼第 1 层电信间布局

（2）设备间是在每幢建筑物的适当地点进行网络管理和信息交换的场地。根据建筑物的结构，将各栋大楼底楼的电信间兼做设备间使用，安置立式机柜，放置 BD（建筑物配线架）和各栋楼的汇聚层交换机，这是第二级。

（3）在各栋楼每层的电信间安置立式机柜，放置 FD（楼层配线架）和接入层交换机，这是第三级。

2．缆线选用

由于从 E 栋的电信间（网络中心）到其他各楼的距离在 550m 以内，因此建筑群子系统数据主干线（从 CD 至 BD）可选用 AMP 室外 6 芯（50/125μm）多模光缆连接。垂直干线子系统只是各栋楼中的垂直连接，距离相对较近（在 100m 以内），因此干线子系统数据线（从 BD 至 FD）可选用 AMP 超 5 类 4 对低烟无卤非屏蔽对绞电缆（UTP）。配线子系统数据线和语音线（从 FD 到各房间内的数据信息点，距离也在 100m 以内），也选用 AMP 超 5 类 4 对非屏蔽对绞电缆（UTP）。

所有语音垂直干线采用 AMP 3 类 100 对大对数电缆连接电信运营商也接入设备和各配线架。

3．配线架选用

数据 FD 和 BD 采用 AMP 超 5 类标准 24 口机架式模块化配线架；数据 CD 选用 24/12 口光纤配线架。语音 FD 和 BD 采用 AMP 110 型 50 对或 100 对机架式跳线架；语音 CD 采用 AMP 110 型 200 对机架式跳线架。

将来连接网络时要用 1000M 的光纤收发器光口连接到光纤配线架 BD，光纤收发器的电口连接至带有 1000M 光口的交换机的上连接口，交换机的其余 1000M 电接口再连接至一台 AMP 超 5 类标准 24 口机架式模块化配线架 BD。

全部配线架安装在 19 英寸标准机柜里。

采用模块化的 RJ-45 插座组成各房间的双口信息插座。

7.4.6　各子系统设计

1．工作区

配线子系统的信息插座模块（TO）延伸到终端设备处的连接缆线及适配器由用户自备，本设计不考虑。要连接计算机和电话机时，缆线与缆线连接器要注意与信息插座匹配。信息插座到终端设备连线不超过 5 米。

2．配线子系统

（1）在每一楼层的电信间放置一个立式机柜，内置 2 台 AMP 24 口和 1 台 AMP 16 口的模块式数据配线架（每楼层的数据信息点是 52 个，要接入 25 根对绞电缆，对绞电缆的另一端接入模块式数据配线架需要至少 52 个模块，1 个模块对应 1 个口，所以至少需要数据配线架有 52 口，多余的作冗余备用）和一台 AMP 50 对语音配线架（每个房间 1 对语音线，整个楼层 26 个房间实际使用 26 对线，占用语音配线架 26 对接线位，多余地作冗余备用）。

（2）在各房间设置信息插座底盒 86 型（方型）3 个。分别安装数据信息模块 2 个和语音信息模块 1 个。每户信息插座安装的位置结合房间的布局如图 7-3 所示，原则上与强电插座相距一定的距离，安装位置距地面 30cm 高度。

（3）各楼层通道靠 A 槽道的 1～13 号房间数据信息点到楼层电信间的语音配线架 FD 缆线计算结果如表 7-10 中最后一列所示。每房间需用信息插座底盒至电信间配线架相同长度的对绞电缆 2 根。

表 7-10　靠 A 槽道的 1～13 号房间数据信息点到楼层电信间的语音配线架 FD 缆线计算表

房间号	室内垂直数据对绞电缆长度（m）	室内水平数据对绞电缆长度（m）	通道中对绞电缆的长度（含墙的厚度）（m）	楼层通道宽度（m）	电信间槽道到配线架位置的对绞电缆长度（m）	各个房间信息插座底盒至电信间配线架的总长度（m）
1	3	5	54.6	2	5+3.5=8.5	73.1
2	3	5	50.4	2	5+3.5=8.5	68.9
3	3	5	46.2	2	5+3.5=8.5	64.7
4	3	5	42.0	2	5+3.5=8.5	60.5
5	3	5	37.8	2	5+3.5=8.5	56.3

房间号	室内垂直数据对绞电缆长度（m）	室内水平数据对绞电缆长度（m）	通道中对绞电缆的长度（含墙的厚度）（m）	楼层通道宽度（m）	电信间槽道到配线架位置的对绞电缆长度（m）	各个房间信息插座底盒至电信间配线架的总长度（m）
6	3	5	33.6	2	5+3.5=8.5	52.1
7	3	5	29.4	2	5+3.5=8.5	48.9
8	3	5	25.2	2	5+3.5=8.5	43.7
9	3	5	21.0	2	5+3.5=8.5	39.5
10	3	5	16.8	2	5+3.5=8.5	35.3
11	3	5	12.6	2	8.5	31.1
12	3	5	8.4	2	8.5	26.9
13	3	5	4.2	2	8.5	22.7

（4）各楼层通道靠 B 槽道的 14～26 号房间数据信息点到楼层电信间的语音配线架 FD 缆线计算结果如表 7-11 中最后一列所示。

表 7-11　靠 B 槽道的 14-26 号房间数据信息点到楼层电信间的语音配线架 FD 缆线计算表

房间号	室内垂直数据对绞电缆长度（m）	室内水平数据对绞电缆长度（m）	通道中对绞电缆的长度（含墙的厚度）（m）	电信间槽道到配线架位置的对绞电缆长度（m）	各房间信息插座底盒至电信间配线架的总长度（m）
14	3	5	54.6	5+3.5=8.5	71.1
15	3	5	50.4	8.5	66.9
16	3	5	46.2	8.5	62.7
17	3	5	42.0	8.5	58.5
18	3	5	37.8	8.5	54.3
19	3	5	33.6	8.5	50.1
20	3	5	29.4	8.5	46.9
21	3	5	25.2	8.5	41.7
22	3	5	21.0	8.5	37.5
23	3	5	16.8	8.5	33.3
24	3	5	12.6	8.5	29.1
25	3	5	8.4	8.5	24.9
26	3	5	4.2	8.5	20.7

（5）每房间用 2 芯电话线连接语音信息模块到楼层电信间的语音配线架 FD，长度可以与房间所用数据缆线长度相同。

本系统水平主干线槽设计采用金属线槽，线槽均采用沿楼层过道、天花板内、靠过道壁安装。线槽的材料为冷轧合金板，表面进行了镀锌处理。线槽可以根据情况选用不同规格。为保证缆线的弯曲半径，线槽须配以相应规格的分支辅件，以提供线路路由的弯转自如。为了确保线路的安全，安装时应使槽体有良好的接地。金属线槽、金属软管、电缆桥架及各配线架机柜均需整体连接，然后接地。

强电线路可以与线路平行配置，但需隔离在不同的线槽中，且线槽之间需相隔 30cm 以上的距离。

3. 干线子系统

（1）机柜与配线架数量。在每栋楼的第一层的电信间放置 1 台 19 英寸立式标准机柜，内置 1 台 12 口的光纤配线架作为光纤数据 BD；内置 1 台 AMP 16 口超 5 类的模块式数据配线架作为对绞电缆电缆 BD（因每栋楼只有 5 层，每层通过一根干线接入 BD，所以至少需要 5 个接口，多余的接口作冗余备用）；内置 1 台 AMP 110 型 100 对机架式配线架和 1 台 AMP 110 型 50 对机架式配线架作为语音 BD（因为每栋楼的语音信息点是 130 个，对应至少需要占用配线架 130 对接线位，多余的接线位作冗余备用）。

（2）干线长度。

1）数据干线。在每层楼用每 2 根 AMP 超 5 类 4 对非屏蔽对绞电缆（UTP）（支持传输速率 1000Mbps）从楼层模块式数据配线架（FD）连接至该栋楼一层电信间的 16 口超 5 类的模块式数据配线架（BD），每层楼的数据干线长度如表 7-12 所示。有一根是作为冗余备用的。

表 7-12　数据干线长度计算表

楼层	A 栋各楼层数据干线长度（m）	B 栋各楼层数据干线长度（m）	C 栋各楼层数据干线长度（m）	D 栋各楼层数据干线长度（m）	E 栋各楼层数据干线长度（m）	5 栋楼各层数据干线总长度（m）
1	3×2	3×2	3×2	3×2	3×2	30
2	6×2	6×2	6×2	6×2	6×2	60
3	9×2	9×2	9×2	9×2	9×2	90
4	12×2	12×2	12×2	12×2	12×2	120
5	15×2	15×2	15×2	15×2	15×2	150

2）语音干线。语音干线采用 3 类 50 对大对数电缆（支持 10Base-TX）。语音干线每层楼需要 26 对线从楼层电信间的语音 FD 上连接至 1 楼电信间的语音 BD 上。5 层楼需要用 26×5=130 对语音干线，分别从各楼层电信间的语音 FD 上连接至该栋楼 1 楼电信间的语音 BD 上（1 台 AMP 110 型 100 对机架式配线架和 1 台 AMP 110 型 50 对机架式配线架），先接满 100 对机架式配线架，再接 50 对机架式配线架，多余的接线位作冗余备用。表 7-13 给出了语音干线长度计算结果。

注意：50 对大对数电缆以根为单位，每层楼只使用 1 根中的 26 对，其余的 24 对冗余。5 栋楼共需要 225m 长的 50 对大对数电缆。

3）干线缆线的敷设都沿竖井。

4. 建筑群子系统

办公园区 5 栋楼构成一个建筑群。在 E 栋中心机房设置 19 英寸标准立式机柜 1 台，放置一个 16 口的光纤配线架作为数据 CD 和放置 3 个 AMP110 型 200 对配线架、1 个 AMP110 型 100 对配线架作为语音 CD。

表 7-13　语音干线长度计算表

楼层	A 栋各楼层语音干线长度（m）	B 栋各楼层语音干线长度（m）	C 栋各楼层语音干线长度（m）	D 栋各楼层语音干线长度（m）	E 栋各楼层语音干线长度（m）	5 栋楼各层语音干线长度、根数及总长度（m）
1	3×1	3×1	3×1	3×1	3×1	3m 长的 5 根共 15m
2	6×1	6×1	6×1	6×1	6×1	6m 长的 5 根共 30m
3	9×1	9×1	9×1	9×1	9×1	9m 长的 5 根共 45m
4	12×1	12×1	12×1	12×1	12×1	12m 长的 5 根共 60m
5	15×1	15×1	15×1	15×1	15×1	15m 长的 5 根共 75m

（1）建筑群数据干线。建筑群子系统数据干线采用室外安普 4 芯室外光缆（多模光纤，50/125μm，1000 米/轴）。按办公园区建筑布局，从 E 栋中心机房电信间（也作设备间）24 口光纤配线架（CD）连接至各栋楼的光纤收发器上。

根据布线路由，经实地测量：从 E 栋楼到 A 栋楼需要用室外 4 芯多模光缆长度为 270m；从 E 栋楼到 B 栋楼需要用室外 4 芯多模光缆长度为 390m；从 E 栋楼到 C 栋楼需要用室外 4 芯多模光缆长度为 145m；E 栋到 D 栋楼需要用室外 4 芯多模光缆长度为 265m。从 E 栋建筑群数据配线架到 E 栋建筑物数据配线架之间需要用室内 4 芯多模光缆长度为 10m。这些长度已留有端接余地。

（2）建筑群语音干线。建筑群子系统语音干线采用 AMP 三类 50 对和 100 对大对数电缆。每栋楼分别用一根 AMP 三类 50 对和 100 对大对数电缆，从各栋楼的语音 BD（1 台 AMP 110 型 100 对机架式配线架和 1 台 AMP 110 型 50 对机架式配线架）上连接至 E 栋楼中心机房电信间（也作设备间）200 对或 100 对语音 CD 上。

根据布线路由，经实地测量：从 E 栋楼到 A 栋楼语音干线需要用长度为 270m 的 AMP 三类 50 对和 100 对大对数电缆各一根；从 E 栋楼到 B 栋楼需要用长度为 390m 的 AMP 三类 50 对和 100 对大对数电缆各一根；从 E 栋楼到 C 栋楼需要用长度为 145m 的 AMP 三类 50 对和 100 对大对数电缆各一根；从 E 栋到 D 栋楼需要用长度为 265m 的 AMP 三类 50 对和 100 对大对数电缆各一根。从 E 栋建筑群配线架到 E 栋建筑物配线架之间需要长度为 10m 的 AMP 三类 50 对和 100 对大对数电缆各一根。这些长度已留有端接余地。

全部干线光缆和干线大对数电缆从 E 栋中心机房（电信间）到各栋楼一楼的电信间之间沿电缆沟敷设。

5. 进线间、设备间（中心机房）

综合布线系统入口设施及引入缆线构成应符合图 7-9 所示的要求。对设置了设备间的建筑物，设备间所在楼层的 FD 可以和设备中的 BD/CD 及入口设施安装在同一场地。

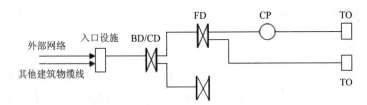

图 7-9　综合布线系统引入部分构成

本方案中，中心机房设置在 E 栋 1 楼的电信间（设备间），也兼作进线间。多家电信业务经营者（中国电信和中国网通）的电信缆线已接入进线间，并都在进线间设置了各自的入口配线设备。

在中心机房，采用 3 类 100 对和 200 对大对数电缆一端连接电信运营商的接入配线架上，另一端连接到语音 CD 上。从数据 CD 配线架敷设相应的连接光缆实现和电信业务经营者在进线间设置安装的入口配线设备互通。容量应与配线设备相一致，并应各留有 2～4 孔的余量。

6. 管理

管理应对工作区、电信间、设备间、进线间的配线设备、缆线、信息插座模块等设施按一定的模式进行标识和记录。

7.4.7　综合布线系统工程实施

此处工程实施主要表述系统施工的步骤和注意事项，侧重工程技术，而在工程实施方案书中更多表述本公司的项目管理模式和措施，侧重组织协调内容。

1. 施工步骤

综合布线系统是一个实用性很强的技术，要保证布线系统完工后达到标准规定的性能指标，必须保证按规范施工，抓好工程管理。

本综合布线系统工程的施工按以下步骤进行：

（1）施工前的准备。施工前认真进行环境检查及器材检验，发现不符合条件应向甲方提出并会同有关施工单位协调处理。

（2）施工前的环境检查。在安装工程开始以前应对交接间、设备间、电信间的建筑和环境条件进行检查，具备下列条件可开工：

- 交接间、设备间、电信间和工作区的土建工程已全部竣工。房屋地面平整、光洁，门的高度和宽度应不妨碍设备和器材的搬运，门锁和钥匙齐全。
- 房屋预留地槽、暗管，孔洞的位置、数量、尺寸均应符合设计要求。
- 对设备间铺设的活动地板应专门检查，地板板块铺设严密坚固。每平方米水平允许偏差不应大于 2mm，地板支柱牢固，活动地板防静电措施的接地应符合设计和产品说明要求。
- 交接间、设备间、电信间面积、环境温湿度均应符合设计要求和相关规定。提供有可靠的电源和接地装置。

（3）施工前的器材检验。各种型材的材质、规格、型号应符合设计的规定，表面应光滑、平整。经检验的器材应做好记录，对不合格的器材应单独存放，以备检查和处理。

（4）施工要点。

- 桥架及槽道的安装位置应符合施工图规定，桥架及槽道水平度每平米偏差不应超过 2mm。左右偏差不应超过 50mm。
- 垂直桥架及槽道应与地面保持垂直，并无倾斜现象，垂直度偏差不应超过 3mm。
- 吊顶安装应保持垂直，整齐牢固，无歪斜现象。
- 金属桥架及槽道节与节间应接触良好，安装牢固。
- 敷设管道的两端应有标志表示出房号、序号和长度等。
- 管道内应无阻挡，管道口应无毛刺，并安置牵引线或拉线。
- 安装机柜、配线设备及金属钢管、槽道接地体应符合设计要求，并保持良好的电气连接。
- 缆线布放前应核对规格、程序、路由及位置与设计规定相符。

- 缆线的布放应平直，不得产生扭绞、打圈等现象，不应受到外力的挤压和损伤。
- 缆线布放前两端应贴有标签，以表明起始和终端位置，标签书写应清晰、端正和正确。
- 电源线、信号电缆、对绞电缆、光缆及建筑物内其他弱电系统的缆线应分离布放。各缆线间的最小净距应符合设计要求。
- 缆线布放时应有冗余，在交接间、设备间对绞电缆预留长度一般为 3～6m，工作区为 0.3～0.6m；光缆在设备端预留长度一般为 5～10m。有特殊要求的应按设计要求预留长度。
- 缆线的弯曲半径应符合下列规定：
  - 非屏蔽 4 对对绞电缆的弯曲半径应至少为电缆外径的 4 倍，在施工过程中应至少为 8 倍。
  - 屏蔽对绞电缆的弯曲半径应至少为电缆外径的 6～10 倍。
  - 主干对绞电缆的弯曲半径应至少为电缆外径的 10 倍。
- 在进行信息端口的连接时应满足以下要求：
  - 在进行端接前先检查缆线终端的标签是否完整，如有损坏一定要按顺序端接。
  - 在打线或压接线头时认准线号、线位色标，不得颠倒和错接。
  - 在端接时，每对对绞电缆尽量保持扭绞原状。
  - 拔除保护套时均不能剐伤绝缘层，必须使用专用工具剥除。
  - 对绞电缆在与信息插座和配线架模块连接时必须符合 568A 或 568B 的要求。
  - 在信息插座和配线架端接完毕后，必须标志，并记录入档。

（5）施工质量管理。

要保证施工的质量，主要从以下几个方面进行：一是完善项目管理组织体制；二是要严格按施工工序实施；三是要符合施工规范；四是认真进行现场记录，发现问题及时解决。

现场施工队除了综合布线系统施工队之外，还有空调、水电、土建装修等施工单位，综合布线施工的空间安排、时间安排、工序安排都要与这些施工单位协调好才不会产生矛盾，确保如期完成工程任务。

7.4.8 工程测试验收及维护

1. 测试要求及工具

综合布线系统安装完毕后，按国标《综合布线系统工程验收规范》提出的技术规范要求进行全面的系统测试。

测试文档分两类：一是测试数据记录，含铜缆及系统接地各项目的测试；二是测试报告，含所用测试仪器、测试方法、所测点数及测试结论。

2. 验收要求

验收是工程实施中的重要环节，必须认真进行。验收按国标《综合布线系统工程验收规范》进行。

验收的内容包括线槽、线管的安装位置是否正确，安装是否符合工艺要求，接地是否良好；缆线的布放是否按设计路由及位置，是否符合工艺要求；机架安装是否牢固，位置是否便于今后维护管理，接地是否良好；信息插座的位置及外观，标地是否齐全，螺丝是否拧紧，是否符合工艺要求；各类跳线是否整齐美观。验收还包括测试文档及竣工技术文件的验收。

竣工技术文件包括：安装工程图、工程说明、设备器材明细表、竣工图、工程变更检查记录、施工过程中更改设计或采取相关措施的记录，由建设、设计、施工等单位之间的双方洽商记录、随工验收记录、隐蔽工程签证。

7.5 项目实训

实训 14：工程项目验收

由老师带领监理员、项目经理、布线工程师对工程施工质量进行现场验收，对技术文档进行审核验收。

1. 现场验收

（1）工作区子系统验收。

- 线槽走向、布线是否美观大方，是否符合规范。
- 信息座是否按规范进行安装。
- 信息座安装是否做到一样高、平、牢固。
- 信息面板是否都固定牢靠。
- 标志是否齐全。

（2）水平干线子系统验收。

- 线槽安装是否符合规范。
- 线槽与线槽、线槽与槽盖是否接合良好。
- 托架、吊杆是否安装牢靠。
- 水平干线与垂直干线、工作区交接处是否出现裸线，是否按规范去做。
- 水平干线槽内的缆线有没有固定。
- 接地是否正确。

（3）垂直干线子系统验收。垂直干线子系统的验收除了类似于水平干线子系统的验收内容外，要检查楼层与楼层之间的洞口是否封闭，以防火灾出现时，成为一个隐患点。缆线是否按间隔要求固定，拐弯缆线是否留有孤度。

（4）管理间、设备间子系统验收。

- 检查机柜安装的位置是否正确，规定、型号、外观是否符合要求。
- 跳线制作是否规范，配线面板的接线是否美观整洁。

（5）缆线布放。

- 缆线规格、路由是否正确。
- 对缆线的标号是否正确。
- 缆线拐弯处是否符合规范。
- 竖井的线槽、线固定是否牢靠。
- 是否存在裸线。
- 竖井层与楼层之间是否采取了防火措施。

（6）架空布线。

- 架设竖杆位置是否正确。
- 吊线规格、垂度、高度是否符合要求。

- 卡挂钩的间隔是否符合要求。

（7）管道布线。

- 使用管孔、管孔位置是否合适。
- 缆线规格。
- 缆线走向路由。
- 防护设施。

（8）电气测试验收。

按第 6 章中认证测试的要求进行。

2. 技术文档验收

（1）FLUKE 的 UTP 认证测试报告（电子文档即可）。

（2）网络拓扑图。

（3）综合布线拓扑图。

（4）信息点分布图。

（5）管线路由图。

（6）机柜布局图及配线架上信息点分布图。

3. 测试验收工具

缆线认证测试分析仪。

4. 实训环境

模拟建筑物。

7.6　本章小结

本章主要介绍了综合布线工程管理方法和工程验收的规范。

（1）工程施工招投标管理有工程项目的招标和投标。进行施工招标应当具备的条件：招标人已经依法成立；初步设计及概算应当履行审批手续的，已经批准；招标范围、招标方式和招标组织形式等应当履行核准手续的，已经核准；有相应资金或资金来源已经落实；有招标所需的设计图纸及技术资料。

（2）工程施工招标方式有公开招标、邀请招标和议标三种。采用公开招标方式的，招标人应当发布招标公告，邀请不特定的法人或者其他组织投标。

采用邀请招标方式的，招标人应当向三家以上具备承担施工招标项目的能力、资信良好的特定的法人或者其他组织发出投标邀请书。

对不宜公开招标或邀请招标的特殊工程，应报县级以上地方人民政府建设行政主管部门或其授权的招标投标办事机构，经批准后可以议标。参加议标的单位一般不得少于两家（含两家）。

（3）招标公告或者投标邀请书的内容。招标公告或者投标邀请书至少应当有下列内容：

- 招标人的名称和地址。
- 招标项目的内容、规模、资金来源。
- 招标项目的实施地点和工期。
- 获取招标文件或者资格预审文件的地点和时间。

- 对招标文件或者资格预审文件收取的费用。
- 对投标人的资质等级的要求。

（4）招标人要出售招标文件或资格预审文件，对投标人进行资格审查。招标人可根据项目特点决定是否编制标底。

（5）投标人是响应招标、参加投标竞争的法人或者其他组织。投标人应当按照招标文件的要求编制投标文件。投标文件的内容应当对招标文件提出的实质性要求和条件作出响应。

（6）所谓项目管理，是指项目的管理者在有限的资源约束下，运用系统的观点、方法和理论，对项目涉及的全部工作进行有效地管理，即从项目的投资决策开始到项目结束的全过程进行计划、组织、指挥、协调、控制和评价，以实现项目的目标。

项目管理主要有项目组织管理和工程控制管理。

（7）工程建设监理是一种高智能的有偿技术服务。监理单位与项目法人之间是委托与被委托的合同关系，与被监理单位是监理与被监理关系。监理单位应按照"公正、独立、自动"的原则，开展工程建设监理工作，公平地维护项目法人和被监理单位的合法权益。

监理单位应根据所承担的监理任务，组建工程建设监理机构。监理机构一般由总监理工程师、监理工程师和其他监理人员组成。

要熟悉综合布线系统工程监理工作程序和内容。

（8）《综合布线工程验收规范》是现行国家标准，本规范为综合布线系统工程的质量检测和验收提供判断是否合格的标准，提出切实可行的验收要求，从而起到确保综合布线系统工程质量的作用。本规范应与现行国家标准《综合布线系统工程设计规范》配套使用。

（9）竣工验收是在施工单位提出工程项目竣工验收申请报告后，由监理单位和建设单位分别确认竣工验收具备的条件，然后由建设单位组织监理、设计、运行等单位进行竣工验收。竣工验收后，由验收组确定结论，并及时提出竣工验收报告，以便准备使用。

（10）综合布线工程验收的内容主要包括环境检查、设备安装验收、缆线的敷设、保护方式检验、缆线终接检验、工程电气测试和工程验收项目汇总 7 个方面。

工程竣工后，施工单位应在工程验收以前将工程竣工技术资料交给建设单位。

7.7 强化练习

一、判断题

1．工程施工招标人是依法提出施工招标项目、进行招标的法人或者其他组织。（   ）

2．工程施工招标方式有公开招标、邀请招标和议标 3 种。（   ）

3．采用公开招标方式的，招标人应当发布招标公告，邀请不特定的法人或者其他组织投标。（   ）

4．采用邀请招标方式的工程，招标人应当向三家以上具备承担施工招标项目的能力、资信良好的特定的法人或者其他组织发出投标邀请书。（   ）

5．对不宜公开招标或邀请招标的特殊工程，应报县级以上地方人民政府建设行政主管部门或其授权的招标投标办事机构，经批准后可以议标。（   ）

6. 参加议标的单位一般不得少于两家（含两家）。（　　）

7. 投标人应是响应招标、参加投标竞争的法人或者其他组织。（　　）

8. 项目管理主要有项目组织管理和工程控制管理。（　　）

9. 《综合布线工程验收规范》是现行国家工程验收标准。（　　）

10. 工程建设监理是一种高智能的有偿技术服务。（　　）

11. 工程竣工后，施工单位应在工程验收以后将工程竣工技术资料交给建设单位。（　　）

12. 监理单位与项目法人之间是委托与被委托的合同关系，与被监理单位是监理与被监理关系。（　　）

二、选择题

1. 进行施工招标应当具备条件除招标人已经依法成立外，还应是（　　）。

　　A. 初步设计及概算应当履行审批手续的，已经批准

　　B. 招标范围、招标方式和招标组织形式等应当履行核准手续的，已经核准

　　C. 有相应资金或资金来源已经落实

　　D. 有招标所需的设计图纸及技术资料

2. 下列属于工程招标要做的工作是（　　）。

　　A. 依法成立招标人　　　　　　　　B. 发布招标公告

　　C. 出售招标文件或资格预审文件　　D. 开标、评标、定标

3. 下列属于工程投标人要做的工作是（　　）。

　　A. 编制投标文件　　　　　　　　　B. 提交投标文件和投标保证金给招标人

　　C. 开标、评标、定标　　　　　　　D. 签订合同

4. 工程管理的组织机构通常要设置项目经理部，在项目经理部下设（　　）。

　　A. 质量安全部　　　　　　　　　　B. 施工部

　　C. 物料计划统筹部　　　　　　　　D. 外联部

5. 工程控制管理包括（　　）。

　　A. 进度控制　　　　B. 质量控制　　　　C. 安全控制　　　　D. 成本控制

6. 监理单位应根据所承担的监理任务组建工程建设监理机构。监理机构一般由（　　）组成。

　　A. 总监理工程师　　　　　　　　　B. 监理工程师

　　C. 监理主任　　　　　　　　　　　D. 其他监理人员

7. 综合布线工程验收的内容主要包括（　　）。

　　A. 环境检查、设备安装验收　　　　B. 缆线的敷设和保护方式检验

　　C. 缆线终接检验　　　　　　　　　D. 工程电气测试和工程验收项目汇总

三、简答题

1. 招标公告或者投标邀请书应当至少载明哪些内容？

2. 招标文件一般包括哪些内容？

3. 投标文件一般包括哪些内容？

4. 怎样提交投标文件？

5. 中标后什么时间签订合同？

6．什么是项目管理？

7．工程控制管理主要包括哪些方面？

8．什么是工程建设监理？

9．竣工验收按什么程序组织实施？

10．综合布线工程验收的内容主要包括哪些方面？

11．竣工技术资料应包括哪些内容？

12．对竣工验收技术文件的主要要求是什么？

参考文献

[1] 中华人民共和国建设部. 综合布线系统工程设计规范（GB 50311-2007）. 北京：中国计划出版社，2007.

[2] 中华人民共和国建设部. 综合布线系统工程验收规范（GB 50312-2007）. 北京：中国计划出版社，2007.

[3] 中华人民共和国建设部. 智能建筑设计标准（GB/T50314-2006）. 北京：中国计划出版社，2007.

[4] 吴达金. 综合布线系统工程安装施工手册. 北京：中国电力出版社，2007.

[5] 中国建筑标准设计研究院. 综合布线系统工程设计与安装. 北京：中国建筑标准设计研究院，2008.

[6] 吴达金. 综合布线系统实用技术手册. 北京：人民邮电出版社，2008.

[7] 胡云，唐继勇，赵景欣. 综合布线教程. 北京：中国水利水电出版社，2009.

[8] 陈桂芳. 综合布线技术教程. 北京：人民邮电出版社，2011.

[9] 禹禄君. 综合布线技术项目教程. 北京：电子工业出版社，2011.

[10] 黎连业. 综合布线技术与工程实训教程. 北京：机械工业出版社，2012.

参考资料

[1] 千家综合布线网：www.cabling-system.com.

[2] 综合布线网：http://www.icabling.com/.